常用畜禽疫苗使用指南

主　编

孙建宏　曹殿军

编著者

（以姓氏笔画为序）

史同瑞　朱庆虎

金玉亮　蔡雪辉　薛　飞

金盾出版社

内 容 提 要

本书简要介绍了疫苗的基础知识、国内外畜禽疫苗的生产和应用现况、免疫失败的原因及对策、免疫接种的副反应和一般处理原则、选购疫苗的一般原则等内容；重点、系统地介绍了禽用疫苗20类75种、猪用疫苗20类42种、牛用疫苗10类24种、羊用疫苗16类20种、马用疫苗6类9种的特点、适用范围、使用方法、保存运输条件及其注意事项。内容丰富，实用性强。本书适于养殖户、畜牧兽医工作者和农业院校有关师生阅读参考。

图书在版编目(CIP)数据

常用畜禽疫苗使用指南/孙建宏，曹殿军主编．—北京：金盾出版社，2003.9

ISBN 7-5082-2559-7

Ⅰ．常…　Ⅱ．①孙…②曹…　Ⅲ．畜禽-疫苗-使用-指南　Ⅳ．S859.79-62

中国版本图书馆CIP数据核字(2003)第050191号

金盾出版社出版、总发行

北京太平路5号(地铁万寿路站往南)

邮政编码：100036　电话：68214039　66882412

传真：68276683　电挂：0234

封面印刷：国防工业出版社印刷厂

正文印刷：北京金盾印刷厂

各地新华书店经销

开本：850×1168 1/32　印张：11.875　字数：300千字

2004年3月第1版第2次印刷

印数：13001—24000册　定价：15.50元

前 言

疫苗免疫是目前我国防制畜禽传染病的最有效手段。疫苗的发展提高,对促进畜禽养殖业的发展具有重要意义。特别是随着人民生活水平的提高,对畜产品的数量和质量都有较高的要求。因此,对于保证畜牧业健康发展的疫苗的质量和使用提出了更高要求。

1796 年用牛痘成功预防天花,开始了疫苗的科学时代,但是在这之后的最初 90 年里,疫苗学发展的较慢。随着巴斯德的狂犬病疫苗的诞生,特别是由于培养致弱技术的发展,20 世纪 50 年代以来,畜禽疫苗的研究取得了迅速发展,大量弱毒疫苗、灭活疫苗相继问世。近年来,由于分子生物学技术的发展,基因工程疫苗已展示出良好的前景,有的已经用于生产实践,获得了理想免疫效果。目前我国的兽用疫苗种类繁多,一种病的疫苗甚至多达十几种,疫苗性能、特点有很大不同。那么,如何选择合适的疫苗进行免疫,以有效预防各种疫病,从而确保养殖业的稳定发展,这是广大养殖户最为关心和急需解决的问题。

本书立足于我国畜牧业生产实践中的关键疫病,如禽流感、新城疫、口蹄疫等,根据全国兽用疫苗的市场情况,对目前国内外禽、猪、牛、羊等常用的 170 种兽用疫苗性能、优缺点、使用方法等方面,进行了详细的介绍,并推荐了鸡、鸭、猪、牛及羊等畜禽常见疫病的建议免疫程序,供广大养殖户参考。

本书在编写过程中得到了刘春国、杨新艳以及孙刚、姜志民等同志的帮助与支持,审校过程中还得到了管雪婷以及闫丽辉等同志的帮助,在此表示衷心地感谢。

20 世纪是生物技术飞速发展的时代,疫苗发展日新月异,同时亦期望 21 世纪取得更大的成果。由于编写时间仓促,水平有限,遗漏和错误在所难免，望广大读者给予批评指正。

编著者

2003 年 6 月

目　录

第一章 概论

一、畜禽传染病的发生和流行特点

我国是一个畜牧业大国，畜禽的饲养总数居世界首位，畜牧业已成为农业经济的支柱产业，在国民经济中发挥着越来越重要的作用。这种持续、稳定、协调发展局面的形成，很大程度上得益于畜禽病虫害的有效防制。我国先后于1955年消灭了牛瘟，1996年消灭了牛肺疫；口蹄疫、猪瘟、马传染性贫血、布氏杆菌病、鸡新城疫、鸡传染性法氏囊病、鸡马立克氏病等一些严重危害畜牧业生产和人民身体健康的动物疫病也得到了基本控制。猪、鸡的发病率和死亡率已由解放初期的32%和49%分别降低为8%和18%。尽管如此，我国每年因动物疫病死亡造成的直接经济损失仍高达260亿～300亿元，由于生产性能下降、饲料、人工费用和药物消耗等造成的间接损失达800多亿元，危害远远高于发达国家水平。有些上市畜禽的健康状况欠佳，严重危害人类健康，老百姓要求吃“放心肉”的呼声日趋高涨。更严重的是，在某个特定时期内（几年或更长），某一动物群发病的流行，就足以使某一种或几种畜禽“全军”覆没，造成特别重大的损失。例如，1997年香港禽流感事件，由于其病原H_5N_1对禽有极高的致病性，且有感染人的证据，造成了人们极度恐慌。香港特区政府扑杀了所有活鸡，同时也给内地造成了巨大损失，据估算仅广东省的损失就有15亿元以上。因此，集约化养殖状态下动物传染病是危害畜禽养殖业健康发展的重要因素。

（一）畜禽传染病的基本特征

畜禽传染病在动物群体中发生、分布和发展有其特有规律。要拟定出高效的防制对策，进一步完善疫病的防制措施，首先必须准确掌握传染病的流行和发生特点，只有这样才能更有效地加速控制和消灭动物传染病和人畜共患病。传染病的基本特征主要有以下4点。

1. 病原体 各种传染病都有其特异的病原体，这不仅对确定传染病的发生和流行有十分重要的意义，而且也是确定传染病与非传染病的最根本的依据。

2. 传染性 所有的传染病都有一定的传染性。但机体在传染过程中的表现却不一致，这与病原体的致病力和机体的抵抗力等因素有重要关系。在没有免疫的情况下，新城疫发病率可高达90%以上，而有的传染病则很低。由此可见，各种传染病的显性感染与隐性感染的比例有很大差别。由于人工免疫的大量推广，使某些传染病的发病率已大幅度地下降，甚至被消灭，如牛瘟、牛肺疫等。

3. 流行性、季节性、地方性和周期性

(1)流行性 按传染病流行过程的强度和广度可分为散发、暴发、流行及大流行。

①散发 病例以散在的形式发生。各个病例之间在发病时间与发病地点上没有明显的联系。确定散发的发病率水平，一般需要根据该种传染病在该地区近几年的一般发病率而定，不能对不同地区、不同年份、不同疾病规定统一的数字标准。散发多见于畜禽对某病的免疫水平提高，或某病的隐性感染比例增高，或传播难实现的疾病以及潜伏期长的疾病。

②暴发 是指在某一局部地区，短期内突然出现大批同类疾病的动物。如禽流感、口蹄疫等。这些动物的发病大多是同一传染来源或同一传播途径。

③流行 当某个地区某病的发病率显著地超过该病常年的发病率或为散发发病率的若干倍(3～10倍)时称为流行。

④大流行 某病在一定的时间内迅速传播，波及全国各地，甚

至超出国界或洲界，称为大流行或世界流行；如果该病的发病率大大地超过了该地区一般的流行强度，波及范围又相当广泛，就可认为是大流行。

(2)季节性　一些传染病的发病率，每年有一定的季节性升高称为季节性。季节性升高的原因主要与气温的高低及昆虫媒介密度有关。

(3)地方性　有些传染病，由于中间宿主的存在、地理环境、气候条件、饲养条件等原因，常局限于一定地区范围内发生，称为地方性传染病。如丝虫病、血吸虫病、森林脑炎、黑热病等。以野生动物为主要传染源的自然疫源性疾病也属于地方性传染病。

(4)周期性　呼吸道传染病，如禽流感、新城疫、鸡传染性支气管炎等，由于动物群体免疫水平的下降，易感动物数量的积累，往往每隔一段时间出现一次较大的流行，即为流行的周期性。

4. 免疫性　传染病痊愈后，机体可产生特异性抗体，因而对同一种传染病产生不感受性，叫做免疫性。这正是用疫苗免疫预防畜禽传染病的原理所在。部分传染病，如麻疹等，一次得病后几乎不再感染，其他许多传染病发病后免疫状态均不能持续终生。所以，当某种传染病的免疫力下降以至消失时，可患第二次、第三次同类传染病。

(二)畜禽传染病的最新流行特点

虽然畜禽传染病有其基本特征，但它们的流行特点却是在不断变化的，在实践中必须加以注意。近年来，我国动物传染病的发生和流行有些新的特点，现分别论述如下。

1. 传染病的流行强度不断改变　以往不少动物传染病常见突然暴发、呈流行性，传播迅速、发病率和死亡率均很高，这种情况多见于新病例、新病区和病的早期以及病原毒力强的传染病。然而，由于疫苗的广泛使用和防疫措施的不断加强，以及病原变异，毒力减弱等诸多因素的影响，致使一些烈性传染病的流行逐渐缓慢，多表现为散发。例如猪瘟和鸡新城疫就是典型的例子，特别是猪瘟病毒可在母猪体内呈持续感染状态，而不表现发病和流行。同时也有些传染病则由流行缓慢变为迅速传播，如猪伪狂犬病，过去只在个别地区和猪场发生，但在20世纪90年代则呈世界流行。我国也有许多省、区、市发生此病。又如鸽Ⅰ型副粘病毒(鸽瘟)，过去多呈隐性感染，个别发病，而近年来却呈流行趋势，造成大批鸽子发病死亡。上述情况，说明了动物传染病的流行规律正在不断发生变化。

2. 传染病的传播途径多样化 过去传染病的传播途径主要有两种：一是水平传播，即在同代同一水平上通过直接或间接接触传播，例如猪瘟通过污染的猪舍、饲料和饮水等传播；二是垂直传播，即通过亲代传给子代。但目前一些常见传播途径正在不断改变，如猪瘟在有些猪场或地区则出现垂直传播。狂犬病过去一直认为是直接接触(即咬伤)后才能感染发病，现在证实，此病还可以通过呼吸道和消化道感染发病。此外，禽大肠杆菌病、鸡传染性贫血及产蛋下降综合征等多种禽传染病也出现了垂直传播。由于传播途径多样化，给防疫工作带来新的困难，只有设法切断各种传播途径，才能有效地控制传染病的发生和流行。

3. 传染病的病原变异和型别增多 口蹄疫病毒呈多型性和易变性，所以在一些地区每隔几年就大流行1次，甚至有些地区长年发生。据香港大学对口蹄疫病毒基因序列的分析证明，香港特区流行的毒株与台湾省、内地及外国的都有差异。鸡传染性支气管炎在临床上发现有3种不同的类型即呼吸道型、肾病变型和腺胃型。但是由于鸡传染性支气管炎病毒(IBV)的S蛋白形态多样性导致鸡传染性支气管炎病毒的多种血清型，目前经鉴定的至少有30个以上，各型之间的交叉保护性极低，所以有些疫苗免疫鸡群仍可发病。鸡传染性法氏囊病在国内外均分离出超强毒株，而且正是超强毒株的出现，造成了鸡传染性法氏囊病的流行。又如链球菌有20多个血清型，过去主要以C群兽疫链球菌对动物危害严重，但近来发现Ⅱ型猪链球菌对猪危害也很大，禽链球菌病也时有发生。总之，病原微生物的变异是绝对的，至于变异的快和慢、毒力的强和弱等主要取决于诸多环境和动物体因素的影响。

4. 传染病的混合感染 目前我国许多畜禽养殖场，在疫病流行过程中，虽然采取了一系列防制措施，但效果往往不理想，甚至无效，继续发病死亡。经过系统诊断后，发现许多病例主要是混合感染造成的。如猪瘟与粘膜病，猪瘟与沙门氏菌、大肠杆菌，猪瘟与伪狂犬病，猪气喘病与巴氏杆菌、放线菌混合感染等等。甚至可在同一病畜、病禽体内分离到3种以上的细菌或病毒，例如传染性法氏囊病与网状内皮组织增生症和传染性贫血等的混合感染。也有些病例是传染病、寄生虫病和普通病同时存在。近年在各地发生的猪牛羊“猝死症”中，常可在同一病尸实质器官中分离到3种以上细菌或病毒，导致病情复杂，诊断困难，防治效果不佳，且呈日渐增多的趋势，值得高度重视。

动物传染病混合感染的主要特点是：①具有普遍性和复杂多变性，已引起临床兽医的极大重视；②猪病混合感染的实例中，各种病原的相关性错综复杂，互相作用或制约导致流行病学及临床表现等方面的不典型，较难确诊；③混合感染的发生，与携带病原的动物的流动、串换、集群，畜产品的交易等密切相关。

5. 病理变化轻微的亚临床型动物传染病增多 目前动物传染病的亚临床型有越来越多的趋势，由于其临床症状和病理变化不明显，给诊断带来困难，因此多数病例需通过实验室检验发现相应病原才能确诊。

6. 致病细菌耐药株日益增加，使细菌性传染病危害加重 近年来，有些地方细菌性传染病增多，如过去对青霉素十分敏感的某些呼吸道疾病，现在用青霉素治疗，则失去了当年的疗效，而且有的致病菌具有多种抗生素的耐受性，造成这一状况原因虽然较多，但主要是由于长期大剂量滥用抗生素和磺胺类药物的结果。目前致病菌的耐药谱愈来愈广，给细菌病的治疗造成极大的困难。另外，有的在用药时忽略了抗生素之间的拮抗作用，同样会影响药物的疗效，对此应引起充分重视。

7. 新出现和重新出现的动物传染病时常发生 进入20世纪80年代以来，人们发现了一些新的和重新出现的动物传染病，对动物和人类的危害极为严重。

（1）猪繁殖与呼吸综合征 此病是由猪繁殖与呼吸综合征病毒引起的新猪病。病猪表现厌食，体温升高，妊娠母猪发生早产、晚期流产、产死胎、弱仔和木乃伊化胎儿；仔猪和育肥猪出现呼吸道症状，易继发合并症，死亡率高。本病自1987年在美国和1990年在欧洲发现以来，已传遍世界所有养猪国家。尤其是经济发达国家，由于猪群密集、流动频繁，极易引起流行，危害极为严重。1996年哈尔滨兽医研究所证实我国已存在本病的流行。各国对此病高度重视，近年来已成为兽医研究与防制的一个新热点。

（2）猪圆环病毒感染 此病是由猪圆环病毒引起猪体质衰弱、腹泻、消瘦、贫血，有的猪发生呼吸困难，出现黄疸，不易痊愈。本病侵害哺乳猪和育肥猪，还可以引起新生仔猪先天性震颤。1982年首次发现猪圆环病毒，迄今已有许多国家证实有本病的发生和流行。如德国、加拿大、英国、法国和西班牙。我国也已发现本病。

（3）牛海绵状脑病 本病是由朊病毒引起牛的一种新传染病，以进行性致死和神经退变为特征，主要临床症状为惊恐、感觉过敏，共济失调，人也可感染此病。本病于1985年发生于英国，1986年定名为牛海绵状脑病。目前，除英国外，法国、德国、瑞士和葡萄牙也有发生。本病在公共卫生方面的意义已引起病毒学家和疫病研究学者的极大兴趣，是继艾滋病之后的又一个研究热点。

（4）尼帕病毒病 本病于1997年在马来西亚Nipah城首次发现，是一种严重危害家畜、家禽和人类的新病毒性传染病。该病的病原为RNA病毒，属于副粘病毒科，能引起广泛的血管炎，感染者有发热、严重头痛、脑膜炎等症状。是继英国疯牛病、台湾岛猪口蹄疫、香港禽流感后，又一引起世界各国广泛关注和恐慌的人畜共患病。1998 年 10 月至 1999 年 5 月期间，本病在马来西亚的猪群和人群中大规模暴发流行，致使 265 名养猪工人发病，105 人死亡，116 头猪被扑杀，随后本病又殃及到新加坡。自 2000 年 2 月以来，此病再度在马来西亚流行，引起该国和周边国家的广泛关注和高度警惕。

重新出现的传染病，是指过去曾发生过大流行，后来逐渐减弱或消灭的传染病，近些年来又呈现大流行。如 20 世纪 80 年代在日本已被消灭的猪瘟，又在一些地区突然发生和流行；20 世纪 90 年代在西班牙和德国，已被消灭多年的猪瘟发生流行，28 个月内，西半球约有 7 个国家发生不同程度的流行，危害很大。1995 年，在南部非洲一些地区又重新发生埃博拉病的流行。这些病的重新发生，是由于生态学因素、社会因素、现代农业发展因素以及病原微生物的变异等所致，也是目前动物传染病流行的一大特点。

近几年我国养殖业发展迅速，从国外引进种畜、种禽及动物产品的种类和数量显著增加。由于缺乏有效的监测手段和配套措施，致使诸如禽流感、禽传染性贫血、禽网状内皮组织增生症、鸡产蛋下降综合征、鸡马立克氏病、鸡传染性法氏囊病、猪萎缩性鼻炎、猪密螺旋体痢疾、猪传染性胸膜肺炎、猪繁殖与呼吸综合征、牛蓝舌病、赤羽病、牛粘膜病、牛传染性鼻气管炎、绵羊痒病、山羊关节炎-脑炎和梅迪-维思纳等 10 多种传染病传入我国，并且造成流行暴发，经济损失惨重，而且埋下了极为严重的隐患。另一些新病是我国新发现的，如兔病毒性出血症、番鸭细小病毒病、小鹅瘟等。这些新病有些已在我国大范围流行，有些只在局部地区出现，尚未引起广泛传播流行，但这类疾病都具有很大的潜在危险，必须引起高度重视。

二、畜禽传染病的防制措施及疫苗的重要作用

畜禽传染病是对养殖业危害最严重的一类疾病，它不仅可能造成大批畜禽死亡和畜产品的损失，影响人民生活和对外贸易，而且某些人畜共患病还会直接威胁人民健康。因此，畜禽传染病是养殖业，特别是规模饲养和集约化生产的一个十分重要的制约因素，畜禽防疫则是发展畜牧业成败的关键。畜禽传染病防制的对象是畜禽群体，而不是个体，要有效的防制畜禽传染病必须根据传染病的基本特征和流行特点建立以预防为主、防检结合、以检促防的畜禽疫病防制工作运行机制。

（一）防疫工作的基本原则

1. 建立和健全各级防疫机构　特别是基层兽医防疫机构，以保证兽医防疫措施的贯彻。兽医防疫工作是一项与农业、商业、外贸、卫生、交通等部门都有密切关系的重要工作。只有在有关部门密切配合下，从全局出发，大力合作，统一部署，全面安排，才能把兽医防疫工作做好。

2. 贯彻“预防为主”的方针　搞好饲养管理、防疫卫生、预防接种、检疫、隔离、消毒等综合性防疫措施，以提高畜禽的健康水平和抗病能力，控制和杜绝传染病的传播蔓延，降低发病率和死亡率。实践证明，只要做好平时的预防工作，很多传染病才可以不致发生，一旦发生传染病，也能及时得到控制。随着集约化畜牧业的发展，“预防为主”的重要性更加显得突出。在大规模饲养的畜群中，兽医工作的重点如果不是放在群发病的预防方面，而是忙于治疗个别病畜，则势必会造成发病率不断增加，越治病畜越多，工作完全陷入被动的局面。

3. 加强法制意识，强化兽医法制管理　我国 1985 年由国务

院发布《家畜家禽防疫条例》，同年农业部又颁布了防疫条例的实施细则，对我国畜禽防疫工作的方针政策和基本原则作了明确而具体的阐述。1991 年全国人民代表大会常务委员会通过了《中华人民共和国进出境动植物检疫法》，对我国动物检疫的主要原则和办法作了详尽的规定。防疫条例、实施细则以及检疫法是我国的主要兽医法规，应当严格遵照执行。

4. 重视环境因素在畜禽传染病防疫中的重要性 集约化养殖场(户)已成为我国畜牧业的主力军。但集约化饲养人为改变了畜禽的生存和生长环境，只有使畜禽的外部环境与机体保持一定的动态平衡，才能使畜禽健康生长。近年来，国际上提出的“生物安全体系”理论，特别强调环境因素在保护动物健康中的重要作用。总之，通过实施“生物安全”技术，降低畜禽的发病率、提高其产品的质量，增强产品的市场竞争力，进而获得较好的经济效益是今后发展的必然趋势。因此，养殖场，特别是中、大型场必须从规划建场开始，合理使用饲养场地，做好各种防疫、卫生和消毒工作，减少土地、水源、空气和环境等污染，做好生产全过程的饲养管理工作，推行生物安全措施，从根本上预防畜禽传染病的发生。

(二)防疫工作的基本内容

家畜传染病的流行是由传染源、传播途径和易感动物 3 个因素相互联系而形成的复杂过程。因此，采取适当的防疫措施来消除或切断造成流行的 3 个因素，就可以使疫病不能继续传播。在采取防疫措施时，要根据每个传染病对各个不同的流行环节，分别轻重缓急，找出重点措施，以达到在较短期间内，以最少的人力、物力控制传染病的流行。例如消灭猪瘟、鸡新城疫等应以预防接种为重点措施，而消灭猪气喘病则以控制病猪和带菌猪为重点措施。但是只进行单独一项防疫措施是不够的，必须采取包括“养、防、检、治”4 个基本环节的综合性措施。综合性防疫措施可分为平时的预防措施和发生疫病时的扑灭措施两方面的内容。

1. 平时的预防措施 一是加强饲养管理，搞好卫生消毒工作，增强畜禽机体的抗病能力。贯彻自繁自养的原则，减少疫病传播。二是拟订和执行定期预防接种和补种计划，保证免疫接种的质量。由于疫苗免疫接种能够激发机体产生有效的抵抗畜禽传染病的免疫力，预防传染病的发生，所以免疫预防接种已成为传染病防制过程中的必要措施，尤其在疫病暴发或流行期间，对控制疫病的发展和蔓延有着十分重要的作用。为使免疫接种适时、有效，必须加强免疫监测，了解畜禽群体的免疫水平及母源抗体水平，根据群体抗体水平，制定最适宜的免疫程序，准确及时地接种疫苗，提高免疫预防的效果，避免疫苗接种的盲目性。在实际工作中，要依照特定地区或特定饲养场制定免疫程序，特别是那些传播速度快、危害严重的传染病必须有一套切实可行的免疫程序，这样才能保证免疫的质量和畜禽的健康。三是定期杀虫、灭鼠，进行粪便无害化处理。四是及时发现并消灭传染源。畜禽传染病侵害的对象是群体，一旦发病，能否及时做出准确诊断是非常重要的，特别对某些流行快、致死性强的重要传染病。只有这样才能及时采取有针对性的应急措施，把损失减少到最低限度。因此，检疫作为防疫的重要内容和预防、控制、扑灭畜禽疫病的重要手段，也需要实施全过程管理，只有这样才能达到以检促防的目的。各养殖场必须加强对畜禽的检疫工作，努力做到病畜不出场(户)，不进入流通领域。加强引种检疫，严禁从疫区国家和地区引进畜禽、精液和种蛋等。我国政府已制定了许多有关检疫的法规，应认真执行。五是各省、区、市兽医机构应调查研究当地疫情分布，组织相邻地区对畜禽传染病的联防协作，有计划地加以消灭和控制，并防止外来疫病的侵入。

2. 发生疫病时的扑灭措施

第一，及时发现、诊断和上报疫情并通知邻近单位做好预防工作。

第二，迅速隔离发病畜禽，对污染的地方进行紧急消毒。若发生危害性大的疫病如口蹄疫、炭疽等应采取封锁等综合性措施。

第三，以疫苗实行紧急接种，对发病畜禽进行及时和合理的治疗。

第四，死亡畜禽和淘汰发病畜禽的合理处理。

以上预防措施和扑灭措施不是截然分开的，而是互相联系、互相配合和互相补充的。

（三）疫苗在畜禽疫病防制中的重要作用

疫苗免疫接种是激发动物机体产生特异性抵抗力，使易感动物转化为不易感动物的一种手段。有组织、有计划地进行免疫接种，是预防和控制畜禽传染病的重要措施之一，在很多传染病如牛瘟、猪瘟、鸡新城疫等病的防制措施中，免疫接种更具有关键性的作用。根据免疫接种进行的时机不同，可分为预防接种和紧急接种两类。

1. 预防接种　在经常发生某些传染病的地区，或有某些传染病潜在的地区，或受到邻近地区某些传染病经常威胁的地区，为了防患于未然，在平时有计划地给健康畜群进行的免疫接种称为预防接种。预防接种通常使用疫苗、菌苗、类毒素等生物制剂做抗原激发免疫。根据所用生物制剂的品种不同，采用皮下、皮内、肌内注射或皮肤刺种、点眼、滴鼻、喷雾、口服等不同的接种方法。为了做到预防接种有的放矢，应对当地各种传染病的发生和流行情况进行调查了解。弄清楚过去曾经常发生哪些传染病，在什么季节流行。针对所掌握的情况，拟订每年的预防接种计划。接种后经一定时间（数天至 3 周），可获得数月至 1 年以上的免疫力。目前，预防接种已成为畜禽养殖业正常生产的重要保障。

2. 紧急接种　紧急接种是在发生传染病时，为了迅速控制和扑灭疫病的流行，而对疫区和受威胁区尚未发病的畜禽进行的应急性免疫接种。从理论上说，紧急接种以使用免疫血清最为安全有效。但因血清用量大，价格高，免疫期短，且在大批畜禽接种时往往供不应求，因此在实践中很少使用。多年来的实践证明，在疫区内使用某些疫（菌）苗进行紧急接种是切实可行的。例如在发生猪瘟、口蹄疫、鸡新城疫和鸭瘟等一些急性传染病时，应用疫苗做紧急接种，可取得较好的效果。

3. 合理的免疫程序 免疫接种须按合理的免疫程序进行。一个地区、一个畜牧场可能发生的传染病不止一种，而可以用来预防这些传染病的疫（菌）苗的性质又不尽相同，免疫期长短不一。因此，畜牧场往往需用多种疫（菌）苗来预防不同的病，也需要根据各种疫（菌）苗的免疫特性来合理地制订预防接种的次数和间隔时间，这就是所谓的免疫程序。目前国际上还没有一个可供统一使用的疫（菌）苗免疫程序，各国都在实践中总结经验，以制订出合乎本地区、本牧场具体情况的免疫程序，而且还在不断研究改进中。

总之，畜禽传染病的防制是一项系统工程（图 1-1），在集约化饲养条件下，应着重解决好大规模饲养方式和疫病防疫之间的主要矛盾。这既有各种各样的技术问题，也有各级职能部门及场（户）本身的科学管理问题。在某种意义上说，后者较前者更为重要。从流行病学的意义上来看，疫病预防就是采取各种措施将疫病排除于未受感染的畜禽群体之外。这通常包括采取隔离、检疫等措施不让传染源进入目前尚未发生该病的地区；采取集体免疫、集体药物预防以及改善饲养管理和加强环境保护等措施，保障一定的畜群不受已存在于该地区的疫病传染。疫病的控制就是采取各种措施，减少或消除疫病的病源，以降低已出现于畜禽群体中疫病的发病数和死亡数，并把疾病限制在局部范围内。疫病的消灭则意味着一定种类病原体的消灭。要从全球范围消灭一种疫病是很不容易的，至今很少取得成功。但在一定的地区范围内消灭某些疫病，只要认真采用一系列综合性措施，如查明病畜、选择屠宰、畜群淘汰、隔离检疫、畜禽集体免疫、集体治疗、环境消毒、控制传播媒介、控制带菌者等，经过长期不懈的努力是完全能够实现的。

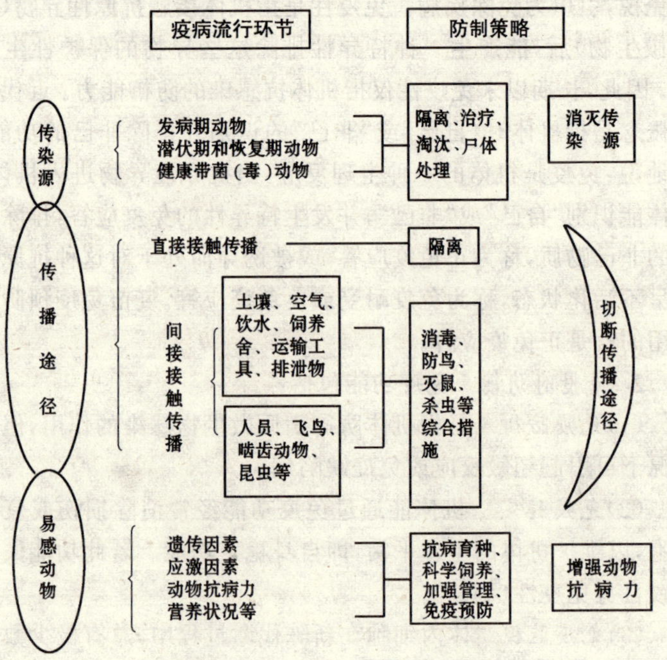

图 1-1　畜禽传染病防制策略示意图

三、疫苗的基础知识

病原微生物侵入机体内,与宿主相互作用,一方面导致感染的形成,另一方面也可以建立对微生物感染的免疫,即抗感染免疫。抗感染免疫的研究导致了免疫学的形成,并在传染病的诊断、预防和治疗中起到了积极的作用。为了更好地掌握疫苗免疫接种技术,充分发挥其防病治病的作用,下面就相关知识做一简要论述。

(一)免疫的基本概念

1. 免疫(性)的含义　免疫是从拉丁词 immunis 而来,其原意是免税，引申为免除疾病。免疫性是指机体接触抗原性异物（如各种微生物）后，能产生一种特异性排除这些异物的保护性生理反应。因此，长期以来免疫性仅指机体抗感染的防御能力。近代免疫的概念是指机体对“自己”或“非己”的识别并排除非己的功能，具体地说：免疫是机体的一种生理反应，当抗原性异物进入机体后，机体能识别“自己”或“非己”，并发生特异性的免疫应答，排除抗原性的非己物质，称为正免疫应答，或被诱导而处于对这种抗原性物质呈不活化状态，称为免疫耐受或负免疫应答。疫苗免疫预防作用利用的就是正免疫应答。

2. 免疫的功能 免疫功能包括：

（1）免疫防御 是指机体防御病原微生物感染的作用，但异常情况下可引起超敏反应或免疫缺陷病。

（2）免疫稳定 机体能通过免疫功能经常消除损伤或衰老的细胞，以维护机体的生理平衡，即自身稳定功能。若此功能失调可导致自身免疫性疾病。

（3）免疫监视 体内细胞在新陈代谢过程中，总有极少数由于种种原因发生突变，这种突变的或异常的细胞可能成为肿瘤，机体可通过免疫功能防止或消除这种异常细胞，称为免疫监视。若此功能失调可导致肿瘤的发生。

（二）免疫应答的过程

免疫应答是由多细胞、多因子参加并受到严格调控和制约的复杂生理过程，无论是 T 细胞介导的免疫应答，或 B 细胞介导的免疫应答都存在着共同的特点：一是特异性，表现在对相应抗原的识别与记忆，这是由 T 细胞表面的 TCR（T 细胞抗原受体）结构及 B 细胞表面的 BCR（B 细胞抗原受体）结构决定的。二是细胞间相互作用受 MHC 限制。三是遵循再次应答规律即在第二次受相同抗原刺激时出现比第一次快而强的再次应答。为便于理解，一般将特异免疫应答分为紧密相关的 3 个阶段，即抗原识别和递呈阶段，指对抗原的摄取加工、递呈的一系列过程；其次是活化、增殖和分化阶段，指 T、B 细胞接受相应抗原刺激后活化、增殖的阶段；最后是效应阶段，指产生特异性抗体或致敏淋巴细胞发挥免疫效应阶段(图 1-2)。

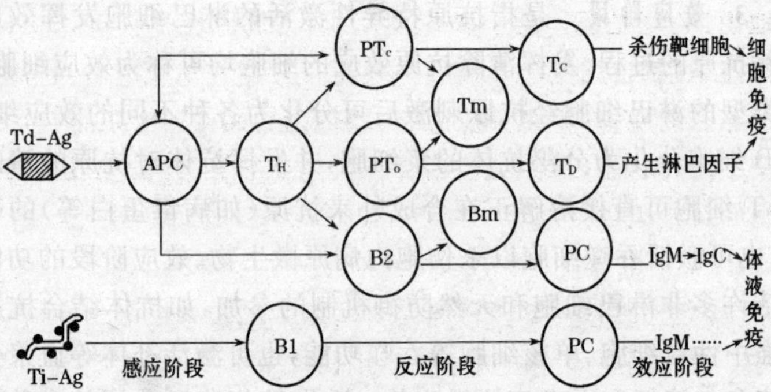

图 1-2　免疫应答过程示意图

根据参与免疫应答的细胞类型和效应不同，可分为由 B 细胞介导的体液免疫应答和 T 细胞介导的细胞免疫应答。机体产生免疫应答的主要过程总结如下：

1. 感应阶段　是指外来抗原与成熟淋巴细胞表面的抗原受体发生特异性结合的过程。由于抗原的出现，体内执行体液免疫功能的 B 细胞，以其 BCR 结合外来蛋白质、多糖、脂类。执行细胞免疫功能的 T 细胞(TCR)只能识别蛋白质抗原中的短肽序列，即表达于其他细胞表面与主要组织相容性复合物(MHC)分子结合的肽类抗原而起作用。

2. 反应阶段　是指识别抗原后诱发淋巴细胞的一系列反应，并经历两大重要变化的过程。首先，识别抗原的特异性淋巴细胞克隆迅速增殖，放大对机体的保护性功能，并有效地再循环和归巢到抗原入侵和留存的部位。其次，经抗原刺激后的淋巴细胞后代细胞，分化为效应细胞以清除抗原；或分化为记忆细胞针对再次接触抗原时立即起反应；或经抗原刺激后其后代发生细胞凋亡，并从反应池中消失。淋巴细胞活化的共性是要求有两种信号，第一信号由抗原提供；第二信号由其他细胞（辅佐细胞等）提供。在此活化过程中有多种细胞及其分子参与反应和产生一系列清除抗原的重要机制。

3. 效应阶段 是指抗原特异性激活的淋巴细胞发挥效应以清除抗原的过程。发挥清除抗原效应的细胞均可称为效应细胞。不同类型的淋巴细胞经抗原刺激后可分化为各种不同的效应细胞，即B细胞分化为分泌抗体的浆细胞，并发挥抗体对抗原的清除功能；T细胞可直接溶解正在合成外来抗原（如病毒蛋白等）的靶细胞，也可激活吞噬细胞以杀伤胞内病原微生物。效应阶段的功能还包括许多非淋巴细胞和天然防御机制的参加，如抗体结合抗原可增强中性粒细胞、单核细胞等吞噬功能，也可激活补体等血浆蛋白系统参与溶解和吞噬病原微生物。活化T细胞所分泌的多种细胞因子能增强吞噬作用，刺激炎症反应。介导天然免疫的各种防御成分包括吞噬细胞、补体、肥大细胞、红细胞、血小板、细胞因子和炎症性白细胞等。这些成分并无特异性识别外来抗原的能力，在无淋巴细胞活化时也发挥作用。但在淋巴细胞活化后则可加强其防御作用。因此，特异性免疫的效应阶段是与天然免疫共同发挥作用，即特异性免疫应答可扩大并强化针对外来抗原的各类效应机制，以发挥对抗原的清除功能。

（三）抗体产生的一般规律

1. 初次应答 是指抗原第一次进入机体时引起的应答，特点是：潜伏期长，需1～2周后才能产生抗体；抗体效价低；维持时间较短；最初出现IgM，随后出现IgG，在一定时间内IgG能保持稍高的水平，亲和力低；因为初次应答过程中大都是带低亲和力受体的B细胞与抗原结合，故抗体的平均亲和力较低。

2. 再次应答 是机体再次接触相同抗原时的应答。其特点与初次应答不同：潜伏期较短，一般1～2天，甚至数小时即可有抗体产生。抗体含量高，约为初次应答的几倍到几十倍。维护时间很长，以高亲和力的 IgG 为主，而 IgM 的含量与留存时间与初次应答相似，因为特异性免疫记忆细胞再次接触抗原后，能很快增殖、分化并产生高亲和力抗体。

再次应答的规律有利于指导临床诊断及预防接种，当进行疫苗接种或制备免疫血清时，应采用再次或多次加强免疫，目的是产生高效价、高亲和力的抗体，以维持长久的免疫力；在应答过程中 IgM 是最先出现的抗体，因此可检测 IgM 作为早期诊断的指标之一；当检测抗体的效价比前次增高 4 倍以上者可作为感染的证据。掌握再次应答的规律，有利于排除抗体效价非特异性增长的影响，因为非特异性抗体的增长一般在短时间内可很快下降（图 1-3）。

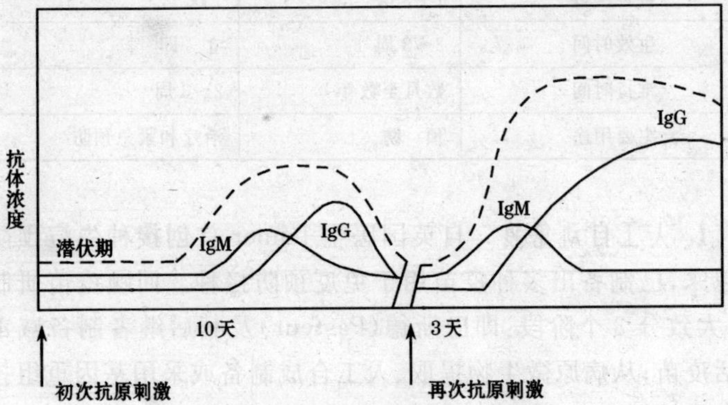

图 1-3　初次和再次免疫应答示意图

（四）免疫预防

疫苗是病原微生物、寄生虫以及其组分或代谢产物制成的用于人工自动免疫的生物制品，可以用来给动物接种，刺激机体产生免疫应答，抵抗特定病原微生物（或寄生虫）的感染，从而预防疾病。免疫预防和治疗则是应用各类生物或非生物制剂来建立、增强或抑制机体的免疫应答，调节免疫功能，达到预防或治疗某些疾病的目的。随着免疫学理论和生物学技术的不断发展与完善，免疫预防和治疗的范围日益扩大。免疫预防是根据特异性免疫原理，采用人工方法将抗原（疫苗、类毒素等）或抗体（免疫血清、丙种球蛋白等）制成各种制剂，接种于动物机体，使其获得特异性免疫能力，达到预防某些疾病的目的。前者称人工自动免疫，主要用于预防；后者称人工被动免疫，主要用于治疗和紧急预防。有关人工自动和被动免疫特点见表 1-1。

表 1-1　人工自动免疫和人工被动免疫的特点

项　　目	人工自动免疫	人工被动免疫
接种物质	抗　原	抗　体
接种次数	1～3 次	1 次
生效时间	2～3 周	立　即
维持时间	数月至数年	2～3 周
主要用途	预　防	治疗和紧急预防

1. 人工自动免疫　自英国医生 Jenner 首创接种牛痘预防天花以来，已制备出多种疫苗用于免疫预防接种。回顾疫苗研制历史，大致分 3 个阶段：即巴斯德（Pasteur）及其后继者制备减毒和灭活疫苗；从病原微生物提取、人工合成制备或采用基因重组技术制备有效抗原组分疫苗；现阶段是核酸疫苗的研制。

2. 人工被动免疫

（1）*抗毒素*　是将类毒素免疫马或其他动物，取其血清分离纯化而成，主要用于治疗和紧急预防外毒素所致疾病。如白喉、破伤风、气性坏疽以及肉毒梭菌引起的食物中毒等。

（2）*特异性免疫球蛋白*　来源于疾病恢复期动物（含高效价特异性抗体）的血清以及接受类毒素和疫苗免疫动物的血清。可用于某些畜禽传染病的治疗和紧急预防，具有特异性强、作用迅速的优点。

（五）兽用生物制品的相关概念

生物制品由于微生物种类、动物种类、制备方法、毒株性状、应用对象等的不同而品种繁杂。按其性质、用途和制造方法可分为疫苗、类毒素、诊断制剂、抗血清、微生态制剂等。对防制动物疫病的最重要的生物制品就是疫苗。

（1）*疫苗*　凡具有良好免疫原性的微生物，经繁殖和处理后制成的制品，接种动物后能产生相应免疫力、能预防疾病的一类生物制剂均称为疫苗，包括细菌性疫苗、病毒性疫苗以及寄生虫疫苗。

（2）*灭活疫苗*　又称死疫苗，是将含有细菌或病毒的材料利用物理或化学的方法处理，使其丧失感染性和毒性而保持有免疫原性，并结合相应的佐剂，动物接种后能产生自动免疫、预防疫病的一类生物制品。如禽霍乱组织灭活苗、新城疫油乳剂灭活苗等。灭活疫苗在机体内不能生长繁殖，对机体免疫作用弱，为获得强而持久的免疫力，必须多次注射（2～3 次），用量较大，接种后反应亦大。但死疫苗稳定，易保存，无毒力回复突变危险。

3. 弱毒疫苗　又称活疫苗，是微生物的自然强毒株通过物理的、化学的和生物学的方法，连续传代，使其对原宿主动物丧失致病力，或只引起亚临床感染，但仍保持良好的免疫原性、遗传特性的毒株，用以制备的疫苗，如猪瘟兔化弱毒疫苗、鸡传染性支气管炎弱毒苗等。此外，从自然界筛选的自然弱毒株若同样具有上述遗传特性，也可以用来制备弱毒疫苗。如新城疫Ⅳ系苗、禽霍乱 1010 弱毒菌苗等。活疫苗在机体可生长增殖，如同轻度感染，故只需接种 1 次，用量较小，接种后不良反应亦小。另外，某些活疫苗经自然途径接种后，除了产生循环抗体外，还可产生 sIgA，发挥粘膜免疫保护作用，活疫苗的缺点是稳定性较差，不易保存，有毒力回复突变可能，故必须严格制备和鉴定。

4. 单价疫苗　利用一种微生物菌（毒）株或同一种微生物中的单一血清型菌（毒）株的培养物制备的疫苗。如新城疫Ⅰ系苗、传

染性支气管炎 H_{120}弱毒苗、鸡马立克氏病 CVI988 苗等。

5. 多价疫苗 用同一种微生物中若干血清型菌(毒)株的增殖培养物制备的疫苗,如鸡马立克氏病多价苗[SB1＋火鸡疱疹病毒(HVT)]、口蹄疫 O-A 型鼠化弱毒疫苗等。

6. 多联疫苗 凡由两种或两种以上的不同微生物培养物,按免疫学原理、方法组合而成,接种动物后能产生针对相应疾病的免疫保护,具有减少接种次数、免疫效果确定等优点,是一针防多病的生物制剂。如新城疫-传染性支气管炎-产蛋下降综合征三联油乳剂灭活苗等。

7. 同源疫苗 是指利用同种、同型或同源微生物菌(毒)株制备的,而又用于预防同种类动物疾病的疫苗。如猪瘟兔化弱毒疫苗。

8. 异源疫苗 一是用不同种微生物制备的疫苗,接种动物后能使其获得对疫苗中不含有的病原体的抵抗力,如火鸡疱疹病毒免疫鸡后,能够防制马立克氏病。二是用同一种中一种型(生物型或动物源)微生物种毒制备的疫苗,接种动物后能使其获得对异型病原体的抵抗力。如接种猪型布氏杆菌弱毒苗后能使牛获得对牛型布氏杆菌病的免疫力。

9. 亚单位疫苗 一是微生物经物理和化学方法处理,除去无效的毒性成分,提取其有效抗原部分,如细菌的荚膜、鞭毛,病毒的囊膜、衣壳蛋白等,经提取后制备不同的亚单位疫苗,如大肠杆菌 K_{88}、K_{99}疫苗等,禽巴氏杆菌荚膜多糖苗等。二是通过基因工程方法由载体表达的微生物免疫原基因产物,经提取后制备的疫苗,如鸡传染性贫血基因工程亚单位苗。亚单位疫苗可减少无效抗原组分所致不良反应,毒性显著低于全菌疫苗。又因其不含核酸,排除了病毒核酸致癌的可能性。

10. 合成疫苗 将具有免疫保护作用的人工合成抗原肽结合到载体上,再加入佐剂制成的制剂,称为合成疫苗。研制合成疫苗,首先需要获得病原微生物中具有免疫保护作用有效组分的氨基酸序列，然后以此序列进行人工合成多肽组分。如乙型肝炎病毒多肽疫苗。合成疫苗的优点是：一是可以大量生产，解决某些病原微生物因难以培养而造成原料缺乏的困境。二是既无病毒核酸疫苗传播感染的危险性，亦无减毒活疫苗返祖的危险性。三是可制备多价合成疫苗，如在同一载体上连接多种人工合成免疫保护有效组分的氨基酸序列，即具有多价疫苗的作用。

11. 基因重组疫苗 病毒微生物的免疫原基因，通过分子生物方法将其克隆到载体 DNA 中，实现遗传性状的转移与重新组合，再经载体将目的基因带进受体，进行正常复制与表达，从而获得增殖培养物供制苗用，或直接将活载体接种宿主动物，直接在其体内表达抗原，诱导免疫反应，如以鸡痘病毒为载体的重组新城疫活疫苗，这类疫苗是目前的主要研究方向。

12. 基因缺失疫苗 应用基因操作技术，将病原微生物中与致病性有关的毒力基因序列除去或失活，使之成为无毒株或弱毒株，但仍保持有良好的免疫原性。这种基因缺失株稳定性好，不会因传代复制而恢复毒力，如传染性喉气管炎基因缺失疫苗、伪狂犬病基因缺失疫苗。

13. 核酸疫苗 是指将一种病原微生物的免疫原基因，经质粒载体 DNA 接种给动物，能在动物体细胞中经转录翻译合成抗原物质，刺激被免疫动物产生保护性免疫应答。核酸疫苗避免了蛋白抗原繁琐的纯化过程，注入机体后可直接表达有效蛋白抗原，引起类似病原体轻度自然感染，诱发体液免疫和细胞免疫应答。该疫苗只需接种 1 次，即可获得持久有效的免疫保护。亦没有减毒活疫苗回复突变的潜在危险性。因为核酸疫苗直接在肌组织中表达病毒蛋白抗原，并提供型别交叉保护性细胞免疫应答，特别适合于制备表面蛋白抗原易变的某些病毒疫苗（如流感病毒表面血凝素抗原等）。它能通过主要组织相容性Ⅰ类和Ⅱ类抗原的途径提供给动物免疫系统而激起体液免疫应答和细胞免疫应答，故既具有亚单位疫苗或灭活疫苗的安全性，又具有活疫苗的免疫全面的优点。

14. 转基因植物口服疫苗 将编码病原微生物有效蛋白抗原的基因和高表达力质粒一同植入植物(如番茄、黄瓜、马铃薯、烟草、香蕉等)的基因组中,由此产生一种经过基因改造的转基因植物。该植物根、茎、叶和果实出现大量特异性免疫原,经食用即完成1次预防接种。将这种供食用的转基因植物,称为转基因植物口服可饲疫苗。由于转基因植物能保留天然免疫原形式,模拟自然感染方式接种,故能有效地激发体液和细胞免疫应答。另外,转基因植物替代昂贵的重组细胞培养,避开了复杂的纯化蛋白抗原过程,可低成本生产大量免疫原;加上该疫苗方便的接种法,有其独特的优势。

四、免疫失败的原因及对策

疫苗接种是预防传染病的有效方法之一,但是接种过疫苗的畜禽不一定都能产生坚强的免疫力。因为接种疫苗后的机体免疫应答是一个极其复杂的生物学过程,许多内外环境因素都影响机体免疫力的产生、维持和终止。免疫接种的成功与否,不仅取决于接种时疫苗的质量、接种途径和免疫程序等外部条件,而且还和机体的免疫应答能力这一内部因素有着直接的关系。也正是这个原因造成了在疫苗广泛应用的今天仍有很多传染病在不断的发生甚至流行,给养殖业造成了巨大的损失。为了更有效地发挥疫苗在预防疾病中的作用,我们有必要对免疫失败的表现、原因和对策加以分析。

(一)免疫失败及其主要表现形式

免疫应答是一个生物学过程,不可能提供绝对的保护,在免疫接种群体的所有成员中,免疫水平也不是相等的。因为免疫应答受到很多遗传因素和环境因素的影响。在一个随机的动物群体里,免疫应答的范围倾向于呈正态分布。也就是说大多数动物对抗原的免疫应答呈中等水平，而一小部分则免疫应答很差。这一小部分动物尽管已免疫接种，却不能获得抵抗感染的足够保护力。所以随机动物群不可能100%的都因免疫接种而得到保护。群体中这一低免疫部分的大小视所用疫苗的性质而定，而其重要性则视病性的不同而异。对于高度传染性的疾病，如口蹄疫，即使存在少数未受保护的动物，亦将引起疾病的传播和导致防制计划的失败，像这样的病不能单纯依靠免疫接种得到控制。相反，如狂犬病这种不能很快传播的疾病，有60%～70%的保护就足以有效地阻止疾病在群体内的传播，故其免疫接种的效果十分显著。除此之外，还有许多原因会造成免疫后的畜禽群体或个体达不到疫苗免疫的预防效果，出现免疫失败现象。免疫失败是一个比较复杂的免疫过程，临床上也有不同的表现形式。

1. 免疫后传染病仍然发生 一般是在接种疫苗后比较短的时间内发病，也有个别接种后马上发病的情况。

2. 免疫后表现温和型或隐性感染的发生 对一些急性传染病，有时在免疫后虽然没有典型病例的发生，但是仍有温和型或隐性感染的发生，发病率高低不一。

3. 生产性能下降 表现为免疫群体没有明显的临床症状，但是生产性能降低，如增重减缓、饲料消耗增加、产蛋下降、淘汰率增加等。

(二)免疫失败的原因

造成免疫失败的原因多种多样(图1-4)，为了更好地利用疫苗控制和消灭重要畜禽传染病，实践中应具体分析，尽量减少免疫失败的出现。为此，我们根据生产实践和调查分析，就影响疫苗免疫效果的主要因素概述如下。

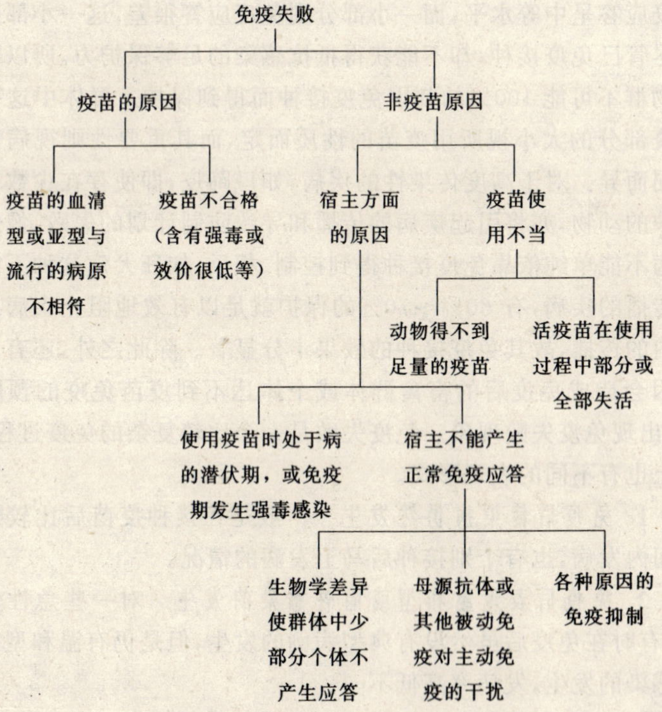

图 1-4 免疫失败的主要原因

1. 疫苗及稀释剂

(1)*疫苗的质量* 非正规生物制品厂生产、质量不合格或已过有效期等因素均不能保证疫苗的良好质量，如病毒或细菌抗原含量不足；疫苗被污染；冻干或密封不佳；油乳剂疫苗油水分层；氢氧化铝佐剂颗粒过粗等。疫苗因运输、保存不当、冷链缺失或疫苗在免疫接种前受到日光的直接照射，或疫苗稀释后未在规定时间内用完，影响疫苗的效价甚至失效。

(2)*疫苗选择不当* 某些畜禽场忽视低龄畜禽生长快、抵抗力较弱的特点，选用一些中等毒力的疫苗，如选择中等偏强毒力的传染性法氏囊病疫苗、新城疫 I 系疫苗饮水，这不仅起不到免疫的作用，相反造成病毒毒力增强和病毒扩散。对于有多种血清型存在的传染病，所选用的疫苗和流行毒株不匹配，也可造成免疫失败。

(3)疫苗间干扰作用　将两种或两种以上无交叉反应的抗原同时接种时，机体对其中一种抗原的抗体应答显著降低，从而影响这些疫苗的免疫接种效果，如新城疫和传染性支气管炎、新城疫和传染性法氏囊病等。

(4)疫苗稀释剂　疫苗稀释剂未经消毒或受到污染而将杂质带进疫苗；有时随疫苗提供的稀释剂存在质量问题或由于保存不当而出现质量问题；饮水免疫的饮水器未消毒、清洗，或饮水器中含消毒药等都会造成免疫不理想或免疫失败。

2. 畜禽机体状况

(1)遗传因素　动物机体对接种抗原有免疫应答，在一定程度上是受遗传控制的，不同品种的动物对疾病的抵抗力或对疫苗的反应能力均有所不同，在疫苗使用时如不加以注意，很可能收不到预期的效果。例如：鸡品种繁多，即使同一品种不同个体的鸡，对同一疫苗的免疫反应强弱也不一致。有的鸡只甚至有先天性免疫缺陷，从而导致免疫失败。

(2)母源抗体干扰　由于种鸡个体免疫应答差异以及不同批次雏鸡群不一定来自同一种鸡群等原因，造成雏鸡母源抗体水平参差不齐。如果所有雏鸡固定同一日龄进行接种，若母源抗体过高，反而干扰了后天免疫，不产生应有的免疫应答。即使同一鸡群不同个体之间，母源抗体滴度也不一致，母源抗体干扰疫苗在体内的复制，从而影响免疫效果。

(3)应激因素　动物机体的免疫功能在一定程度上受到神经、体液和内分泌的调节，在环境过冷、过热、湿度过大、通风不良、拥挤、饲料突然改变、运输、转群等应激因素的影响下，机体肾上腺皮质激素分泌增加。肾上腺皮质激素能显著损伤 T 淋巴细胞，对巨噬细胞也有抑制作用，增加 IgG 的分解代谢。所以，当鸡群处于应激反应敏感期时接种疫苗，就会减弱鸡的免疫能力。

(4)营养因素　维生素及许多其他养分都对鸡免疫力有显著影响。营养缺乏，特别是缺乏维生素A、维生素D、维生素B、维生素E和多种微量元素及全价蛋白时，能影响机体对抗原的免疫应答，免疫反应明显受到抑制。试验表明，雏鸡断水、断食48小时，法氏囊、胸腺和脾脏重量明显下降，脾脏内淋巴细胞数减少，网状内皮系统细菌清除率降低，即机体免疫能力下降。因此，营养因素同样会影响免疫的效果。

(5)免疫抑制性疾病　马立克氏病病毒、淋巴白血病病毒、传染性法氏囊病病毒、传染性贫血病病毒、球虫等都能损害鸡的法氏囊、胸腺、脾脏、哈德氏腺、扁桃体、肠道淋巴样组织等，从而导致免疫抑制。特别是传染性法氏囊病病毒感染可以造成免疫系统的破坏和抑制，从而影响其他传染病的免疫。鸡群发病期间接种疫苗，还可能发生严重的反应，甚至引起死亡。

(6)野毒早期感染或强毒株感染　鸡体接种疫苗后需要一定时间才能产生免疫力，而这段时间恰恰是一个潜在的危险期，一旦有野毒入侵或机体尚未完全产生抗体之前感染强毒，就导致疾病的发生，造成免疫失败。

3. 免疫程序不合理　养殖场没有根据当地畜禽传染病的流行规律和本场实际，制定出合理的免疫程序。

4. 其他因素

(1)饲养管理不当　消毒卫生制度不健全，饲养舍及周围环境中存在大量的病原微生物，在用疫苗期间畜禽已受到病毒或细菌的感染，这些都会影响疫苗的效果，导致免疫失败。饲喂霉变的饲料或垫料发霉，霉菌毒素能使胸腺、法氏囊萎缩，毒害巨噬细胞而使其不能吞噬病原微生物，从而引起严重的免疫抑制，最终会严重影响免疫效果。

(2)免疫方法不当　肌注免疫时，出现“飞针”，疫苗根本没有注射进去或注入的疫苗从注射孔流出，造成疫苗注射量不足并导致疫苗污染环境。滴鼻、点眼免疫时，疫苗未能进入鼻腔、眼内；饮水免疫时，免疫前未限水或饮水器内加水量太多，使配制的疫苗未能在规定时间内饮完。

(3)化学物质的影响　许多重金属（铅、镉、汞、砷）均可抑制免疫应答而导致免疫失败；某些化学物质（卤化苯、卤素、农药）可引起鸡免疫系统组织部分甚至全部萎缩以及活性细胞的破坏，从而引起免疫失败。

(4)滥用药物　许多药物（如卡那霉素等）对B淋巴细胞的增殖有一定抑制作用，能影响疫苗的免疫应答反应。有的饲养场为防病而在免疫接种期间使用抗菌药物或药物性饲料添加剂，从而导致机体免疫细胞的减少，以致影响机体的免疫应答反应。

(5)器械和用具消毒不严　免疫接种时不按要求消毒注射器、针头、刺种针及饮水器等，使免疫接种成了带毒传播，反而引发疫病流行。

（三）主要对策

1. 正确选择和使用疫苗　选择国家定点生产厂家生产的优质疫苗，接种前对使用的疫苗逐瓶检查，注意有无破损、封口是否严密、瓶内是否真空以及是否在有效期内，有一项不合格就不能使用。疫苗种类多，选用时应考虑当地疫情、毒株特点。

2. 制定合理的免疫程序　根据本地区或本场疫病流行情况和规律、畜禽的病史、品种、日龄、母源抗体水平和饲养管理条件以及疫苗的种类、性质等因素制定出合理科学的免疫程序，并视具体情况进行调整。

3. 采用正确的免疫操作方法　疫苗接种操作方法正确与否直接关系到疫苗免疫效果。疫苗接种前，仔细阅读瓶签或说明书，并严格按要求使用。饮水免疫不得使用金属容器，饮水必须用蒸馏水或冷开水，水中不得有消毒剂、金属离子，可在疫苗溶液中加入0.3%的脱脂奶粉做保护剂。在疫苗饮水前可适当限水以保证疫苗在1小时内饮完，并设置足够的饮水器以保证每只鸡都能同时饮到疫苗水。气雾免疫不能用生理盐水稀释疫苗，并保证雾粒在 50 微米左右。点眼、滴鼻免疫，要保证疫苗进入眼内、鼻腔。刺种痘苗必须刺一下，浸一下刺种针，保证刺种针每次浸入疫苗溶液中。用连续注射器接种疫苗，注射剂量要反复校正，使误差小于 0.01 毫升，针头不能太粗，以免拔针后疫苗流出。病毒性活疫苗注射免疫时，可用灭菌生理盐水或蒸馏水稀释；细菌性活疫苗必须使用铝胶生理盐水稀释(口服免疫时例外)。某些特殊的疫苗，如鸡马立克氏病火鸡疱疹病毒活疫苗，需使用专用的稀释液。并配合适当的接种途径、接种年龄及接种设备，注意接种疫苗的器械应严格消毒。

4. 建立健全防疫制度，贯彻综合防治措施 接种疫苗前应对鸡群健康状况进行详细调查。若有严重传染病流行，则应停止接种。若是个别病鸡，应该剔除、隔离，然后接种健康鸡。对可疑有疫病流行的地区，可在严格消毒的条件下，对未发病的鸡只做紧急预防接种。免疫接种时间应根据传染病的流行状况和鸡群的实际抗体水平来确定。鸡体对抗原的敏感程度呈 24 小时周期性变化，不同时间内免疫效果稍有差异。清晨鸡体内肾上腺素分泌较其他时间少，对抗原的刺激也最敏感，此时疫苗接种效果最好。必须对饲料进行监测，以确保不含霉菌毒素和其他化学物质。

加强饲养管理，减少应激和各种疾病发生，合理选用免疫促进剂。在免疫前后 24 小时内应尽量减少鸡的应激，不改变饲料品质，不安排转群、断喙，减少意外噪音。控制好温度、湿度、饲养密度、通风，勤换垫料，饲喂全价配合饲料。适当增加蛋氨酸、缬氨酸、维生素 A、维生素 B、维生素 C、维生素 D 及 n-3、n-6 脂肪酸等，确保免疫力。接种疫苗时要处置得当，防止鸡群惊吓。遇到不可避免的应激时，应在接种前后 3～5 天内，在饮水中加入抗应激剂，如电解质、维生素 C、维生素 E，或在饲料中加入利血平等抗应激药物，均能有效地缓解和降低各种应激反应。在免疫的前后两天最好不使用消毒药、抗生素、抗球虫药、抗病毒药。合理选用左旋咪唑、卡介苗、干扰素等免疫促进剂，增强免疫效果。

5. 做好消毒工作 良好的环境卫生质量是提高免疫接种效果的基本保证。引进畜禽时，应对饲养舍和所有用具彻底清洗消毒，同时必须做好日常消毒。

五、免疫接种的副反应和一般处理原则

免疫接种所用的疫苗对于畜禽机体而言都具有抗原性，都是大分子的异种或异体物质。接种机体后，除了产生有益的免疫反应外，有时还可能因生物制品质量、使用方法或个体处于某种特定的病理生理状态，产生有损于机体的不良反应或免疫反应(变态反应)。这种在机体产生有益的免疫反应的同时或之后发生了与免疫接种有关的对机体有损害的反应，称之为免疫接种副反应。在数以亿计的接种对象中，免疫接种的剧烈反应是极其少见的，而且多数是轻微的。虽然如此，但仍有一些与免疫接种相关的副反应需要去认真分析处理。

在使用疫苗过程中，常出现轻重不等的局部或全身反应，如局部红肿、淋巴结肿大或发热、呕吐等，其中大部分属于正常反应，短期内即可恢复正常。仅极少数属于异常反应。

(一)一般反应

一般反应是在免疫接种后发生的，由生物制品本身所固有的特性引起，对机体只会造成一过性生理功能障碍的反应。一般反应分为局部反应和全身反应两类。

1. 局部炎症反应 机体对各种刺激物的损伤作用所发生的一种以局部组织变性、渗出、增生病变为主的应答性反应。反应局限于接种的局部，临床表现为局部红肿、浸润，并伴有疼痛。通常多为浆液性炎症，在接种后 10 小时左右出现，24 小时达到高峰，2～3 天内消失，不留痕迹。产生这种反应的原因是多方面的，除注射刺激可造成简单的创伤、引起炎症外，也可因疫苗本身的毒性以及

疫苗中的防腐剂、佐剂、酸碱度、渗透压等因素造成。

2. 局部硬结 在注射含有吸附剂的疫苗时偶尔发生，它是急性炎症发展后的一种特殊表现形式。急性炎症过后，渗出物中的纤维蛋白成分逐渐增加而进入修复期，由于吸附剂难于吸收，在局部形成硬结。

3. 全身反应 接种疫苗后，由于疫苗本身的特性，如异种蛋白的刺激、疫苗中的热原质或毒性等原因，少数被接种者可于接种灭活疫苗 5～6 小时或 24 小时左右出现体温升高，一般持续 1～2 天，很少有超过 3 天以上者。注射活疫苗出现反应的时间稍晚，但消失亦很快。

（二）异常反应

异常反应是指免疫接种后发生的，与一般反应性质和临床表现有所不同，其发生几率极低，往往需要处置的反应。免疫接种后的异常反应可由生物制品本身的原因引起，如疫苗的毒性（内毒素）或毒力减弱不够，污染了杂菌、病毒、毒素或含异种蛋白，有时佐剂、保护剂也能引起异常情况。异常反应还与被接种者机体免疫功能状态有密切关系。如原有免疫缺陷症或应用免疫抑制剂导致免疫功能低下时，均可能导致异常反应发生。

1. 有菌化脓 可因为疫苗或注射器被污染，或注射器材和皮肤局部消毒不严所致。主要表现为注射局部红、肿、热、痛的炎症表现。脓肿大多浅表，可伴有发热等症状。脓肿局限后，中央部位较软，可有波动感。接种部位的不同所产生的症状亦有所差异，如鸡颈部接种不当，可引起颈部活动僵硬，表现为头颈不同程度扭曲；在腿部则可能导致跛行。在有菌化脓的早期可用热敷或外敷鱼石脂软膏；脓肿形成后可切开排脓；有全身症状者使用抗生素或其他药物对症治疗。

2. 无菌化脓 常见于接种含有吸附剂的疫苗，可因注射部位选择不当、注射过浅、剂量过大，或使用前未将疫苗充分混匀所致。

如注射猪巴氏杆菌灭活苗，因其中含有可吸附菌体的氢氧化铝，就易发生无菌化脓。主要表现为注射局部有较大的红晕、浸润，最后出现大小不等的硬结，局部肿胀，但炎症并不剧烈，可持续数周至数月，较重者可形成溃疡。溃疡未破溃前有波动感，严重者破溃流脓，创口和创面可长期不愈合。因此，使用这类疫苗时一定要注意采用正确的注射方法，剂量不宜过大。

3. 变态反应　是由于机体受同一抗原(致敏原)再次刺激后，所出现的一种异常的病理免疫反应，可表现为组织损伤或生理功能紊乱。几乎所有的疫苗都可引起变态反应，但发生率的高低，与疫苗的种类有关。其临床表现多样，可累及多个系统。但是变态反应并不是疫苗特有的反应，任何抗原或半抗原均可引起，并且只在有过敏体质的动物接种疫苗后才出现的一种反应。变态反应所表现的临床症状和体征往往是多种多样的。临床症状轻重程度也很悬殊，轻者可一过而愈，重者救治不当可留有永久性后遗症或造成死亡。临床上一旦发生过敏情况，应在兽医的指导下，采用注射肾上腺素等药物救治。

4. 呼吸道免疫反应　畜禽在接种呼吸道疫苗时，如果栏舍中空气污浊、尘埃和氨气等有害物质浓度过高，可引起呼吸道免疫反应，常表现呼吸啰音、摇头和气喘等等。特别是在使用弱毒疫苗时，如果疫苗株的毒力不是足够弱的话，更容易发生，而且症状也更明显。因此，免疫接种时一定要注意环境卫生，尽量减少对畜禽的应激。

总之，免疫接种的副反应有的是可以通过严格规范操作方法来减轻甚至避免的，疫苗应用中出现一般副反应是正常的，也是必然的。但对于疫苗而言，副反应的强弱是其质量好坏的一个重要参数，选购疫苗时应当注意。

六、选购疫苗的一般原则

目前市场上销售的疫苗种类繁多，同类产品的品牌和生产厂家也是非常之多，这种情况在为用户提供更多选择机会的同时，也给选购合适的疫苗增加了难度。因此，为了保证能选购到疫病免疫预防所需的最佳疫苗，各饲养场最好在有经验的兽医指导下选购，同时必须注意以下几个原则：

第一，一定要根据本地区或本场疫病流行情况，拟订出所需疫苗的种类(疫苗毒株的类型应与本地区病原流行株相对应)，根据畜禽种类和数量，拟订出各类疫苗的需要量。

第二，目前国家规定兽用疫苗，由各地动物防疫站统一发售，因此，应到指定的动物防疫站购买正规生物制品生产厂家的疫苗。进口疫苗一般有指定的代理，应到正规的代销点购买。因为这样才能保证买到货真价实的产品，而且在使用过程中一旦有问题出现，售后服务也有保障。

第三，注意检查疫苗的内外包装，质量好的疫苗，其包装都比较规范精致；疫苗标识应清楚，疫苗标签上应有通俗易懂的完整说明，并有说明书，进口苗应有中英文两种说明书。

第四，要注意检查生物制品的批号、有效期，疫苗瓶有无裂纹，封口是否严密，瓶内有无异物、凝块、冻结或沉淀，其中任何一项不合格都不能购买。

第五，应选择有生产文号或进口批准文号的疫苗。这样的产品一般都是生产技术和工艺比较成熟的产品，疫苗的质量比较稳定，免疫效果有保障，用户经济利益能得到保证。

第六，注意不要购买假冒伪劣产品。由于利益的驱动，目前市场上仍然有部分假冒伪劣产品，应注意识别。现在一般大厂家生产的疫苗都有防伪标识，一定按照厂家的防伪标识说明，认清防伪标签。

第七，详细了解拟购疫苗的性能、特点。一种好的疫苗，安全是首位的，然后才谈得上是高效、使用方便、易于保存运输等。

第八，种禽、种畜场在选择疫苗时，应更加谨慎。进货时应向售方索要产品的合格证、产品的成品检验报告单，检验单上应有厂家质量检验部门的印章。

第九，了解所购疫苗的厂家是否有售后服务体系。正规的厂家，特别是符合 GMP 要求的生产单位，一定会有健全的售后服务体制，这不但是方便用户，同时也便于厂家及时了解疫苗的使用情况，从而不断改进疫苗质量。

七、我国商品化畜禽疫苗的生产及应用现状

畜禽疫苗是最主要的兽用生物制品，它的应用有着十分悠久的历史。近百年来，人们应用疫苗有力地控制和消灭了多种疾病，对保障人畜健康、发展畜牧业生产，发挥了十分重要的作用。特别是随着集约化养殖业的蓬勃发展，畜禽饲养数量巨增，对疫苗等生物制品的要求也不断增加，使得兽用生物制品产业迅速崛起。一方面，生产品规模不断扩大，技术不断更新。已经从组织苗、细胞苗发展到亚单位疫苗和基因工程疫苗的生产；另一方面产品的种类愈来愈齐全，不仅有单苗、多价苗、联苗，还有多联多价苗，同一类疫苗也有很多品种，如新城疫就有不同毒力的活疫苗，不同佐剂的灭活苗等。可以说兽用生物制品业已经成为一个新兴的朝阳产业。

（一）我国兽医生物制品的市场现状

我国目前的畜禽疫苗市场的产品品种约 200 个，总产量约 500 亿头份，年产值 20 亿元。主要有以下来源：国内生物制品厂生产的常规的疫苗产品，我国现有生物制品厂 28 家，年产量占全部兽用生物制品的近 70%，近 3 年成品合格率在 97%～98%；经农业部批准的生物制品生产车间 11 个，主要是生产自己研制开发的

产品，年产量占20%以上；3个合资企业生产的产品大部分供应大型养殖场；进口疫苗约22亿头份，来自12个国家，约28个公司的80个品种，其中主要是禽苗，特别是联苗和鸡马立克氏系列疫苗较多，其次是猪用疫苗；除此之外，还有一些科研院所、大专院校、兽医部门乃至个体户生产的无生产许可证、无批准文号、无标准的“三无”产品，这部分产品的质量无法得到良好保证，造成市场的混乱。

(二)我国生产企业的状况

入世之后，兽医生物制品市场竞争激烈，生产企业面临着严峻挑战，于是国内的大型兽药企业纷纷借鉴国外经验，开始实行强强联合，优势互补，努力建立合理的经济规模，组成集团，以增强在国际上的竞争力。生产企业的生产条件、管理水平等都有了一定的提高，正在加快GMP达标进程。迄今仅有五家兽药企业通过GMP认证。根据有关政策的要求，GMP是兽用生物制品生产的基本条件。但目前许多生产厂家的技术水平、生产条件不是很好，导致目前市场上的产品质量堪忧，产品合格率不高，同时还有大量假冒伪劣产品充斥市场，因此在加大监督检验和处理的力度的同时，抓紧进行GMP生产条件的建设，使我国疫苗生产用原材料、生产条件、生产工序、检验程序和生产管理尽快达到标准化，从而有效保证生产出高质量的疫苗产品，这是我国兽医生物制品业的必由之路。

(三)疫苗生产技术的现状和发展趋势

其一，由于目前畜禽疫苗比较多，每只动物都需要接种很多种疫苗，花费大量人力、物力，但仍有免疫失败的出现，其中疫苗中抗原浓度不足是主要原因之一，特别是多联苗的生产，对抗原浓度的要求很高，常规方法难以达到要求，即使是单苗也存在这个问题，如口蹄疫疫苗、猪瘟疫苗、马立克氏病疫苗等。抗原浓度低一直是制约我国高效疫苗生产的重要因素。可喜的是近年来抗原浓缩技术已经成功应用到兽用疫苗的生产中了,其中超滤技术最为成熟,浓缩抗原疫苗已经进入市场,如口蹄疫浓缩抗原疫苗等。由于抗原浓度的提高,疫苗的免疫效力得到稳定增强,特别是最受广大用户欢迎的多联苗生产真正成为现实。

其二,冻干保护剂是制约活疫苗生产的一个因素,国际上的进展是比较快的,很早就成功地采用了能在2℃～8℃甚至是15℃条件下保存的保护剂,为疫苗的使用创造了良好的条件。近年来,我国的企业也开始应用我国自行研制的保护剂,2℃～8℃条件下保存24个月以上。应该说已经迈出了可喜的一步。

其三,免疫佐剂的广泛应用大大提高了灭活苗的免疫原性,是疫苗生产不可缺少的环节,对于疫苗的质量和免疫效力有着重要影响,也是各厂家和用户比较关心的问题之一,目前常用的是铝胶盐和油佐剂。近年来比较明显的变化是:①新型佐剂不断出现,免疫刺激复合物、蜂胶等佐剂已经走出实验室,进入开发阶段,走向市场,具有良好的应用前景。②老佐剂的剂型在翻新。油乳剂苗是目前应用最广泛的疫苗,主要以油包水(W/O)剂型为主,但其质量受到稳定性和粘度等方面的影响。随着技术的进步,近年来已经有产品采用双相乳剂(W/O/W)制备疫苗,在保证疫苗具有良好免疫原性的前提下,大大降低了疫苗的粘滞度,免疫后抗体产生快、免疫期长,是目前最理想的油乳剂疫苗。相信不久的将来在兽用疫苗生产中会得到普遍应用。

其四,在疫苗生产使用的菌毒种方面,各个厂家都十分重视。疫苗正在朝着低毒力、高免疫原性方向发展,但仍需不断改进。

其五,基因工程疫苗等新型疫苗已经步入中试阶段,基因缺失苗,亚单位疫苗和活载体疫苗,均已有成品生产,这是我国兽医生物制品生产方面的一个革命性进步,也将是今后新型疫苗的主打产品。

八、畜禽用疫苗研究现状与发展趋势

疫苗接种的主要目的是以适当的病原因子(抗原,如致弱的或灭活的病原微生物、亚单位疫苗等)刺激机体的免疫系统,从而激发产生针对相应病原的保护性免疫反应,达到预防该种疾病的目的。理想的疫苗接种是不会引发临床症状或病理变化,而能诱发免疫保护反应,从而保护接种宿主免受相应病原的侵害。这种保护作用是直接通过诱导抗体生成和细胞介导免疫,以及免疫记忆而实现的,是一种主动免疫力,其后的强毒感染不但不能激发临床疾病,而且会被迅速产生的回忆反应将之清除。早期利用传统疫苗,结合综合防制措施较好地控制了一些疾病,甚至在一些国家还消灭了某些传染病,例如:我国就已经消灭了牛瘟和牛肺疫。然而由于疫病病原的高度复杂和多变性,有很多疾病是常规疫苗所无法解决的。随着科学技术的发展,研制更有效的新疫苗,用于控制、清除某些传染病有着重大意义。特别是伴随畜牧业的集约化发展,研制和开发防制传染病的有效疫苗显得更为重要。

(一)新型兽用疫苗的研究现状

兽用基因工程疫苗主要包括基因工程亚单位疫苗、基因缺失疫苗、活载体疫苗以及最近几年刚刚发展起来的核酸疫苗和食用疫苗。这些疫苗都可人为改变疫苗的一些结构,便于开发带有特征性标记的“标记疫苗”,这样配合相应的诊断方法即可方便地区分疫苗免疫动物和自然感染动物,是从根本上消灭疫病的有力保障。

1. 亚单位疫苗和人工合成肽苗 亚单位疫苗、人工合成肽苗和基因工程疫苗等曾是十分看好的新一代疫苗。但是后来发现这些疫苗大多免疫原性较低,难与常规疫苗相比。最近研究发现免疫原性低下的原因主要是破坏了免疫原的三维结构或原有的三维结构没有恢复或建立。基因工程技术和近代免疫学的发展,使人们认识到抗原决定簇是由数量不等的抗原表位组成并可以应用计算机预测表位，精确确定起决定性免疫功能的氨基酸序列。有效的免疫反应通常包括 B 细胞中和表位诱导的体液免疫反应和 T 细胞抗原表位诱导的细胞免疫反应。

随着对抗原分子的一级结构和空间构象研究的深入，人们发现全蛋白基因中包含有多种不同抗原表位、调控序列、无关序列和免疫抑制序列。为了减少不同免疫优势抗原表位的互相干扰、无关序列和免疫抑制序列的副作用，以及便于对候选基因进行改造，人们的视线转到抗原中诱发特异性免疫应答的最基本结构和功能单位——抗原表位。选择特定的 B、T 和 T_H 细胞表位，构建于合适的载体中，在辅以必须的侧翼序列或免疫调控序列，诱生针对所选表位的特异性免疫应答，取得了令人鼓舞的结果。进而又将抗原表位疫苗与基因免疫结合起来，构建以抗原表位为基础的基因免疫，其最大的优势在于通过选择最佳和最具有免疫保护潜力的表位以诱生特异性免疫应答，尽量减少无关、干扰和抑制序列产生的副作用。此外由于表位基因的构建易于改造和操作，对于象人类免疫缺陷病毒(HIV)、流感病毒等易于发生抗原漂移和变异的病原体还可以通过随时监测和及时改造来实现对变异株传播的控制。抗原表位重组 DNA 疫苗集合了表位免疫原和基因免疫两者的优势，与传统蛋白疫苗及多肽疫苗相比，其实用性和可操作性都大为增强。

理想的疫苗应具备多能性，即可同时防治多种不同的病原体，这使研究者产生了在同一载体中组合异源多表位的设想。Thomson 等将 10 种不同病毒、细菌、蛋白的 10 个细胞毒性 T 淋巴细胞(CTL)表位(分别为 H-2Kd、Ld、KK、Db、Kb 限制性)和 1 个 B 细胞表位连续地串联在一起，之间不含连接子，构建了 CTL 表位的基因疫苗，肌注免疫 C57BL/6 和 BALB/c 小鼠，结果在两种小鼠中分别诱生了针对这 10 个 CTL 表位的主要组织相容性复合物(MHC)限制的特异性 CTL 应答，这些 CTL 应答可以成功地保护

C57BL/6 和 BALB/c 鼠免受 E. G7 肿瘤、重组牛痘病毒和流感病毒等的侵袭，并且可持续长达 1 年的记忆性。人工合成或通过大肠杆菌表达的口蹄疫病毒抗原决定簇——$VP_1$141-160 和 200-213 肽段，可诱导牛、猪产生较高的免疫保护力。大肠杆菌表达的血吸虫和绦虫亚单位疫苗以及杆状病毒表达的狂犬病毒和伪狂犬病毒囊膜蛋白 G 和糖蛋白 gP50 等亦均具有一定的免疫保护力。

2. 重组活载体疫苗　重组活载体疫苗应用无病原性或弱毒疫苗株病毒和细菌，例如痘苗病毒、鸡痘病毒、火鸡疱疹病毒、伪狂犬病毒以及卡介苗分枝杆菌和沙门氏菌弱毒疫苗株等作为载体，插入外源性保护基因而构成。由于外源基因已是载体病毒或载体细菌"本身"成分，其所引起的免疫应答，常不低于完整病毒或细菌相应成分引起的免疫强度，而且各成分之间一般不发生相互干扰或排斥现象，又因可以同时插入几个外源基因，一苗防多病，故是当前认为最有开发和应用前景的动物疫苗。以痘苗病毒和腺病毒为载体的狂犬病毒糖蛋白重组疫苗已经作为口服疫苗，成功地用于狐、狼、浣熊等野生动物的狂犬病防制。应用上述载体构建的其他一些重组载体活疫苗也在加紧研究中。国内也成功构建了以鸡痘病毒为载体的新城疫病毒 F 和 HN 基因、传染性法氏囊病毒 VP2 基因、传染性喉气管炎病毒 gB 基因等重组疫苗、以火鸡疱疹病毒为载体的马立克氏病病毒 gB 基因重组疫苗、以大肠杆菌为载体的 K_{88}、K_{99}的双价重组疫苗等等。痘病毒和卡介苗等载体病毒和载体细菌在反复接种时的免疫排斥反应，可能是需要考虑解决的问题。

3. 基因缺失疫苗　构建缺失某一毒力基因的所谓基因缺失疫苗，亦有明显进展，其突出优点是疫苗株不易返祖而重新获得毒力，例如牛传染性鼻气管炎病毒和伪狂犬病毒的 tK 基因缺失疫苗，后者已经进行野外试验。牛白血病病毒的 px 基因缺失株已构建成功。由于基因缺失疫苗株病毒的复制能力并不明显降低，其所导致的免疫应答不低于常规的弱毒活疫苗。最近构建成功的双基因缺失疫苗，也就是缺失 2 个与毒力有关的基因，这样的疫苗株当然更为安全。基因缺失疫苗的生产工艺与相应的弱毒疫苗相同，在生产过程和生产成本上不存在问题，关键是实际应用中的安全性。因为病毒在自然状态下可能与野毒株发生重组，或者发生核酸修补，使疫苗株原来缺失的基因恢复而重新获得毒力。目前已有这方面的报道。

4. 基因疫苗　又称核酸疫苗，是将编码某种抗原蛋白的基因置于真核表达元件的控制之下，构成重组质粒 DNA，将其直接导入动物机体内，通过宿主细胞的转录翻译系统合成抗原蛋白，从而诱导宿主产生对该抗原蛋白的免疫应答，以达到预防和治疗疾病的目的。1990 年 Wolff 首先直接在体内进行基因的转染，发现报告基因可以在鼠骨骼肌中表达长达 60 天，而该技术能诱导机体产生免疫应答的可行性是 Tang 等在 1992 年发现的，他们成功的诱导产生抗人生长激素的特异性抗体应答，并能被再次免疫所加强。之后人们运用相应的质粒载体，通过基因枪注射刺激机体产生了抗流感病毒血凝试验(HA)糖蛋白和人类免疫缺陷病毒 gp120 蛋白的抗体。1993 年 Ulmer 发明了肌内注射运送 DNA 免疫原的技术。他用编码 A/PR/8/34 株流感病毒 NP 基因的质粒免疫小鼠，诱导机体产生了能保护异源流感病毒感染的特异性 CTL 反应。上述试验的成功标志着 DNA 疫苗作为第三代疫苗的地位得到了确认。

由于 DNA 免疫技术能模拟微生物抗原性疫苗，很可能是获得特异性免疫反应的最有效的策略。它的优势主要有：一是易操作性和稳定性，对于质粒来说，不管其编码序列如何，都可用相同的方法加以纯化处理。而且质粒的热稳定性远高于蛋白质，这一点决定了 DNA 疫苗在应用方面，特别是在热带地区的优越性。另外，由于其易操作性和稳定性，也决定了 DNA 疫苗生产成本相对低廉，这就为 DNA 疫苗在发展中国家的大规模使用铺平了道路。二是在体内持续表达，持续刺激免疫系统，虽然在免疫后的两周左右，抗原水平有一个骤降，但其后则会维持相当的一段时间，在有些动物中甚至是终生相随。三是除了产生强有力T细胞免疫之外，体液免疫功能也较强，并且是抗原特异性中和抗体。四是可方便地制备出多价DNA疫苗。五是DNA疫苗在机体内所表达的蛋白将以天然蛋白形式出现，也就是说它可以有正确的空间结构和适当的修饰，这对免疫系统来说无疑更合适。六是当在质粒中整合入细胞因子或共同刺激分子基因，或与编码这一成分的质粒共同注射时，将能加强随后机体对编码抗原的反应，或可调节正在起作用的免疫反应。七是DNA疫苗安全性好，不会引发感染，目前也尚未发现其与宿主基因组的整合。

基因疫苗可做肌内、皮下、皮内、腹腔内和滴鼻接种。目前认为横纹肌是惟一能高效摄取并表达外源基因的组织，但是肌内注射提呈给淋巴细胞的效率低。而皮肤的郎格汉斯(Langerhans)细胞在接触抗原后能有效激活T淋巴细胞，因此从激发免疫应答的效率来看皮内注射是最理想的接种途径。但是肌内注射易于操作，也便于较大量的注射质粒DNA的特点又优于皮内注射。最近有人将基因重组质粒吸附在金粉颗粒上，然后用基因枪将其导入皮内，据称即使应用其他接种方法的1/250～1/2 500重组质粒DNA剂量，也能激发相似的免疫应答。此外用25％高渗蔗糖溶液、1％甘油、5％聚乙二醇(PEG)、0.5％SPAM等预处理接种部位，随后再接种质粒DNA，可以提高免疫效果。基因疫苗目前存在的主要问题是所引发的免疫应答反应，包括体液免疫和细胞免疫，经常达不到预期水平。关键之一是外源目的的基因真正进入细胞特别是细胞核的量很少，不能表达出足够量的免疫原。学者们正在这方面开展探索性基础研究，希望提高外源基因的入核水平。

5. 转基因植物疫苗 1990年，Curtiss和Cardineau在番茄中表达了链球菌变异株的表面蛋白抗原A(SapA)，用转基因番茄的组织饲喂小鼠诱导出了抗SapA的粘膜免疫应答，虽没有进行攻击试验，然而其产生的抗体能和完整的S. muntans反应。随后，在番茄、莴苣中表达肝炎病毒抗原，在番茄和土豆中表达霍乱毒素，在番茄中表达狂犬病病毒抗原、人巨细胞病毒抗原的研究陆续出现。动物试验表明，植物中表达的免疫原都具有免疫原性。

1993 年，在豌豆花叶病毒表面表达了口蹄疫病毒 1 个表位后，植物和植物病毒真正成为一种疫苗的载体。随后有许多报道证明植物病毒是有效的疫苗表达载体，而且都可激发产生抗体应答，植物病毒携带的犬细小病毒表型在用水貂做攻击实验时证明能完全保护。近来已有关于一些病原如霍乱弧菌、人类免疫缺陷病毒、绿脓杆菌、鼠肝炎病毒、口蹄疫病毒应用植物疫苗的免疫剂量、最佳的接种途径、应答的类型、免疫的强度及免疫期等方面的详细研究资料。

研究证实通过粘膜位点接种植物源的疫苗可诱导粘膜免疫应答和全身免疫应答。对纯化的携带免疫原的嵌合植物病毒来说只有通过鼻内接种免疫才能达到同时诱导粘膜免疫和全身免疫的效果。用纯化的嵌合植物病毒口服免疫后只检测到微弱的全身免疫应答。Modelska 等用植物病毒源性的免疫原口服后第一次检测到了粘膜免疫应答，用重组的苜蓿花叶病毒表达了两个狂犬病病毒表型抗原，通过腹腔内注射、插胃管或喂病毒侵染的菠菜叶子进行免疫。插胃管组用的抗原量是吃菠菜叶组的 10 倍多。但是，吃菠菜叶组产生的抗病原的 IgA 的量是插管组的 2 倍。原因是植物细胞的细胞壁结构和膜的成分可以抵抗消化液的消化。通过鼻内感染致弱的狂犬病毒株后发现血清中的 IgG、IgA 可以改善临床症状。

虽然转基因植物疫苗的研制已取得一定成绩，但还处于起步阶段，离实际应用还有很大距离，转基因植物疫苗有很好的发展前景，无论是病毒抗原，还是细菌抗原，肠道病原还是非肠道病原都可制成转基因植物疫苗，对于粘膜免疫系统作用机制的深入了解将有助于植物转基因口服疫苗的研究和应用。

6. 分子佐剂　基因工程疫苗和 DNA 疫苗的一个的主要缺点

是由于它们的分子结构小，使得其免疫原性比灭活苗和弱毒疫苗要差。为提高疫苗的效力，人们纷纷在研制新型安全佐剂。ISCOM、脂质体和细胞因子等多类佐剂都成了研究对象。细胞因子对免疫系统和炎症调控细胞有许多多效性作用。应用特定的细胞因子做佐剂最主要的优点是可以在体内操纵免疫应答，可选择性利用细胞免疫、体液免疫或两者兼用。研究表明有很多不同细胞因子基因，对提高针对编码抗原质粒的免疫应答具有显著作用。研究得最多的有 3 种类型的细胞因子，一是炎症调控细胞因子，如 IL-1 和 GM-CSF；二是 Th1 诱导因子，如 IL-12、IL-18、干扰素-r、IL-2 等；三是 Th2 诱导因子，如 IL-4、IL-5 和 IL-10 等。在诸多细胞因子当中，IL-2 最与众不同，它能够活化免疫系统的多个部分并具有同时增强疫苗的体液免疫和细胞免疫应答作用。IL-2 主要由 T 细胞产生，它可以诱导 CTL、NK 和 LAK 细胞等多种杀伤细胞的分化和效应功能，并能诱导杀伤细胞产生干扰素 γ、TNF-α 等细胞因子而介导抗病毒作用。还可以直接促进 B 细胞的增殖分化和抗体产生。同时还发现 IL-2 有助于打破免疫耐受，是一种比较优秀的分子佐剂。研究表明，直接注射编码 IL-2 的质粒比 IL-2 本身更为有效，因为细胞因子的半衰期很短，而注射的细胞因子质粒 DNA 经细胞摄取后，持续表达的细胞因子能较长时间地刺激免疫活性细胞，促进它们的摄取、呈递抗原功能，持续活化 T、B 细胞，促进细胞和体液免疫应答。

（二）畜禽用疫苗发展趋势

虽然发达国家对畜禽的一些严重疫病采取了以消灭病原为根本目的的检疫、扑杀措施，并且取得了在全国或全地区范围内消灭该疫病的彻底胜利，如布氏杆菌病、口蹄疫、猪瘟、结核病等等，但是还有许多疫病，继续依赖疫苗接种为主要的防疫手段。当前的任务是改进和提高疫苗的质量，主要是选育毒力稳定、免疫原性高并有较大覆盖面的毒株。了解世界各地，特别是本地区毒株的基因背景，选用针对性高的疫苗，以期收到较好的免疫保护效果。包括我国在内的发展中国家在动物疫病的综合防制中，似乎更注重疫苗的应用。迄今为止，人们对绝大多数的人与动物传染病都已研制和应用了疫苗，但是还有一些传染病，包括古老的传染病（如流感）以及新出现的传染病（如艾滋病、猪蓝耳病）还没有十分有效的疫苗，因而无法控制其流行。因此，应用现代生物技术，研制新型疫苗已经提到日程上来了。

兽医生物制品业随着免疫学理论及其相关技术的发展与突破，不断地进步和提高。20 世纪 70 年代以基因工程为核心，基因工程、细胞工程、发酵工程和酶工程为主体的现代生物技术出现以后，为预防制品的研制和基础理论的发展注入了新的活力，大大拓宽了传统疫苗及非特异性免疫的概念。自 20 世纪 80 年代人类历史上第一个基因工程药物投入市场，近 20 年来，动物基因工程产品的研制和开发迅猛发展。1983 年，美国率先研制出商品化预防仔猪腹泻的大肠杆菌基因工程疫苗。目前，美国等国家已经开始使用表达狂犬病病毒蛋白的重组痘苗病毒疫苗预防野生动物的狂犬病；有关机构正在考虑将已在非洲完成区域免疫试验的表达牛瘟病毒的 F 和 HA 蛋白的重组痘苗病毒疫苗纳入全球消灭牛瘟计划；伪狂犬病病毒 TK 及 gX 或 gC 基因缺失疫苗已成功应用于猪伪狂犬病的预防。这一切都十分振奋人心，同时也昭示着兽医生物制品发展的趋向。

传统兽医生物制品已统治兽医防疫上百年，新型兽医生物制品则刚刚起步，预计 21 世纪初将是两类制品交替使用的时期。到 21 世纪中叶，以基因操作为主的新型生物制剂，将成为畜禽传染病防制的主导产品。这种发展趋势的主要依据是，随着现代生物技术的发展，无论从疫苗的安全性、产品效力还是生产和使用方面的方便来看，新型生物制品都较传统制品优越得多。因此，国内外兽医制品领域的研究人员，都在积极开发新型产品，特别是在发达国家，其中英美研制的口蹄疫检疫试剂，德国、荷兰研制的猪瘟活载体疫苗，英国研制的鸡新城疫基因工程疫苗已经达到使用水平。在常规疫苗方面也在逐渐走向多联疫苗和多价疫苗，如：四联、五联，甚至八联，具有副作用少，使用更方便的优点，很受欢迎。

我国在主要疫苗的基因工程产品研制方面虽然尚处于起步阶段，但也已成功构建了多种重组病毒和基因缺失病毒，初步免疫实验证明具有良好的保护效果。如：先后构建了表达马立克氏病病毒 gB 基因、传染性喉气管炎病毒 gB 基因、传染性法氏囊病病毒 VP2 基因和新城疫病毒 F、HN 基因等多种病原免疫蛋白的重组禽痘病毒；表达马立克氏病病毒 gB 基因的重组火鸡疱疹病毒；表达大肠杆菌 ST 肠毒素和产气荚膜梭菌 β 毒素融合蛋白的基因工程菌；gE 基因缺失的伪狂犬病疫苗；构建了牛传染性鼻气管炎病毒和鸡传染性喉气管炎病毒 TK 基因缺失突变株，正在进行动物免疫实验。“九五”期间，我国以新城疫和猪瘟为对象对下世纪疫苗技术的希望——DNA疫苗开展了基础研究，结果喜人，值得进一步研究。

第二章　禽用疫苗

一、新城疫疫苗

新城疫(Newcastle disease,ND)是由副粘病毒科副粘病毒亚科腮腺炎病毒属的禽副粘病毒Ⅰ型——新城疫病毒引起的高度接触性禽类烈性传染病。国际兽疫局(OIE)将其列为A类动物疫病,我国将其列为Ⅰ类动物疫病。

(一)新城疫的危害

新城疫可引起鸡、鸽和火鸡的发病,对于非免疫鸡群,常呈败血症经过,死亡率高。免疫鸡群感染新城疫病毒,主要造成蛋鸡产蛋明显下降,可降低30%～50%,甚至停产;肉鸡生长缓慢,饲料报酬率降低以及继发感染等现象。近年来发现鸭、鹅等水禽感染新城疫病毒,也出现严重的病理变化。新城疫几乎遍布世界各地,发病率和死亡率都很高,是严重危害养禽业健康发展的重大疫病,所造成的经济损失巨大。

(二)新城疫诊断要点

1. 流行特点　鸡、鸭、鹅、鸽、鹌鹑等多种家禽及野禽均易感,各种日龄的禽类均可感染。非免疫鸡群感染时,发病率及死亡率可高达90%以上;免疫鸡群感染时症状不典型,死亡率较低。本病传播途径主要是消化道和呼吸道。感染禽是主要的传染源,可通过粪便、口、鼻和眼的分泌物排出病毒。病禽排泄物污染的水、饲料、器械和带毒的野生飞禽、昆虫及有关人员等均可成为主要的传播媒介。

由于疫苗的普遍使用，典型新城疫的发生越来越少，非典型新城疫已经成为新城疫流行的主要形式。总体来看，新城疫流行的特点主要有：发病时间主要集中在加强免疫前后（如 20～30 日龄、50～60 日龄、300～350 日龄等），同时也有相当数量的鸡群发病日期提前，甚至提到 10 日龄以前；流行的方式以地方性散发或小规模流行为主，多发于冬、春季，发病症状不典型。

近年来的研究表明，新城疫虽然只有 1 个血清型，但是流行过程中其病原——新城疫病毒一直在不断的变异，每次大流行都有新的基因型出现，目前我国的流行毒株以基因Ⅶ型为主。

2. 临床症状和病理变化 新城疫的潜伏期一般为 2～15 天（平均为 5～6 天），最长可达 21 天。临床症状差异较大，主要取决于所感染新城疫病毒的毒力、机体的免疫状态、感染途径、品种、日龄、其他病原感染及环境因素等。根据病毒感染鸡所表现临床症状的不同，一般可将新城疫分为 5 种类型：嗜内脏速发型：以消化道出血性病变为特征的高致病力新城疫；嗜神经速发型：以呼吸道和神经症状为特征的高死亡率新城疫；中发型：以呼吸道和神经症状为特征的低死亡率新城疫；缓发型：轻度或亚临床性呼吸道感染；无症状肠道型：亚临床性肠道感染。

典型新城疫的症状特点是：病程短，发病急，死亡率高。呼吸困难，咳嗽气喘，呼吸时发出“呼噜、呼噜”的声音；上呼吸道分泌大量粘液，自口鼻流出，出现甩头动作。由于呼吸困难导致缺氧使冠髯呈现青紫色。严重下痢，排绿色粪便，有时混有少量血液。嗉囊蓄积大量酸臭液体，将鸡倒提时，嗉囊液从口中流出。病程稍长者，出现神经症状，如扭颈或腿翅麻痹。有的病鸡看似健康，受到刺激后突然出现神经症状。

在免疫鸡群中临床症状一般不典型。由于免疫程序或免疫方法不合理，或者出现免疫抑制现象，导致鸡群免疫水平不整齐或整体免疫水平偏低，遇新城疫强毒时可发生非典型新城疫，其特点是：鸡群没有明显的症状，但连续死亡。突然发病，产蛋下降。患鸡厌食，精神不振，腹泻并有呼吸困难。发病率较高，死亡率很低（3%左右），除影响产蛋率外，恢复较快。患鸡衰弱无力，伴有轻微呼吸道症状。病雏鸡的死亡率一般较低。

典型新城疫的病理变化主要特点是全身粘膜和浆膜出血，以消化道最为严重。腺胃乳头或乳头间点状出血，有时形成小的溃疡斑；肌胃角质层下有出血；十二指肠及整个小肠粘膜有暗红色出血，有时可见到肠壁坏死；盲肠扁桃体肿大、出血、坏死；泄殖腔粘膜充血，有出血点或弥漫性出血；产蛋鸡卵泡和输卵管充血、出血明显。鼻道、喉、气管粘膜充血，偶有出血，肺可见淤血和水肿。非典型新城疫的病理变化不明显，检查重点是消化道病变。病变特征与典型新城疫相同，但需要多剖检病死鸡，把所见到的病变汇总，可得出初步诊断。较具特征的变化是泄殖腔有刷状的出血带。

（三）新城疫防制措施

新城疫是养禽业危害最为严重的禽病之一，目前没有特效的治疗方法，主要依靠疫苗免疫接种来预防本病的发生。我国的防制原则是以预防为主，养防结合，防重于治。主要防制措施是：

第一，要搞好鸡群的饲养管理，创造有利于鸡群生长发育的条件，提高机体的抗病能力。

第二，必须严格执行有关卫生防疫制度，防止一切带毒动物（特别是鸟类）和污染物品进入禽群；进出饲养场的人员和车辆应该消毒；饲料来源要安全；不从疫区引进种蛋和雏鸡；新购进的鸡须接种新城疫疫苗，并隔离观察 2 周以上，证明健康者方可合群。

第三，做好禽类的新城疫免疫接种工作，增强其特异性免疫力。新城疫的预防接种程序需要根据疾病流行情况、禽群的免疫状况、疫苗效力、饲养方式等来制定。由于我国幅员辽阔，情况错综复杂，不可能有一个可以适用于我国不同地区、不同类型鸡场的统一免疫程序。各地鸡场普遍通过血清学方法（红细胞凝集抑制试验等）及时了解鸡群所处免疫状态，不断地调整免疫程序，以使鸡群始终保持良好的抗新城疫免疫水平。一个好的免疫程序确定后，要保持相对稳定，不要随意变动。一旦发病要进行客观的分析，如果确实是程序的问题，应进行必要的调整。

第四，一旦发生本病，应采取紧急措施，防止疫情扩大；封锁鸡场，紧急消毒，分群隔离。通常分为三群，即出现症状的为病禽群，与病禽有过接触但尚未出现症状的为可疑群，其他的为假定健康群。同时立即实行紧急接种。其接种顺序是：假定健康群→可疑群→病禽群。经验表明，对病禽群进行紧急接种能减少部分死亡。此外，应做好对病禽和死禽的无害化处理，被污染的羽毛、垫草、粪便应深埋或烧毁。最后一个病例处理后两周，并通过严格消毒后，方可解除封锁。

目前对于新城疫常发地区应用效果较好的免疫程序是采用Ⅳ系或Ⅱ系等弱毒苗对雏鸡进行首免，并尽早考虑使用Ⅰ系苗，该程序对面临野毒威胁的鸡场和地区尤为适用。另外1日龄雏鸡首免，效果也较为满意。其主要优点是可以平衡雏鸡个体间母源抗体滴度，保证下一次免疫获得均一的反应应答；在雏鸡母源抗体达到高峰前接种疫苗，可以避免母源抗体的干扰；可以在孵化室内进行，接种确实，节省劳力。

蛋鸡常用的免疫程序主要有两种：一种是1周龄用Ⅳ系等弱毒苗首免，4周龄重复1次，8周龄用Ⅰ系苗接种1次，开产前用Ⅰ系苗再免1次；另一种是1周龄用Ⅳ系等弱毒苗或无毒株疫苗滴鼻、点眼，同时注射灭活苗(0.25毫升/只)，开产前用灭活苗二免(0.5毫升/只)。一般来说在整个饲养周期免疫两次即可。

商品代肉用仔鸡的免疫程序一般采用1周龄和4周龄分别用Ⅳ系等弱毒苗免疫1次；亦可在1周龄时用Ⅳ系等弱毒苗滴鼻、点眼，同时用灭活苗肌内注射(0.25毫升/只)。

免疫接种在新城疫防制中的作用至关重要，但必须强调的是，预防接种绝不能代替良好的管理和安全卫生措施。

(四)免疫失败的原因

新城疫免疫失败的原因多种多样,下面就重要因素加以总结。

1. 野毒的严重污染 许多新城疫免疫失败的鸡群的红细胞凝集抑制效价高达 10 log2 左右,表明鸡群遭到新城疫野毒的侵袭,毒株分离及毒力测定均确认为强毒株。近年来的研究表明,鸭、鹅、鸽、鹌鹑及一些观赏鸟体内均有鸡新城疫病毒的存在,具有散毒作用。若鸡场综合防制措施不利,新城疫病毒很容易在鸡群中潜伏,一旦遇到免疫水平较低的鸡只(群)或由于其他疾病和应激因素导致鸡群抵抗力下降时,即可引起新城疫的发生,所以应当严格执行综合防病灭病措施。

2. 免疫程序和免疫方法不当 我国禽病学者在新城疫的免疫程序方面进行了大量研究工作,积累了不少经验,使新城疫的免疫日趋科学化、合理化,逐渐建立了适合不同地区的免疫程序。遗憾的是无法建立一个稳定而有效的免疫程序,而且免疫程序不当常常会造成新城疫的发生。另外,疫苗的免疫途径与免疫效果有着直接的联系,弱毒疫苗以滴鼻、点眼为佳,饮水较差。

3. 母源抗体的干扰 雏鸡体内的母源抗体,可保护雏鸡早期免受各种传染病的侵袭。但如果此时免疫接种,疫苗都会被母源抗体中和,不能产生预期的免疫力。

4. 其他病原特别是免疫抑制性病原的感染 如传染性法氏囊病病毒、马立克氏病病毒和贫血因子等病原的感染,可以造成机体免疫抑制,这样很容易造成免疫失败,应当注意防止这类疫病的发生。

5. 抗生素等药物使用不当 许多抗生素等药物都不同程度的具有免疫抑制作用,在疫苗免疫时使用药物很可能会造成免疫抑制而影响疫苗的免疫效果。因此,在免疫前后要尽量避免用药。

（五）防制用疫苗

疫苗免疫接种是防制新城疫最重要、最有效的方法。常用的疫苗大致可分为两类，即活疫苗和灭活苗。

新城疫活疫苗根据所含病毒株不同可分为单价活苗和多价活苗。依据毒株毒力的强弱，单价活苗毒株可分成中等毒力、低毒力和无毒力 3 种。中等毒力株（如：Ⅰ系疫苗）因其毒力较强而仅适用于禽的第二次接种，一般用于 70 日龄以上（体重大于 0.75 千克）的鸡。接种途径为肌内注射或饮水。低毒力活疫苗种类很多，主要有 B1 株（Ⅱ系）、F 株、La Sota 株、Clone30 株或 N79 株活疫苗等，因其适于大群体接种，相对经济，因而广为应用。无毒力活疫苗主要有澳大利亚 V4、昆士兰（Queensland）、PHY. LMV. 42 株等，疫苗对鸡不会诱发任何不良反应。多价活苗主要有二价（含 La Sota 系和 V4 株两种疫苗株）或三价活疫苗（含 La Sota 系、Clone30 株和 V4 株或基因Ⅶ型等 3 种疫苗株）。活疫苗还可分为单苗和联苗（如新城疫-传染性支气管炎二联疫苗）。

新城疫灭活苗一般选用弱毒株制备。此外，新城疫病毒可与一种或多种其他病原体抗原同时混合制成乳剂，即所谓二联、三联或多联疫苗，一般可与传染性支气管炎病毒、传染性法氏囊病病毒、产蛋下降综合征病毒、传染性鼻炎菌株等相联。新城疫灭活苗接种途径为肌内或皮下注射法。灭活苗既可用于育成鸡也可用于雏鸡。用于雏鸡时最好和弱毒活苗同时接种，即在用灭活油乳剂苗注射的同时，用弱毒活苗滴鼻、点眼或饮水。雏鸡应用灭活苗，剂量可为成年鸡剂量的 2/5～1/2。用于育成鸡时，不必与弱毒活苗同时应用，但在应用灭活苗前 3～4 周最好先接种弱毒活苗，刺激机体免疫系统，激发产生免疫力，还可排除母源抗体干扰。

新城疫病毒灭活疫苗是由新城疫病毒感染尿囊液经 β—丙内酯或福尔马林灭活后，与佐剂混合制成的。根据佐剂不同可分为矿物油、蜂胶、类脂灭活疫苗。近年的研究表明，一些新型佐剂疫苗具有良好的应用前景，但目前应用最多的还是油乳剂灭活苗。新城疫蜂胶灭活疫苗，以具有广谱生物学活性的天然物质蜂胶代替传统的化学物质为免疫增强剂制造疫苗，可将短期的速释与长期的缓释功能有机结合，这种灭活疫苗价廉、高效、快速、安全而又无毒副作用，具有保护率高(95%以上)、免疫期长(10 个月)、产生免疫力早(7 天)、安全可靠等特点。复合新城疫类脂灭活疫苗是以天然免疫增强剂——类脂作为佐剂，有试验表明，该苗具有安全可靠、不影响产蛋、保护率高、免疫期长等特点。

根据乳剂类型的不同可分为水包油型(O/W)、油包水型(W/O)和双相型(W/O/W)。目前绝大多数厂家生产的新城疫系列油乳剂灭活疫苗都是油包水型。最近有研制和生产双相疫苗的报道，双相疫苗具有易吸收、抗原含量高、抗体产生快、持续时间长和保护率高的优点。

另外，目前已有许多关于基因工程疫苗的研究，其中鸡痘-新城疫重组疫苗已经获得较好的免疫保护效果。其他包括 DNA 疫苗在内的多种新型基因工程疫苗仍在研究当中。

1. 新城疫无毒力活疫苗

【简　介】 本品系用 V4 或昆士兰、PHY.LMV.42 等无毒力型疫苗株，接种无新城疫母源抗体的鸡胚，收获尿囊液经冷冻真空干燥制备。

【特　点】 本苗毒株为耐热毒株，可在 0℃～4℃保存；可用于 1 日龄雏鸡，不会诱发不良反应。具有嗜肠道性，能在肠道中复制，提供较好的局部粘膜免疫。本品主要用于预防鸡新城疫的首免和二免。疫苗接种后 6 天即可产生免疫力，免疫期至少 4 个半月。

【适用范围】 适用于各种日龄的蛋鸡、肉鸡。

【使用方法】 按瓶签注明的羽份，用生理盐水或适宜的稀释液稀释疫苗，以滴鼻、点眼(0.05 毫升/只)或饮水、气雾方式(0.1 毫升/只)免疫。疫苗稀释后，应放冷暗处，因该疫苗对热比较稳定，当天没用完，第二天仍可使用。

【保存、运输条件】 冻干疫苗在－10℃以下可保存4年，在0℃～4℃保存达2年以上，25℃～30℃室温保存至少2个月。

2. 新城疫低毒力活疫苗

【简　介】 本品系采用新城疫病毒低毒力毒株B1株（Ⅱ系）或F株、La Sota株、Clone30株、N79株接种易感鸡胚或SPF胚繁殖后，收获鸡胚尿囊液，加入适当稳定剂，经冷冻真空干燥制成。应当注意的是不同厂家生产的疫苗含毒量可能不同。

【特　点】 具有毒性低、免疫原性好的特点，常用于雏鸡的免疫，用后7天左右产生免疫力。本品主要用于预防新城疫的首免和二免。

【适用范围】 一般用于7日龄以上的肉鸡、蛋鸡，也有个别疫苗可用于1日龄雏鸡。

【使用方法】 滴鼻、点眼、饮水或气雾免疫均可，按瓶签注明羽份，用生理盐水或适宜稀释液稀释。滴鼻或点眼免疫，每只0.05毫升；饮水或气雾免疫剂量应加倍。

【保存、运输条件】 避光保存，进口产品的贮藏温度为2℃～7℃；国产产品为－15℃。有效期一般均为24个月。

【注意事项】 ①要严格按照说明书中的使用方法、禁忌、注意事项和免疫方法进行操作，只有这样才能取得最好的效果。②有支原体感染的鸡群，禁用气雾免疫。③疫苗加水稀释后，应放冷暗处，必须4小时内用完。

3. 新城疫中等毒力活疫苗

【简　介】 本品系采用Ⅰ系（Mukteswar）株新城疫病毒接种易感鸡胚或SPF胚繁殖后，收获鸡胚绒毛尿囊液，并加入适当稳定剂，经冷冻真空干燥制成。应当注意的是不同厂家生产的疫苗含毒量可能不同。

【特　点】 本品专用于新城疫的二免。注射后迅速产生免疫力，一般接种后3天即可产生免疫力。维持时间可达8～12个月。

【适用范围】 适用于已用鸡新城疫低毒力活疫苗免疫过的2

月龄以上的鸡只。亦可用于发生新城疫鸡群的紧急接种。

【使用方法】 免疫途径为皮下或肌内注射，也可点眼或饮水；按瓶签注明的羽份用灭菌生理盐水或专用的稀释液稀释后接种，皮下或肌内注射 1 毫升，点眼为 0.05 毫升，此外也可以刺种或饮水免疫。

【保存、运输条件】 避光保存，贮藏温度 2℃～7℃，有效期为 6 个月；贮藏温度 −15℃，有效期为 24 个月。

【注意事项】 要严格按照说明书中的使用方法、禁忌、注意事项和免疫方法进行操作。应特别注意，该产品不得用于初生雏鸡。对纯种鸡可能反应较强，产蛋鸡最好在产蛋前或休产期进行免疫。

4. 新城疫-传染性支气管炎二联活疫苗

【简　介】 本品含有新城疫病毒弱毒株（B1 或 La Sota、Clone30 株）和传染性支气管炎病毒弱毒株（H_{120}或 H_{52}、H_{94}）。

【特　点】 用于预防新城疫和传染性支气管炎。

【适用范围】 新城疫-H_{120}联苗适用于 7 日龄以上鸡；新城疫-H_{52}联苗适用于 21 日龄以上鸡。

【使用方法】 首免途径为滴鼻、点眼时，建议在 2 周龄进行；途径为饮水方式时，在 5 周龄进行；气雾方式一般仅用于二免。如果鸡只小于推荐日龄免疫，则需要进行再次免疫。本疫苗也可用于 16 周龄以前后备鸡的免疫。滴鼻免疫，每只鸡 0.03 毫升，也有的厂家生产的该苗每只鸡为 0.05 毫升；饮水免疫剂量加倍。

【保存、运输条件】 避光保存，进口产品在 2℃～7℃，国产产品在 −15℃保存。有效期一般均为 18 个月。

【注意事项】 同新城疫低毒力活疫苗。

5. 新城疫-传染性支气管炎-鸡痘三联活疫苗

【简　介】 本品系用鸡新城疫 B1 株与鸡痘弱毒株混合接种鸡胚，传染性支气管炎病毒 H_{120}毒株单独接种鸡胚，分别收获鸡胚尿囊液及尿囊膜，按一定比例混合后，加入稳定剂，经冷冻真空干燥制成。

【特　点】 用于预防新城疫、传染性支气管炎和鸡痘。

【适用范围】 适用于7日龄以上健康雏鸡。

【使用方法】 翅膀皮下注射或点眼加翅膀内侧刺种免疫。将疫苗按所含组织克数用生理盐水(蒸馏水或冷开水)做100倍稀释,在翅膀皮下无血管处注射0.1毫升,也可每只雏鸡点眼2滴,并在翅膀内侧无血管处刺种2针,为了加强免疫,第一次接种后,隔20天按以上相同方法补种1次。

【保存、运输条件】 在－16℃以下,有效期为18个月;2℃～8℃保存期为1年。

【注意事项】 同新城疫低毒力活疫苗。

6. 新城疫油乳剂灭活苗

【简　介】 本品系以免疫原性好的La Sota弱毒株或其他毒株,经福尔马林灭活后,加油佐剂混合乳化制成,为白色或乳白色乳剂。

【特　点】 安全性好,效力可靠,免疫期长,并可防止弱毒疫苗的垂直感染或返强现象。

【适用范围】 可用于任何种类的健康鸡预防新城疫用。

【使用方法】 一般情况下,2周龄以内雏鸡颈部皮下或肌内注射0.2毫升,同时用La Sota或Ⅱ系弱毒活苗10～20倍稀释液1～2滴点眼或滴鼻,免疫期可达2～4个月。7～10日龄的肉鸡用上述方法免疫1次可保护至出栏。未经弱毒疫苗免疫过的2周龄以上鸡注射0.5毫升,2周后可产生免疫力,免疫期可达10个月。用弱毒苗免疫过的鸡再注射油乳剂苗后1周即可产生抗体。用弱毒活疫苗或弱毒活疫苗与油乳剂灭活苗共同免疫过的鸡,在开产前2～3周注射0.5毫升油乳剂灭活苗,可保护整个产蛋期。

【保存、运输条件】 2℃～8℃条件下,有效期为1年。

【注意事项】 ①由于油乳剂注射后不易吸收,注射局部可能留有硬结,随着鸡的生长逐渐消失,对近期出售的肉用鸡只不宜注射。②使用疫苗前,应先使冷藏疫苗达至室温。注射时应用8号或

9 号针头，最好使用连续注射器。

7. 新城疫-传染性支气管炎二联灭活疫苗

【简　介】 本品含灭活的鸡胚适应的新城疫和传染性支气管炎两种病毒，加微量硫柳汞防腐，用油佐剂制成。用于预防新城疫和传染性支气管炎。

【适用范围】 可用于各品种的健康鸡。

【使用方法】 16～18 周龄蛋鸡或种鸡，胸肌内或颈部皮下注射，每只 0.5 毫升。主要用于经新城疫弱毒活苗和传染性支气管炎弱毒活苗免疫后的加强免疫。也可和以上两种弱毒活苗同时进行初次免疫，每只雏鸡 0.2 毫升。

【保存、运输条件及注意事项】 同新城疫油乳剂灭活苗。

8. 新城疫-传染性法氏囊病二联灭活疫苗

【简　介】 本品含灭活的鸡胚适应的新城疫病毒和传染性法氏囊病病毒，加微量防腐剂和油佐剂制成。

【特　点】 主要用于预防新城疫和传染性法氏囊病。新城疫抗体和传染性法氏囊抗体分别可在 21 天和 28 天达到高峰。雏鸡免疫期为 100 天左右，成年鸡新城疫免疫期为 1 年，传染性法氏囊病免疫期为 6～8 个月。

【适用范围】 可用于任何品种的健康鸡。

【使用方法】 肉用仔鸡于 3～4 周龄接种，蛋鸡和种鸡首次可在 6～8 周龄接种，4 周后或开产前再进行第二次接种，每只鸡颈部皮下注射 0.5 毫升。雏鸡应在 7～10 天首次进行鸡新城疫免疫接种。

【保存、运输条件】 2℃～8℃有效期为 6 个月。

【注意事项】 同新城疫油乳剂灭活苗。

9. 新城疫-产蛋下降综合征二联灭活疫苗

【简　介】 本品含鸡新城疫鸡胚适应病毒和鸭胚适应腺病毒，经灭活后，按比例混合，加微量硫柳汞作为防腐剂，用白油做佐剂制成的灭活油乳剂二联苗。

【特　点】 用于预防鸡新城疫和鸡产蛋下降综合征。若育成期接种过活毒苗，产蛋前再接种这种疫苗，可促进抗体生成，免疫效果更好，可保护整个产蛋期并通过种蛋传递给雏鸡，使雏鸡在出壳后3～4周内获得保护。

【适用范围】 用于预防后备母鸡产蛋下降综合征和新城疫。

【使用方法】 用于开产前(18～20周龄)蛋鸡或种鸡，胸肌内或颈部皮下注射，每只0.5毫升。

【保存、运输条件及注意事项】 同新城疫油乳剂灭活苗。

10. 新城疫-传染性鼻炎二联灭活疫苗

【简　介】 本品系用免疫原性良好的副鸡嗜血杆菌A型和C型菌株，接种于适宜培养基培养，将培养物浓缩，经甲醛灭活后与灭活的新城疫病毒感染的鸡胚尿囊液混合，加油佐剂制成。

【特　点】 用于预防新城疫和传染性鼻炎。注苗后14～21天产生免疫力。1次注射的免疫期为3～5个月；若21日龄首免，120日龄再免，免疫期为9个月。

【适用范围】 可用于任何品种的健康鸡。

【使用方法】 颈部皮下注射，鸡龄不同注射量有所不同。20～42日龄鸡0.25毫升/只；42日龄以上鸡0.5毫升/只。

【保存、运输条件及注意事项】 同鸡新城疫油乳剂灭活苗。

11. 传染性支气管炎-传染性法氏囊病-新城疫三联灭活苗

【简　介】 本品含鸡胚适应的鸡新城疫病毒、鸡传染性支气管炎病毒和鸡传染性法氏囊病病毒，经灭活后，加微量硫柳汞防腐，与油佐剂混合乳化制成。

【特　点】 可同时预防蛋鸡和种鸡的新城疫、传染性支气管炎和传染性法氏囊病。

【使用方法】 主要用于加强免疫，于18～20周龄接种，每只鸡胸肌内或颈部皮下注射0.5毫升。种鸡开产前注射此苗后，免疫力可保持于整个产蛋期，抗体可经种蛋传递给雏鸡，从而使雏鸡出壳后数周内得到保护。

【保存、运输条件及注意事项】 同新城疫油乳剂灭活苗。

12. 新城疫-传染性法氏囊病-产蛋下降综合征三联灭活苗

【简　介】 本品含鸡胚适应的新城疫病毒、鸡传染性法氏囊病病毒和腺病毒，经灭活后，加硫柳汞和油佐剂制成的三联油乳剂灭活苗。

【特　点】 可同时预防蛋鸡或种鸡的产蛋下降综合征、传染性法氏囊病和新城疫。

【使用方法】 每只鸡接种 0.5 毫升，于胸肌内或颈部皮下注射。种母鸡应在开产前(18～20 周龄)用于加强注射，促进抗体生成。抗体可持续整个产蛋期并可经种蛋传递给雏鸡，从而使雏鸡在出壳后数周内受到保护。

【保存、运输条件及注意事项】 同新城疫油乳剂灭活苗。

13. 传染性支气管炎-新城疫-产蛋下降综合征三联灭活苗

【简　介】 本品含传染性支气管炎病毒、新城疫病毒和腺病毒，经灭活后，加微量硫柳汞，用白油做佐剂制成的灭活三联油乳剂苗。

【特　点】 用于预防蛋鸡和种鸡的传染性支气管炎、新城疫和产蛋下降综合征。

【使用方法】 每只鸡胸肌内或颈部皮下注射 0.5 毫升。主要用于开产前的加强免疫。

【保存、运输条件及注意事项】 同新城疫油乳剂灭活苗。

14. 新城疫-传染性支气管炎-鸡毒支原体灭活疫苗

【简　介】 本品为油佐剂的灭活疫苗，内含有鸡胚来源的新城疫病毒、麻萨诸塞型的传染性支气管炎病毒和鸡毒支原体。

【特　点】 可同时预防新城疫、麻萨诸塞型传染性支气管炎和败血支原体感染。在用本苗免疫前，应使用相关活疫苗首免，会获得良好的免疫效果。

【适用范围】 用于 3 周龄或 3 周龄以上鸡的首免与二免。

【使用方法】 接种的最小周龄为 3 周，在使用本疫苗前用活苗进行免疫是绝对必要的。建议在使用本品之前，应用麻萨诸塞型的传染性支气管炎活疫苗免疫。为了获得对鸡毒支原体感染的最大抵抗力，需要间隔 4 周进行第二次免疫。如果鸡只要进行跨年度生产，需要在换羽期间再免疫 1 次。本品用于颈部中段皮下注射，每鸡 1 毫升。

【保存、运输条件】 避光保存，贮藏温度为 2℃～7℃，有效期为 24 个月。

【注意事项】 免疫注射前，使疫苗温度升至室温，此期间要避免震动。应在兽医指导下使用。其他注意事项同新城疫油乳剂灭活苗。

15. 禽呼肠孤病毒感染-传染性法氏囊病-新城疫三联灭活苗

【简　介】 本品含有源于鸡组织培养、鸡胚和法氏囊组织的传染性法氏囊病病毒、源于鸡组织培养的新城疫病毒和禽呼肠孤病毒。

【特　点】 可同时预防标准株和变异株法氏囊病病毒、新城疫病毒和禽呼肠孤病毒的感染。

【适用范围】 主要用于加强免疫。

【使用方法】 种鸡可于 15～22 周龄时接种。在接种时，鸡只呼肠孤病毒的血清中和抗体滴度应≥15。为取得满意的效果，应首先在 5～7 日龄及在 4～5 周后两次接种腱鞘炎活苗。临用前用力振摇疫苗 0.5～1 分钟，打开铝盖即可使用。如果 1 瓶疫苗使用超过 4 个小时，建议在继续接种前，再次振摇疫苗。每只鸡于颈部中段皮下注射 1 毫升疫苗。

【保存、运输条件】 应避光保存于 2℃～7℃，有效期 24 个月。

【注意事项】 同新城疫油乳剂灭活苗。

16. 新城疫-传染性支气管炎-病毒性关节炎油佐剂灭活苗

【简　介】 本品系用新城疫 Clone30 毒株，传染性支气管炎 M 或 F 毒株、病毒性关节炎 REO-S_{1133} 毒株分别接种易感鸭胚，收获含毒胚液经甲醛溶液灭活，按比例混合再加矿物油佐剂乳化而成。

【特　点】 本苗消除了活苗互有的干扰作用，疫苗接种于3～4周龄鸡或成年鸡10天后产生免疫力，免疫期达5个月以上。

【适用范围】 用于不同日龄的肉鸡、种鸡，预防新城疫、传染性支气管炎、病毒性关节炎。

【使用方法】 2～4周龄雏鸡，肌内或皮下注射，每只鸡1毫升。

【保存、运输条件】 在4℃～8℃条件下，保存期为1年。运输时温度应在0℃以上。

17. 新城疫-传染性支气管炎-传染性法氏囊病-产蛋下降综合征四联灭活苗

【简　介】 本品含新城疫病毒、传染性支气管炎病毒、传染性法氏囊病毒和产蛋下降综合征病毒，经甲醛灭活后，加微量硫柳汞，用矿物油做佐剂制成的灭活四联油乳剂疫苗。

【使用方法】 用于上述4种疾病的预防，每只鸡接种0.5～1毫升，胸部肌内或颈部皮下注射，用于种母鸡开产前(18～20周龄)加强免疫，促进抗体产生。抗体可维持整个产蛋期并经种蛋传递给雏鸡，从而使雏鸡在数周内获得免疫保护。

【保存、运输条件及注意事项】 同新城疫油乳剂灭活苗。

18. 禽呼肠孤病毒感染-传染性法氏囊病-新城疫-传染性支气管炎四联灭活疫苗

【简　介】 本品含有鸡组织培养、鸡胚培养和法氏囊组织的传染性法氏囊病病毒的标准和变异毒株；组织培养的新城疫病毒、禽呼肠孤病毒；鸡胚培养的传染性支气管炎病毒的灭活抗原。

【适用范围】 用于预防标准和变异株的传染性法氏囊病、新城疫、传染性支气管炎和禽呼肠孤病毒感染。

【使用方法】 种鸡可于15～22周龄时接种。在接种时，呼肠孤病毒的血清中和抗体滴度应为≥15。为取得满意的效果，鸡只应首先在5～7日龄和在4～5周后两次接种腱鞘炎活苗。种鸡还应在使用灭活苗前约6周接种传染性法氏囊病活苗。如果1瓶疫苗使用超过4个小时，建议在继续接种前，再次振摇疫苗。临用前用力振摇疫苗0.5～1分钟，每羽1毫升，于颈部中段皮下注射。

【保存、运输条件】 应避光保存于2℃～7℃，有效期24个月。

【注意事项】 同新城疫油乳剂灭活苗。

二、禽流感灭活苗

禽流感(Avian influenza，AI)是由A型正粘病毒引起，发生于各种家禽和野生鸟类的病毒性传染病。其感染程度差异很大，可从不明显感染到暴发，临床症状从缓和型的呼吸道感染到引起禽群灾难性死亡。

(一)禽流感的危害

禽流感一般发病率较高，死亡率较低，但在强毒毒株感染时，发病率和死亡率可达100%。弱毒株感染导致产蛋率严重下降，有的甚至可以导致产蛋高峰的鸡绝产，经济损失惨重。禽流感可在易感的鸡群中反复感染，并导致新城疫、传染性支气管炎及大肠杆菌等疾病的发生，引起严重的并发症。1997年香港禽流感事件的发生，首次证明禽流感可直接感染人，引起人发病，甚至死亡。因此，本病毒具有重要的公共卫生意义。

(二)禽流感诊断要点

1. 流行特点 禽流感的流行主要可以概括为4个特点。

(1)病原血清型众多 目前禽流感有13种特异的HA和9种特异的NA。主要有H_9N_3、H_5N_1、H_9N_2、H_7N_1和H_4N_6等，毒株间毒力差异大，一般认为H_7、H_5为高致病性，但并非所有的H_7、H_5

都是强毒。而且禽流感病毒最大特点是极易发生变异，这给禽流感的防制带来了很大困难。

（2）宿主的多样性　禽流感可以自然感染人类、猪、马及各种鸟、禽类。从海豹、鲸的体内也曾分离到病毒，以鸟类带毒最为常见，水禽带毒也较为普遍。有研究表明，鸭、猪、人类的互相感染，是禽流感传染和扩大的重要因素，猪是禽流感的存贮器和扩大器。因此，猪-禽-人的联系具有重要的公共卫生意义。

（3）传播的复杂性　禽流感是通过多种途径传播的，如消化道、呼吸道、皮肤损伤和眼结膜等途径传播，吸血昆虫也可传播病毒，但以消化道和呼吸道为主。人、运输工具、被病禽污染的水、饲料、尘埃及其他一切被污染的生产用品都是禽流感传播的重要途径。因此，传播迅速，一旦感染，易引起全群鸡暴发，并向外扩散，而引起流行。

（4）致病的多样性　禽流感可以感染从雏鸡到大鸡等不同日龄的鸡，以产蛋鸡群多发。而且四季均可发生，以冬季最为多见。由于病毒的亚型、毒株的毒力、鸡的品种、日龄、并发感染的情况和其他环境、管理因素的不同，引起感染发病呈多样性。表现的症状和病变也很不一致。

2. 临床症状及病理变化

（1）急性型　病鸡精神高度沉郁，采食量下降甚至废绝，排黄绿色稀便，呼吸困难，无毛部皮肤（冠、肉髯等）发绀、肿大、出血、坏死；产蛋停止；有些鸡群没有任何先兆症状而大批死亡。主要病理变化为头颈部皮下胶样浸润，喉头气管充血、出血，粘液较多，气管内堵塞黄白色干酪样物，典型的纤维素性气囊炎、心包炎、肝周炎和腹膜炎，十二指肠充血出血，腺胃乳头和肌胃角质膜下出血，胰脏出血且常有大小不等灰白色坏死斑点。

（2）温和型　产蛋鸡群主要为不同程度的呼吸道症状及产蛋下降。剖检病变主要是呼吸道和生殖道的炎症。肉用禽和后备禽主要表现为呼吸道症状。剖检见喉头气管充血、出血，气管内被干酪样物堵塞，纤维素性气囊炎、心包炎、肝周炎，腹膜炎，十二指肠充血、出血，偶尔可见到腺胃和肌胃出血。

(3)慢性和隐性型　有些鸡群发病症状不明显，只是在血清学检验及采样分离病毒时才发现。

以上各型的病鸡耐过后，生长受阻，并可继续有零星死亡。

(三)禽流感防制措施

预防和控制禽流感，必须采取综合性防制措施。首先是要防止病毒传入禽群，这就要求要建立良好的生物安全体系。严密的卫生防疫措施，包括严格实施各种防疫及消毒制度，特别是车辆、人员来往的控制。定期消毒尤其是对禽舍进行带禽消毒。制订生物安全措施时切记，任何被粪便污染的物品都能传播本病，因此，减少粪便扩散的任何措施都能降低禽流感的危险。禽流感病毒在粪便中由于有机物的保护可存活很长时间，但将粪便堆积发酵10～20天即可将病毒灭活。注意加强饲养管理，提高家禽免疫力；预防其他并发疾病的发生；尤其要注意减少应激。其次是免疫预防。根据当地禽流感的流行情况，对于某些禽群可以进行免疫接种。由于禽流感血清型较多，而且交叉保护性差。因此，接种疫苗时，必须针对当地流行的亚型，选择相应的亚型疫苗免疫，方可取得良好的免疫效果。目前一般应用灭活疫苗进行免疫，主要是预防H_5和H_9亚型的禽流感。根据实际情况，制定适当的免疫程序。一般蛋鸡应在20～30日龄首免，产蛋前120～140日龄二免，240～260日龄三免。肉仔鸡是1～10日龄免疫1次，接种剂量目前还没有统一的标准，应根据所选用疫苗的说明书要求进行。

如果发生禽流感，应根据发病情况，采取相应的措施。若发生高致病性禽流感时，应立即报告主管部门，并组织技术人员尽快诊断，一经确诊，以发病地区为中心建立隔离检疫区、扑杀及处理所有感染鸡群，并对所有可能被污染的场所及设备进行彻底消毒。若发生低致病性禽流感时，应立即隔离封锁发病禽舍，阻止疫情扩散；严禁病死鸡、病鸡或可疑病鸡上市流通；对环境进行消毒；加强禽群的饲养管理，饲料中可以添加维生素等，提高鸡体抵抗力，同时可以结合进行药物治疗。对于疫区周围禽群可以进行紧急免疫接种，以建立免疫力。

（四）免疫失败的原因

免疫禽流感疫苗的鸡群也可能还会出现发病现象，表现非典型症状。其原因主要有：

1. 鸡群健康状况差 鸡群营养不良或患有免疫抑制病、细菌并发感染等，都会影响疫苗免疫效果。

2. 饲养管理不当 环境卫生差，饲养密度大，各种应激因素等均可影响疫苗保护效果。

3. 疫苗选用不当 必须根据当地流行的亚型，选择正规厂家生产的相应亚型的疫苗免疫，方可取得良好的免疫效果。

4. 免疫程序不合理 一定根据当地流行情况，制订适当的免疫程序，一般应用灭活苗免疫接种时，肉仔鸡可进行1次免疫，但对于饲养期较长的蛋鸡至少应免疫3次。

（五）防制用疫苗

免疫接种疫苗是禽流感防制中的一项主要措施。目前广泛应用的禽流感疫苗主要有禽流感单价灭活苗和禽流感双价灭活苗。我国相继有很多成功研制禽流感灭活疫苗的报道，主要是H_5、H_9亚型单价灭活苗和H_5、H_9双价灭活苗。此外，国外利用基因工程方法，已经研制成功重组禽痘病毒载体疫苗，这种疫苗可以抵抗H_5强毒的攻击，野外条件下可提供良好保护力，而且最突出优点是不影响对鸡群的免疫监测和检疫，因为这种苗不产生琼脂扩散试验能够检测出的沉淀抗体，只要琼扩试验阳性就一定为野毒感染。

1. 禽流感单价灭活苗

【简　介】 H_5 亚型疫苗、H_9 亚型疫苗一般采用禽流感分离株或标准株，接种易感鸡胚或 SPF 胚繁殖后，收获鸡胚尿囊液，灭活后加入油佐剂制成。

【特　点】 H_5、H_9 亚型疫苗免疫后 14 天，用同型禽流感病毒攻击，保护率 100%。H_5 亚型疫苗免疫持续期为 4 个月，H_9 亚型疫苗免疫期可达 5 个月。短时间内对注射部位的肉质可能会产生一定影响，但可逐渐恢复；疫苗本身不会影响产蛋，但注射操作对产蛋量可能会有一过性影响。

【适用范围】 一般适合于 2 周龄以上鸡使用。

【使用方法】 颈部皮下或胸部肌内注射，2～4 周龄每只鸡注射 0.2 毫升；中雏每只注射 0.3 毫升；成年鸡每只注射0.4～0.5 毫升。

【保存、运输条件】 一般在 2℃～8℃避光保存，H_5 亚型疫苗的有效期为 12 个月；H_9 亚型疫苗的有效期为 18 个月。

【注意事项】 ①禽流感病毒感染鸡或健康状况异常的鸡切忌使用。②在毒株或疫情尚未确定情况下，不宜盲目使用本品，所预防的禽流感亚型应与疫苗型一致。③严禁过热或过冷，使用前应使之达到室温并充分摇匀，若出现破乳、异物等异常现象，切勿使用。④一经使用，应在 24 小时内用完。

2. 禽流感双价灭活苗

【简　介】 H_5、H_9 双价灭活苗一般采用禽流感 H_5、H_9 分离株或标准株，分别接种易感鸡胚或 SPF 胚繁殖后，收获鸡胚尿囊液，分别灭活后，按一定比例混合，加入油佐剂制成。

【特　点】 理论上讲，双价疫苗与单价疫苗的免疫效果应该是一致的，但是由于规模化生产中，如果抗原不做浓缩处理，由于抗原液与油的比例是固定的，多价苗的抗原含量就往往比单价苗少，因此，免疫效果就不如单价苗。优点是一次注射可以预防两种亚型禽流感病毒感染，既经济又节省人力，同时可减少注射引起的鸡群应激反应。

【适用范围，使用方法，保存、运输条件及注意事项】 同禽流感单价灭活苗。

三、传染性法氏囊病疫苗

传染性法氏囊病(Infectious bursal disease，IBD)，又称传染性腔上囊炎、传染性囊病、甘保罗病。是由双 RNA 病毒科的传染性法氏囊病病毒(IBDV)引起的雏鸡的一种急性高度接触性传染病，临床上以法氏囊发炎、坏死、萎缩和法氏囊内淋巴细胞严重受损、肾脏损害为特征。

(一)传染性法氏囊病的危害

目前本病呈世界性分布。它不但可以引起 3 周龄以上的鸡发病和死亡，发病率高，几乎达 100%，死亡率低，一般为 5%～15%；而且能够引起雏鸡长期严重的免疫抑制，从而使病鸡对埃希氏大肠杆菌、腺病毒、沙门氏杆菌、鸡球虫等更易感，对马立克氏病、新城疫等疫苗接种的反应能力降低。因此，本病是目前养禽业最重要的疾病之一。

(二)传染性法氏囊病诊断要点

1. 流行特点 自然条件下，鸡最易感，所有品种的鸡均可感染，但白来航鸡比重型品种的鸡敏感，肉鸡较蛋鸡敏感。本病仅发生于 2 周龄至开产前的小鸡，3～7 周龄为发病高峰期，3 周龄以下的雏鸡受感染后不表现临床症状，但引起严重的免疫抑制。火鸡和鸭也能自然感染。

传染性法氏囊病是高度接触性传染病，病毒持续存在于鸡舍的环境中。饲养过病鸡的鸡舍，在清除病鸡之后的 54 天和 122 天，对其他鸡仍有感染性。采集鸡发病后第八周的小粉甲虫将其研磨成悬液喂鸡，发现其仍有感染性。病鸡舍的蚊子（如伊蚊）及大鼠也有感染性。

经呼吸道、消化道及种蛋可感染本病，经常是通过被污染的饲料、饮水、粪便、尘土、鸡舍用具、人员衣服、昆虫等途径而传播。一年四季均可发生。但以5～7月份发病较多。

2. 临床症状与病理变化 在易感鸡群中，本病往往突然发生，潜伏期短，感染后2～3天出现临床症状，早期症状之一是鸡自啄泄殖腔现象。发病后，病鸡下痢，排浅白色或淡绿色稀粪，腹泻物中常含有尿酸盐，肛门周围的羽毛被粪污染。随着病程的发展，饮、食欲减退，并逐渐消瘦，畏寒，颈部躯干震颤，步态不稳，行走摇摆，体温正常或在疾病末期体温低于正常，精神委顿，头下垂，眼睑闭合，羽毛无光泽、蓬松，脱水、眼窝凹陷，最后极度衰竭而死。5～7天死亡达到高峰，以后开始下降。病程一般为5～7天，长的可达21天。

本病明显的发病特点是突然发生、感染率高、呈尖峰死亡曲线，康复迅速。但一度流行后常呈隐性感染，病毒在鸡群中长期存在。

特征性病变是法氏囊呈黄色胶冻样水肿、质硬、粘膜上覆盖有奶油色纤维素性渗出物。有时法氏囊粘膜严重发炎、出血、坏死、萎缩。另外，病死鸡表现脱水，腿和胸部肌肉常有出血，颜色暗红。肾肿胀，肾小管和输尿管充满白色尿酸盐。脾脏及腺胃和肌胃交界处粘膜出血。

（三）传染性法氏囊病防制措施

1. 加强管理，搞好卫生消毒工作 防止将病毒带入鸡场，一旦发生本病，及时处理病鸡，进行彻底消毒。

2. 免疫接种 这是预防鸡传染性法氏囊病的一种有效措施。鸡传染性法氏囊病免疫效果受免疫方法、免疫时间、疫苗种类、母源抗体等因素的影响。其中母源抗体是非常重要的因素。有条件的鸡场应使用琼脂扩散试验或酶联免疫吸附试验(ELISA)对鸡群的母源抗体、免疫后抗体水平进行监测,以便选择合适的免疫时间,有效地发挥疫苗的保护作用。一般种鸡多采用2周龄弱毒苗免疫1次,5周龄时中等毒力疫苗加强免疫1次,产蛋前(20周龄)和38周龄时各注射油乳剂灭活苗1次,一般可保持较高的母源抗体水平,肉用仔鸡或蛋鸡视抗体水平多在2周龄和5周龄时进行两次弱毒苗免疫。

3. 治疗　高发日龄前后或发病早期可用鸡传染性法氏囊病高免血清注射液、鸡传染性法氏囊病高免蛋黄注射液或复方炔酮等药物进行治疗。

(四)免疫失败的原因

传染性法氏囊病病毒变异毒株(血清亚型)或超强毒株的存在,使目前的商品疫苗对变异株不能提供有效的保护,其保护率仅为10%～70%。超强毒株的毒力是标准病毒株的两倍以上,使鸡的发病率和死亡率明显上升,年龄较大的鸡甚至18周龄以上的后备母鸡也能致病。因此,抗原变异和毒力增强可能是引起免疫失败的重要原因之一。

母源抗体水平不一致也影响疫苗免疫的效果。商品疫苗株的选择不当、免疫操作的失误以及免疫程序不合适等也可造成免疫失败。

其他应激因素如新城疫Ⅰ系苗和传染性喉气管炎疫苗的接种、天气变冷、迁栏、饲养密度过大等,或者在免疫抑制因素如马立克氏病病毒、鸡贫血因子、黄曲霉毒素等的影响下,常使法氏囊疫苗接种得不到应有的免疫效果,应当加以注意。

(五)防制用疫苗

目前使用的疫苗主要有灭活苗和活苗两类,灭活苗主要是油佐剂灭活苗如IBD-CJ-801,对已接种活苗的种鸡免疫效果很好,能使母源抗体保护雏鸡长达4～5周。活苗按其毒力大小又分为3种。即强毒型：如初代的2512毒株，J-1毒株；中毒型：如德国的鸡胚毒Cu-1M和BJ_{836}、Lukert细胞毒、传染性法氏囊病-B2苗；弱毒型：如D78、PBG98、LKT和LZD228等。选用活苗接种时，应严格按要求使用，如中毒型的苗过早应用不仅不能起到免疫的作用，反而还能损伤法氏囊，引起免疫抑制，增加机体对其他病原的易感性。此外还有一些联苗可以使用，如马立克氏病-传染性法氏囊病二联弱毒苗、新城疫-传染性法氏囊病二联灭活苗、传染性支气管炎-新城疫-传染性法氏囊病三联弱毒苗等，联苗相互干扰小，安全有效，1次接种就能预防两种乃至两种以上的疾病。传染性法氏囊病疫苗有注射、滴鼻、点眼、饮水、气雾以及胚胎接种等多种免疫方法，常可根据疫苗的种类、性质、鸡龄、饲养管理等情况进行具体选择。

自1985年美国首次发现传染性法氏囊病病毒变异株以来，世界各地相继有发现变异株、超强毒株的报道，它们引起的危害相当严重，提示人们去研制新的疫苗。近来对传染性法氏囊病的基因工程苗的研制取得了可喜的进展，目前已将主要病毒抗原VP_2蛋白编码的一段核苷酸序列酶切下来，在酵母等载体上表达并获得成功，临床使用效果很好，有望成为防制本病的很有前途的疫苗。

1. 传染性法氏囊病低毒力活疫苗

【简　介】 本品系传染性法氏囊病病毒低毒力株，经鸡胚(或细胞)繁殖后，收获鸡胚组织或细胞培养液，加适当稳定剂，经冷冻真空干燥制成。

【特　点】 用于无母源抗体的雏鸡首次免疫，对有母源抗体的鸡免疫效果较差。

【适用范围】 供预防雏鸡传染性法氏囊病使用。

【使用方法】 可点眼、滴鼻、肌内注射或饮水免疫。但以饮水为佳，饮水时剂量加倍。使用时按瓶签注明的羽份加入不含氯离子的消毒剂及其他药物的清洁冷水，充分溶解、摇匀，如能加入

0.2%脱脂奶粉，可获更好的免疫效果。每只鸡免疫剂量不低于1 000 EID_{50}(50%鸡胚感染量)，饮水免疫剂量加倍。

【保存、运输条件】 －18℃保存，有效期为18个月；2℃～8℃为12个月。

【注意事项】 ①免疫鸡必须健康无病。②进行饮水免疫时，饮前应视地区、季节、饲料等情况，停止饮水4～8小时，并应在1小时内饮完。③用过的疫苗瓶、器具等应及时做消毒处理，不要使疫苗污染到其他地方或人身上。

2. 传染性法氏囊病中等毒力活疫苗

【简　介】 本品系传染性法氏囊病病毒中等毒力株(B_{87}或BJ_{836}、J_{87}、K_{85}、NF_8等)，接种鸡胚或细胞繁殖后，收获感染的鸡胚组织或细胞培养液，加适当稳定剂，经冷冻真空干燥制成。

【特　点】 因毒株不同，疫苗特点有所不同，有的只可用于有母源抗体的雏鸡免疫，而有的既可用于有母源抗体的雏鸡，又可用于无母源抗体的雏鸡免疫。

【适用范围】 供预防雏鸡传染性法氏囊病使用。

【使用方法】 可点眼、肌内注射或饮水免疫。点眼、口服接种剂量：每羽份鸡胚苗应不低于1 000 EID_{50}；细胞苗应不低于5 000 $TCID_{50}$(50%组织培养感染量)；饮水免疫剂量应加倍。对有母源抗体的雏鸡，当琼脂扩散试验阳性率在50%以下时，首次免疫时间应在7～14日龄内进行，间隔7～14天后进行第二次免疫；当阳性率在50%以上时，首免时间应在21日龄时进行，间隔7～14天后，进行第二次免疫。

【保存、运输条件】 一般于－15℃以下或2℃～8℃保存，有效期因毒株不同而不同。使用前，应仔细看说明书。

【注意事项】 ①必须注意疫苗能否用于无母源抗体的雏鸡，并据母源抗体水平确定首免时间。②其他注意事项同传染性法氏囊病低毒力活疫苗。

3. 传染性法氏囊病油乳剂灭活疫苗

【简　介】 本品系用传染性法氏囊病鸡胚毒或细胞毒，经福尔马林灭活后，加油佐剂制成的油乳剂灭活苗。为乳白色乳状液。疫苗安全性好，效力可靠，免疫期长，副作用小，种鸡免疫后雏鸡母源抗体水平高，还可以防止活毒疫苗引起的垂直感染或带毒现象。

【特　点】 接种后10～14天即可产生抗体，免疫期视鸡群年龄和免疫状况而不同。10～15日龄雏鸡注射后抗体水平可维持2～3个月，种鸡注射后抗体水平可维持20～24周，可使后代雏鸡在3～4周内获得比较高而整齐的母源抗体，不被野毒感染。

【适用范围】 供预防传染性法氏囊病使用。对各种年龄鸡均可使用。尤其适应于无母源抗体的雏鸡和种鸡产蛋前的免疫。带有母源抗体的雏鸡，应在母源抗体消失后使用。

【使用方法】 皮下或肌内注射。18～20周龄种母鸡，每只1.2毫升。本疫苗应与传染性法氏囊病活疫苗配套使用。种母鸡应在10～15日龄和28～35日龄时各做1次传染性法氏囊病活疫苗基础免疫。种母鸡经活疫苗2次基础免疫和1次油佐剂灭活疫苗的加强免疫后，可使开产后1年内的种蛋所孵雏鸡，在14天内能抵抗野毒感染。

【保存、运输条件】 2℃～8℃避光保存，有效期一般为6个月。

【注意事项】 ①要严格按照说明书中的使用方法、禁忌、注意事项和免疫方法进行操作。②在使用疫苗时，应密切注意鸡群状况和当地传染性法氏囊病流行情况以及母源抗体水平高低，从而确定合理免疫程序并正确使用疫苗。③雏鸡使用本灭活油乳剂苗时，最好与弱毒疫苗同时使用，也可以先接种1次弱毒疫苗，间隔1周再注射灭活疫苗。

4. 病毒性关节炎-传染性法氏囊病二联灭活苗

【简　介】 本品含灭活的鸡组织培养、鸡胚培养及法氏囊源的传染性法氏囊病病毒和鸡细胞培养的禽呼肠孤病毒。

【特　点】 本品用于首免或再免，为雏鸡提供标准和变异株传染性法氏囊病及呼肠孤病毒感染的被动保护。

【适用范围】 供预防病毒性关节炎和传染性法氏囊病使用。种鸡可在15～20周龄时接种。在接种时，鸡只抗呼肠孤病毒的血清中和抗体滴度应≥15。

【使用方法】 颈部中段皮下注射，每只1毫升。

【保存、运输条件】 本品避光保存，贮藏温度为2℃～7℃。有效期为24个月。

【注意事项】 ①使用前猛烈振摇0.5～1分钟。打开铝盖和塞子，即可使用。②要严格按照说明书中的使用方法、禁忌、注意事项和免疫方法进行操作，只有这样才能取得最好的效果。

5. 传染性法氏囊病-马立克氏病二联疫苗 参见马立克氏病防制用疫苗项。

6. 病毒性关节炎-传染性法氏囊病-新城疫三联灭活苗 参见新城疫防制用疫苗项。

7. 新城疫-传染性法氏囊病二联油乳剂灭活苗 参见新城疫防制用疫苗项。

8. 新城疫-传染性支气管炎-传染性法氏囊病三联油乳剂灭活苗 参见新城疫防制用疫苗项。

9. 新城疫-传染性法氏囊病-产蛋下降综合征三联油乳剂灭活苗 参见新城疫防制用疫苗项。

10. 新城疫-传染性支气管炎-传染性法氏囊病-产蛋下降综合征四联油乳剂灭活苗 参见新城疫防制用疫苗项。

四、马立克氏病疫苗

马立克氏病(Marek's disease，MD)是由马立克氏病病毒引起的一种高度传染性肿瘤疾病，以外周神经、性腺、虹膜、各种内脏器官、肌肉和皮肤发生单独或多个组织器官的单核细胞浸润为特征。

本病在1907年由匈牙利兽医病理学家马立克首先报道，当时命名为鸡麻痹、多发性神经炎。1964年世界兽医家禽协会第一届年会上正式批准采用马立克氏病病名。

马立克氏病病毒分为3个血清型。血清1型对鸡具有致病性和致瘤性，包括超强毒株（Md5、ALa8、RB-IB等）、强毒株（GA、HPRS-16、JM、京-1、沪-1等）、由超强毒和强毒株致弱的弱毒株（Md11/75c等）和一部分自然弱毒株（CVI988、哈兽研K株）。血清2型对鸡无致病性和致瘤性（SB-1、301B/1、Z4等），又称自然无毒力株。血清3型是火鸡的疱疹病毒（FC126等）。这3种血清型毒株既有特异性型抗原，又具有共同抗原，用一般血清学方法难以区分，只有用单克隆抗体才能将这3种血清型毒株区分开来。

（一）马立克氏病的危害

马立克氏病是危害养鸡业最严重的传染病之一，遍及世界各国。在疫苗应用之前，马立克氏病一直是引起生长障碍与死亡的主要原因之一。即使在使用疫苗以后，由于疫苗不是100%有效，所以仍有马立克氏病发生，不过多数马立克氏病的损失可减小到5%。但总体上造成的经济损失仍十分巨大。

（二）马立克氏病诊断要点

1. 流行特点 本病由B群疱疹病毒引起。传染源主要是感染的鸡只，通过直接或间接传播，现一般认为马立克氏病病毒不能垂直传播。病毒可以通过空气传染，病鸡皮肤的毛囊上皮是含病毒较多部位，身上脱落的羽毛和皮屑，都能传染本病。病鸡的粪便和垫草、鸡舍里面的灰尘都具有传染性。

马立克氏病病毒对1周龄以内的鸡最易感，随着日龄的增加，易感性降低，疾病的发病率和死亡率与感染病毒的毒力、剂量、感染途径及鸡的遗传品系、年龄、性别有关。多数严重病例是从8～9周开始的，产蛋鸡群通常到16～20周龄才开始出现临床症状。

2. 临床症状与病理变化 病鸡表现为渐进性消瘦、贫血、下痢，神经型病鸡多呈一侧不完全麻痹或完全麻痹，瘫痪在地，两腿呈“劈叉”姿势；眼型患鸡的虹膜变为灰白色，故俗称“灰眼”。瞳孔缩小，边缘不整齐，严重的造成一侧或双侧失明；内脏型多发于50～70日龄的鸡；病鸡厌食或绝食，消瘦，苍白，多死亡。

肝脏弥漫性肿大，充满整个腹腔。有的肝脏可有大小不等灰白色肿瘤结节。胸肌可有鹅卵大的有光泽的肿瘤结节。皮肤型常常毛囊显著增粗和肿大，毛根部周围有大豆粒大小的肿块，呈扁平结节隆起，中央部凹陷。卵巢肿大。颈部迷走神经、臂神经丛、坐骨神经肿大变粗，呈灰白色或淡黄色。内脏型患鸡心、肝、脾、肾等器官有大小不等的灰白色的肿瘤结节。

（三）马立克氏病防制措施

马立克氏病防制的关键是选用合适的疫苗，并尽早接种，使鸡群产生抵抗力，防止早期感染。使用多价苗或双价苗有效地防止超强毒马立克氏病病毒的感染。用超强毒马立克氏病病毒攻击试验，证明多价疫苗确实能抵抗超强毒的感染，多价疫苗的预防效力达91%。多价疫苗或双价疫苗对预防马立克氏病病毒早期感染是有效的，因为细胞结合毒一旦进入机体，病毒的繁殖与激发免疫要比火鸡疱疹病毒苗快得多。同时应防止应激因素，并预防感染能引起免疫抑制的疾病如传染性法氏囊病、鸡传染性贫血等。

另一个非常重要的、易被忽略的方面是一定要加强综合防制措施。严格的消毒制度是防止雏鸡早期感染的关键因素，消毒必须彻底，其中包括种蛋、孵化器、孵化室的消毒，初生雏、育雏室的消毒以及孵化人员的卫生消毒等。

（四）免疫失败的原因

1. 流行毒株毒力的不断增强 马立克氏病免疫失败的原因可以是多方面的，马立克氏病病毒变异株的出现是其主要原因。

Schat 等从火鸡疱疹病毒免疫失败而暴发马立克氏病的鸡群中分离出了很强毒力的马立克氏病病毒;即超强毒马立克氏病病毒,随着超强毒马立克氏病病毒的出现,并且流行面越来越广,科学家们于 20 世纪 80 年代研制了对其有明显控制作用的双价苗。然而 20 世纪 90 年代初,在美国一些地区开始有特超强毒株马立克氏病病毒出现。这些特超强毒株可以突破双价苗的免疫保护作用,使得一些鸡场不得不采用免疫效果更强的 1 型 CVI988/Rispens 株疫苗或用它与火鸡疱疹病毒和 301B/1 株构成的三价苗。随着野外马立克氏病病毒毒力的变异增强,欧洲 1996 年、美国 1999 年以后相继发生了 CVI988/Rispens 疫苗免疫接种的鸡群暴发马立克氏病的情况,并且分离出特超强毒马立克氏病病毒。特别是一些已经使用了多年 CVI988/Rispens 疫苗的地区或鸡场,是否也存在由于疫苗免疫压力的作用,导致当地马立克氏病病毒毒力演化增强的情况,值得注意。

2. 母源抗体的干扰 由于马立克氏病疫苗在种鸡场的广泛应用,雏鸡母源抗体可能较高,当火鸡疱疹病毒疫苗接种雏鸡时,受到母源抗体的中和作用,从而影响了疫苗的免疫效果。

3. 早期感染 在雏鸡出壳后即可感染马立克氏病病毒,鸡龄越小越易感染,5 日龄雏鸡易感性要比 56 日龄雏鸡易感性约大几百倍。马立克氏病疫苗在接种以后约 8～10 天才能逐渐产生免疫力。在此接种期间,如果雏鸡感染,仍可能发病。因此,防止雏鸡早期感染是控制的关键。疫苗免疫能防止鸡群发生马立克氏病,而不能防止鸡群感染马立克氏病病毒,而马立克氏病病毒在鸡舍及其周围环境中都可能存在。因此,如果消毒隔离不严格,雏鸡必然会感染马立克氏病病毒,即使接种了疫苗,免疫效果也很差。雏鸡在出雏 3 天内感染马立克氏病病毒,会发生疫苗免疫失败现象。

4. 免疫抑制性疾病的影响 传染性法氏囊病、鸡传染性贫血、白血病、网状内皮增生症均会引起严重的免疫抑制。鸡球虫病、大肠杆菌病、沙门氏菌病等病原毒素也有较强的免疫抑制作用。一旦有这类病的发生，必然会导致免疫失败。

5. 环境及其他因素影响 雏鸡因饥渴、寒冷、过度拥挤等因素的刺激会引起应激反应，抑制其免疫功能正常发挥，进而可导致免疫失败。另外，使用一些对免疫功能有抑制作用的抗生素或鸡舍中氨气浓度过高也对免疫有很大影响。

6. 疫苗的保存、运输和使用方面的问题 疫苗保存、运输不当，可导致疫苗失效；疫苗使用不当，包括稀释、接种途径、接种时间不符合要求，也能造成免疫效果不佳。

（五）防制用疫苗

马立克氏病疫苗免疫是以细胞免疫为主，体液免疫为辅。马立克氏病疫苗都是活疫苗（表 2-1）。

表 2-1 马立克氏病疫苗的主要种类

疫 苗	血清型	研制国家	研制年份	使用年份
CVI988/c	1	荷 兰	1980	1980
CVI988/c/R6	1	荷 兰	1980	1980
R2/23(Md11/75c/R2/23)	1	美 国	1980	1980
SB-1	2	美 国	1980	1980～1990
301B/1	2	美 国	1980	1980～1990
Z4、814	2、1	中 国	1980	1980～1990
双价、三价苗	2+3、1+2+3	美 国	1980	1980～2000

1 型马立克氏病疫苗：由强毒株经蚀斑纯化，多次传代育成。如 Md11/75c 株，是 1982 年美国学者 Witter 从火鸡疱疹病毒免疫失败鸡群中分离的超强毒株，经细胞培养传代 78 代后培育而成。它在没有母源抗体鸡群中可提供有效的保护，但在具有同源母源

抗体鸡群中保护力较差。又如荷兰的CVI988克隆C株，经蚀斑挑选纯化，并在鸡胚成纤维细胞(CEF)上传65代培育而成，曾经广泛应用，但其免疫原性不是很好。近年来，人们转而采用免疫原性更好的CVI988/Rispens疫苗，此外哈尔滨兽医研究所培育的K株也属于该型。这些毒株都是细胞结合毒，如细胞崩溃破坏，病毒即死亡。因此，这类疫苗必须保存于－196℃液氮中。

2型马立克氏病疫苗：该型马立克氏病病毒毒株是从鸡体内分离到的，对鸡无致病力。SB-1株和301B/1株疫苗已经作为商品疫苗出售。它们的免疫效果很好，能抵抗超强毒的感染，十分安全。因属于细胞结合毒，需保存在－196℃液氮中。此外，这种疫苗十分容易在鸡群中扩散。

3型马立克氏病疫苗：火鸡疱疹病毒有很多分离毒株，效果最好的是FC126株，这种病毒对鸡不致病。它虽然也是细胞结合毒，但在细胞内复制的病毒颗粒，大部分有囊膜，加入SPGA稳定剂后可将其裂解冻干，可在4℃下保存，免疫时无需依赖活细胞，是目前世界上应用最广的疫苗之一。不过火鸡疱疹病毒不真正属于马立克氏病病毒，对马立克氏病的免疫机制可能是一种干扰作用。

多价疫苗：目前市场上应用最广泛的疫苗是多价疫苗，特别是双价疫苗。各种组合的双价苗中血清2型毒株与血清3型毒株的组合最好，对抵抗超强毒感染特别有效。但在某些品系的鸡群中发现应用这种双价苗后，鸡白血病的感染率有升高的现象。1988年美国又推广应用301B/1＋火鸡疱疹病毒双价苗。我国也研制试用了SB-1＋火鸡疱疹病毒，Z4＋火鸡疱疹病毒双价苗，免疫效果良好。

近年来还研制推广了多种三价苗，如Md11/75c＋SB-1＋HV、Md11/75c＋301B/1＋火鸡疱疹病毒、CVI988/Rispens＋SB-1＋火鸡疱疹病毒等。这种疫苗十分安全，有较好的保护力，无致病性和免疫抑制作用，对抵抗超强毒感染特别有效。

值得注意的是，上述疫苗虽然曾广泛应用于不同的国家，但也出现了一些问题，如SB-1疫苗可诱发淋巴白血病，CVI988/c疫苗免疫效力低下，美国使用的1型Md11/75c连续5代回归鸡，有毒力增强的情况等。经过美国禽病专家Witter的多次试验证实：CVI988/Rispens疫苗对马立克氏病病毒强毒、超强毒和特超强毒的攻击均有较高的保护指数。国内也有类似的研究报道。

马立克氏病基因工程苗研制均是围绕中和抗原基因定位而展开。利用马立克氏病病毒gB抗原基因研究重组疫苗最先由Nzerian等(1992)开始。目前最常用的两个载体为痘病毒和疱疹病毒。Nazerian等1996年用禽痘病毒为载体构建了表达血清1型糖蛋白B(gB1)、C(gC)、D(gD)和蛋白UL47和UL48的重组疫苗，同时也构建了表达血清2型、3型糖蛋白B基因(gB2,gB3)的重组疫苗。免疫保护试验表明，双价苗1型马立克氏病病毒gB禽痘重组病毒(rFPV/gB1)＋冻干苗火鸡疱疹病毒的免疫保护力最好。虽然基因工程疫苗尚未商品化生产，但具有较好的前景。

1. 马立克氏病火鸡疱疹病毒冻干活疫苗

【简　介】 本品系用火鸡疱疹病毒(FC126株、YT-7株等3型病毒)在无特定病原体(SPF)鸡胚成纤维细胞上培养、增殖后加入适当保护剂，冷冻真空干燥制成。

【特　点】 本品为白色疏松团块，用于预防鸡马立克氏病，注射后14天产生免疫力，免疫期为1年。

【适用范围】 1日龄雏鸡接种最佳，2～3日龄雏鸡效果较次。

【使用方法】 用专门稀释液将疫苗稀释后置于冰水中并时时搅动，每只鸡皮下或肌内注射0.2毫升[含2 000噬菌斑形成单位(PFU)]，接种部位可以选择大腿或颈后。

【保存、运输条件】 －15℃以下保存12个月，0℃～4℃保存6个月。专用的稀释液应在15℃～20℃暗处保存，有效期2年。运输时应放在冷藏容器内。

【注意事项】 ①稀释后的疫苗，周围应有冰块，并避免阳光照射。②接种免疫后2周内产生免疫力，此间要避免感染马立克氏病病毒，保持鸡群处于尽可能好的卫生条件下。③一次溶解、稀释的疫苗必须立刻使用，剩余疫苗应当销毁。④配好的疫苗应在1小时内用完，使用过程中宜经常摇动疫苗瓶，保持疫苗混合均匀。⑤仅用于健康鸡群。

2. 马立克氏病 CVI988/Rispens 冷冻疫苗

【简　介】 本品应用的是荷兰动物科学和健康研究所 Rispens 博士 1972 年研制成功的 CVI988/Rispens 毒株，30 多年应用的实践证明，CVI988/Rispens 冷冻活疫苗是当今世界上预防马立克氏病效果很好的疫苗。

【特　点】 CVI988/Rispens 毒株是一种细胞结合性病毒，一些发病地区应用后，保护指数(PI)可达到 94.5%～100%。1 日龄小鸡注射马立克氏病液氮疫苗后，抗体产生时间为 5 天，比冻干苗提早 8 天。每羽份至少含细胞结合毒1 000 PFU。

【使用方法】 雏鸡一出壳，即应进行免疫，每只皮下注射 0.2 毫升。

【保存、运输条件】 液氮冷冻保存，定期检查液氮含量是否足够，稀释液则置于室温环境下存放。

【注意事项】 ①将疫苗取出后立即放入 27℃的温水中，并轻摇，使疫苗在 1 分钟之内完全解冻。②疫苗的稀释必须使用马立克氏病疫苗专用稀释液，并混合均匀，稀释好的疫苗应低于室温且尽快注射。从取出疫苗到配置完毕不应超过 1.5 分钟。使用过程中常摇动疫苗瓶。③雏鸡应在出壳后 24 小时内注射完毕。④除厂家生产的疫苗外，一般不能随便将两种疫苗混合使用。两种疫苗接种的间隔时间要保持在 4～6 天，使前一种疫苗免疫后产生较高抗体，再接种第二种疫苗，以减少疫苗的相互干扰。⑤疫苗稀释时，禁止在稀释液中加入抗生素、维生素、其他疫苗或药物。

3. 马立克氏病 2 型冷冻疫苗

【简　介】 本品是含有血清 2 型的马立克氏病病毒疫苗（主要有 SB-1 和 301B 毒株等）。

【特　点】 产生抗体的时间为 7～10 天，免疫效果好，特别是抵抗超强毒株的感染，并且十分安全，属于细胞结合毒，需保存在液氮中，疫苗在鸡群中容易扩散。

【适用范围】 预防鸡的马立克氏病。

【使用方法】 用于 1 日龄健康小鸡。每只 0.2 毫升于颈部背侧皮下注射。应注意采用良好的管理措施，至少将免疫后两周内的感染机会降到最低。

【保存、运输条件】 安瓶置于液氮罐中，稀释液平时可贮存于室温，使用前应降至与解冻的疫苗同一温度。液氮罐应安全地垂直置于干燥通风处。有效期为 24 个月。

【注意事项】 ①疫苗瓶应置于冰水浴中并时时转动。避免刺到颈部的肌肉和骨头。②整瓶稀释液苗必须在混合后 1 小时内使用完。③必须遵守使用液氮罐的所有注意事项。④应严格按照说明书上有关贮存、使用和免疫方法的说明执行。

4. 火鸡疱疹病毒＋SB-1 双价疫苗

【简　介】 本品是含有血清 2 型和 3 型病毒的第一个商品化马立克氏病疫苗。

【特　点】 能克服母源抗体，并快速产生保护，比冻干苗效力大 4 倍以上，是预防马立克氏病强毒、超强毒的有效疫苗。

【使用方法】 本疫苗需使用专用稀释液溶解混合后使用。①鸡体注射：1 日龄健康鸡只，每只皮下注射 0.2 毫升；②蛋内接种：采用艾姆布莱克斯蛋内接种系统（EMBREX INOVOJECT）进行。

【保存、运输条件及注意事项】 同马立克氏病 2 型冷冻疫苗。

5. 火鸡疱疹病毒＋301B/1 双价马立克氏病疫苗

【简　介】 本品制备时，为了减少孵化室人员溶解两种疫苗的操作处理程序，将火鸡疱疹病毒与 301B/1 疫苗病毒合制成一种的疫苗。

【特　点】 能提供对抗超强毒型马立克氏病造成的损失。同时降低了运送桶子、补充液氮等处理成本。

【使用方法】 本疫苗需使用专用稀释液溶解混合后使用。①鸡体注射：1日龄健康鸡只，每只皮下注射0.2毫升；②蛋内接种：采用艾姆布莱克斯蛋内接种系统进行。

【保存、运输条件及注意事项】 同马立克氏病2型冷冻疫苗。

6. CVI988/Rispens＋火鸡疱疹病毒-FC126双价马立克氏病疫苗

【简　介】 本品是采用SPF鸡胚得来的组织培养源的马立克氏病病毒血清1型（火鸡疱疹病毒-FC126）和血清3型（CVI988/Rispens）病毒制成。

【特　点】 每羽份疫苗至少含有鸡马立克氏病病毒CVI988/Rispens＋火鸡疱疹病毒细胞结合毒各1 500 PFU。用于预防鸡超强毒马立克氏病病毒的感染。

【使用方法】 雏鸡一出壳，即应进行免疫，每只皮下注射0.2毫升。

【保存、运输条件】 液氮（－196℃）冷冻保存疫苗，并定期检查液氮罐中液氮含量是否足够，随时添加；稀释液则置于室温环境下存放。

【注意事项】 同马立克氏病2型冷冻疫苗。

7. CVI988/Rispens ＋SB-1/火鸡疱疹病毒-FC126三价马立克氏病疫苗

【简　介】 本品为SPF鸡胚的组织培养苗，含火鸡疱疹病毒FC126株、CVI988/Rispens和SB-1 3个血清型的毒株。

【适用范围】 用于严重暴发马立克氏病的鸡场，是目前效力最高的疫苗。

【使用方法】 建议用于1日龄健康小鸡，用专用稀释液稀释疫苗，皮下注射每只0.2毫升。

【保存、运输条件】 安瓶置于液氮罐中。稀释液平时可贮存于室温下，使用前应降至与解冻的疫苗同一温度。

【注意事项】 疫苗瓶应置于冰水浴中并时时转动。整瓶内容物必须在混合后两小时内用完，否则应丢弃。必须遵守使用液氮罐的所有注意事项。仔细阅读所有的操作注意事项和警告。

8. 传染性法氏囊病-马立克氏病二联疫苗

【简　介】 本品为SPF鸡胚的组织培养苗，含火鸡疱疹病毒FC126株和传染性法氏囊病病毒。

【适用范围】 用于预防鸡的马立克氏病和传染性法氏囊病。

【使用方法】 建议用于1日龄健康小鸡，用专用稀释液稀释疫苗，皮下注射，每只0.2毫升。

【保存、运输条件】 安瓶置于液氮罐中，有效期为24个月。稀释液平时可贮存于室温下，使用前应降至与解冻疫苗相同的温度。

【注意事项】 同CVI988/Rispens ＋SB-1/火鸡疱疹病毒-FC126三价马立克氏病疫苗。

五、传染性支气管炎疫苗

传染性支气管炎(Infectious bronchitis，IB)是目前广泛流行的鸡的一种急性、高度接触性呼吸道和泌尿生殖道传染病。其特征是啰音、咳嗽和打喷嚏。此外，本病还可能侵害肾脏和造成产蛋鸡的产蛋量和品质下降。由于呼吸道或肾脏感染造成的损伤是感染雏鸡死亡的主要原因。

(一)传染性支气管炎的危害

本病不但会引起鸡只死亡，而且临床型感染和亚临床型感染均可致使鸡群生产性能下降，饲料报酬降低。常继发或并发霉形体病、大肠杆菌病、葡萄球菌感染等，导致死亡率增加。该病病原的血清型较多，新的血清型不断出现，加上不适当的免疫程序，常导致免疫失败，使该病不能得到有效控制，导致免疫预防复杂化和预防成本大大增加，给养鸡业造成巨大损失。

(二)传染性支气管炎诊断要点

1. 流行特点 本病仅发生于鸡,各种年龄鸡都可发病,但雏鸡最为严重。有母源抗体的雏鸡具有一定抵抗力。过热、严寒、拥挤、通风不良以及维生素、矿物质和其他营养缺乏以及疫苗接种等均可促使本病的发生。本病的主要传播方式是病鸡从呼吸道排出病毒,经飞沫传染给易感鸡。此外,也可通过饲料、饮水等经消化道传染。发病无明显季节性,但在寒冷季节及气候变化异常时多发。传播迅速,几乎在同一时间有接触史的易感鸡都发病。

传染性支气管炎病毒血清型众多,并且新的血清型和变异株不断出现。通过 S1 基因系列分析,可将病毒株分为 5 型:荷兰型、美国型、欧洲型、Mass 型和澳大利亚型。H_{120}、H_{52}、M_{41}为 Mass 型;T 株、Gray 株、Hotle 株为肾型。我国传染性支气管炎流行株为:Mass 型、T 株、Hotle 株、Gray 株以及大量的变异毒株。

本病传播方式主要为气源性,在集约化饲养鸡群,1～2 天内很快波及全群。媒介物在传染性支气管炎传播中似乎不起作用。尚不能证明本病能经鸡胚垂直传播。

2. 临床症状与病理变化 传染性支气管炎病毒人工感染的潜伏期为 18～36 小时,自然感染的潜伏期约 36 小时,有母源抗体的幼雏潜伏期可达 6 天以上。

病鸡突然出现呼吸道症状,并迅速波及全群。4 周龄以下鸡常表现为伸颈、张口呼吸、打喷嚏、咳嗽、啰音,病鸡全身衰弱、精神不振、食欲减退、羽毛松乱、昏睡、翅下垂,常挤在一起。个别鸡鼻窦肿胀,流粘性鼻液,眼泪多,甚至单侧眼失明,逐渐消瘦。雏鸡死亡率为 25%,康复鸡发育不良。5～6 周龄以上鸡,症状基本一样,但没有 4 周龄以下鸡严重。蛋鸡除表现轻微的呼吸道症状外,则主要表现为产蛋量下降,并产软壳蛋、畸形蛋或粗壳蛋,蛋白稀薄如水样,蛋黄与蛋白分离,以及粘壳等。

肾型毒株感染鸡,除可能出现呼吸道症状外,还表现持续白色水样下痢，迅速消瘦，饮水量增加。雏鸡死亡率 10%～30%，6 周龄以上鸡死亡率 0.5%～1%。

腺胃型传染性支气管炎主要感染 20～80 日龄的蛋鸡，肉鸡发病较少，发病率 30%～50%，致死率在 30%左右。病鸡主要表现为生长停滞、消瘦、精神沉郁。

不同致病型的病理变化特点有所不同。呼吸道型：鼻腔、鼻窦、气管内粘液量增加，呈半透明粘稠样或干酪样。气囊混浊，肺发炎、水肿。输卵管萎缩、变细、管壁较薄、变短或积水，或发生囊肿；肾型：病死鸡皮下干燥，肾脏肿大成花斑状，肾小管、输尿管充满尿酸盐；腺胃型：腺胃肿大，呈球状，腺胃壁增厚，腺胃乳头溃疡。在英国发现的 4/91(793B)株，可使成年鸡群在没有其他病原体合并感染的情况下发生严重疾病和死亡，并能引起肠炎。病鸡深部胸肌组织呈胶冻样水肿，胴体表现为湿润外观，卵巢、气管粘膜充血。

（三）传染性支气管炎防制措施

本病尚无有效治疗方法，通常采取加强饲养管理，注意鸡舍环境卫生，保持通风良好等措施。但主要还是采取免疫接种的方法来预防本病。目前常用的疫苗有活苗和灭活苗两种，活苗用于肉鸡、种鸡及产蛋鸡的首次免疫接种，灭活油乳剂苗主要在种鸡及产蛋鸡开产时应用。世界上许多国家和地区首次分离的毒株与 M_{41} 属同一血清型，因此使用的疫苗多采用该血清型毒株制备。但由于传染性支气管炎病毒毒株变异性大且不同血清型之间的免疫保护性极差。为此，建议最好采用当地分离的毒株来制苗，这样免疫保护性会更好。

活苗多采用点眼、滴鼻或气管内注射、喷雾、气溶胶及饮水等方法接种；灭活苗则要求逐鸡注射。首免时间多为 2 周龄，并采用毒力较弱的疫苗如 H_{120}，随后多在 7～12 周龄或16～18 周龄以及开产时再次免疫，采用毒力较强的弱毒疫苗如 H_{52}，具体时间视母源抗体水平以及首免途径而定。

传染性支气管炎弱毒苗与新城疫弱毒苗应同时接种，或间隔10天后接种，否则，传染性支气管炎弱毒苗对新城疫弱毒苗的免疫有严重的干扰作用。接种新城疫-传染性支气管炎二联疫苗，通常新城疫能获得较高滴度，而传染性支气管炎的滴度则很低。

（四）免疫失败的原因

由于传染性支气管炎病毒具有不同的血清型，各型毒株间的交互免疫效果差，如果所用疫苗的类型与本地流行毒株不同，常常会导致免疫失败。因此，在实践中应加以注意，必要时可选用双价或多价苗。

（五）防制用疫苗

目前一般多用鸡胚化弱毒疫苗，用于制备弱毒疫苗的毒株主要包括：荷兰株、Connecticat 株、Arkansas 株、Florida 株、JMK 株、D274 株及 B、C 亚型株。接种后第三周产生中和抗体。雏鸡母源抗体可维持 14 天，以后降低或消失。目前国内外使用的鸡传染性支气管炎疫苗具有不同的型别。如 M 型或 C 型单价疫苗或双价疫苗，M 型疫苗多采用 H_{120}和 H_{52}弱毒疫苗。我国分离的毒株多属于 M 型，使用 H_{120}和 H_{52}株，免疫效果较好。这两个弱毒株都是通过鸡胚尿囊连续传代，经过不同鸡胚代次致弱而得到的。肾型传染性支气管炎疫苗主要采用 28/86 或当地分离株。另外，我国近年来发现的鸡腺胃型传染性支气管炎用传统的呼吸型和肾型传染性支气管炎疫苗不能预防，可以采用当地分离株制备灭活苗加以预防，效果不错。

1. 传染性支气管炎弱毒（H_{120}、H_{52}）疫苗

【简　介】 本品一般采用传染性支气管炎病毒 H_{120}或 H_{52}株，接种易感鸡胚或 SPF 胚繁殖后，收获鸡胚绒毛尿囊液，并加入适当稳定剂，经冷冻真空干燥制成。为淡白色或淡黄白色海绵状疏松固体物，加入灭菌生理盐水或蒸馏水稀释后成为均匀的混悬液。

【特　点】 接种后5～8天即可产生免疫力，H_{120}疫苗免疫期约2个月，H_{52}疫苗免疫期约为6个月。

【适用范围】 H_{120}可用于各种不同品种的新生雏鸡。而H_{52}疫苗用于4周龄以上鸡，不可用于新生雏鸡。雏鸡用H_{120}免疫后，到1～2月龄时，需用H_{52}进行加强免疫。

【使用方法】 可用灭菌生理盐水、蒸馏水或冷开水将疫苗按瓶签注明的羽份进行稀释，通常多使用滴鼻法或饮水法进行免疫接种。①滴鼻法：每只鸡滴鼻1滴（约0.03毫升）。②饮水法：剂量加倍，饮用稀释的疫苗量为：5～10日龄，每只5～10毫升；20～30日龄，每只10～20毫升；成年鸡，每只20～30毫升。

【保存、运输条件】 本品需避光保存，贮藏温度2℃～7℃，有效期为6个月；贮藏温度－15℃，有效期为24个月。

【注意事项】 ①疫苗稀释后，应放冷暗处，必须在4小时内用完。②饮水免疫时忌用金属容器。③饮用疫苗前，一般停止饮水2～4小时，要保证每只鸡都能充分饮服，并在短时间内饮完，1～2小时后再正常给水。

2. 肾型传染性支气管炎弱毒疫苗

【简　介】 本品一般采用肾型传染性支气管炎病毒28/86或其他毒株，接种易感鸡胚或SPF胚繁殖后，收获鸡胚绒毛尿囊液，并加入适当稳定剂，经冷冻真空干燥制成。

【特　点】 本品为淡白色或淡黄白色海绵状疏松固体物，加入灭菌生理盐水或蒸馏水稀释后成为均匀的混悬液。专用于预防肾型传染性支气管炎。

【适用范围】 适用于各种雏鸡，一般5～7日龄首免，2～3周后再做加强免疫。

【使用方法】 通常多使用滴鼻法或饮水法进行免疫接种，按瓶签说明剂量应用不含氯离子等消毒剂的冷开水或蒸馏水将疫苗稀释后使用。①滴鼻法：每只鸡滴鼻约0.03毫升。②饮水法：剂量加倍，饮用稀释的疫苗量为，5～10日龄，每只5～10毫升；20～30

日龄，每只 10～20 毫升；成年鸡，每只20～30 毫升。

【保存、运输条件】 本品避光保存，贮藏温度 2℃～7℃，有效期为 6 个月；贮藏温度 −15℃，有效期为 18 个月。

【注意事项】 同传染性支气管炎弱毒(H_{120}、H_{52})疫苗。

3. 传染性支气管炎呼吸型与肾型双价弱毒疫苗

【简 介】 本品是非致病性传染性支气管炎病毒接种易感鸡胚或 SPF 胚繁殖后，收获鸡胚绒毛尿囊液，并加入适当稳定剂，经冷冻真空干燥制成。其中包含肾型传染性支气管炎病毒 28/86 和呼吸型传染性支气管炎病毒 H_{120}。

【特 点】 淡白色或淡黄白色海绵状疏松固体物，加入灭菌生理盐水或蒸馏水稀释后成为均匀的混悬液。用于预防呼吸型和肾型传染性支气管炎。

【适用范围】 适用于各种雏鸡，一般 5～7 日龄首免，2～3 周后再做加强免疫。

【使用方法】 通常多使用滴鼻法或饮水法进行免疫接种，按瓶签说明剂量应用不含氯离子等消毒剂的冷开水或蒸馏水将疫苗稀释后使用。①滴鼻法：每只鸡滴鼻约 0.03 毫升。②饮水法：剂量加倍，饮用稀释的疫苗量为，5～10 日龄，每只5～10 毫升；20～30 日龄，每只 10～20 毫升；成年鸡，每只20～30 毫升。

【保存、运输条件】 本品避光保存，贮藏温度 2℃～7℃，有效期为 6 个月。

【注意事项】 同传染性支气管炎弱毒(H_{120}、H_{52})疫苗。

4. 鸡传染性支气管炎油乳剂灭活苗

【简 介】 本品系用传染性支气管炎强毒 F 株接种敏感鸡胚，收获毒液，经甲醛溶液灭活，与油佐剂混合乳化制成。

【特 点】 本品为乳白色的乳剂。疫苗长时间静止保存后，上部有少量半透明油层，用前必须充分振荡摇匀。

【适用范围】 预防传染性支气管炎，免疫期为 4 个月。

【使用方法】 1月龄内雏鸡注射 0.3 毫升，成年鸡注射 0.5

毫升，部位可在胸部或大腿肌肉内。

【保存、运输条件】 贮藏温度 2℃～8℃，不可冻结，有效期为 1 年。

5. 传染性支气管炎多联疫苗

为了使用方便，提高效率，人们将传染性支气管炎弱毒苗与其他病原制成二联或多联油乳剂苗。常用的疫苗主要有：新城疫-传染性支气管炎二联油乳剂苗；传染性支气管炎-传染性法氏囊病-新城疫三联油乳剂苗；传染性支气管炎-新城疫-产蛋下降综合征三联油乳剂苗；新城疫-传染性支气管炎-鸡毒支原体灭活疫苗；新城疫-传染性支气管炎-传染性法氏囊病-产蛋下降综合征四联油乳剂苗；新城疫-呼肠孤病毒感染-传染性支气管炎-传染性法氏囊病四联油乳剂苗等。具体参见新城疫疫苗部分。

六、传染性喉气管炎活疫苗

传染性喉气管炎(Infectious laryngotracheitis，ILT)是鸡的一种病毒性呼吸道传染病，由 α-疱疹病毒引起，潜伏期一般为 6～12 天。传染源主要是感染的鸡只，尤其是咳嗽时咳出的血块和鼻涕。此外，被污染的饲料、饮水和家禽用具也能引起传播。可引起产蛋下降和死亡。

(一)传染性喉气管炎的危害

感染传染性喉气管炎的鸡，生长缓慢，发育不均；蛋鸡产蛋下降可达 10%～60%，2～4 周才可恢复正常；感染该病毒的鸡很容易感染其他疾病，如大肠杆菌病等；本病严重流行时，发病率可达 90%～100%，死亡率为 5%～70%，康复鸡带毒可达 2 年。

(二)传染性喉气管炎诊断要点

1. 流行特点 本病一年四季均可发生，但由于本病毒不耐高温，所以夏季较少发生，多流行于秋、冬和春季。各种日龄的鸡均可感染发病，但主要多发于50～200日龄，近年发病日龄有明显提前的趋势。蛋鸡和肉用鸡均可发病。在国外本病对肉用仔鸡危害最严重。我国目前由于传染性喉气管炎疫苗的广泛使用，典型病例少见，温和型或与其他疾病混合感染的情况较为多见，传播慢、病程长，一般鸡群的发病率在5%左右，死亡率不高。

2. 临床症状与病理变化 典型病例临床症状为呼吸困难，张口伸颈，鸡冠、肉垂发绀，病情严重的鸡咳出带血痰液，排绿色稀便，采食明显减少，产蛋下降，蛋壳颜色明显变浅，有的产畸形蛋、沙壳蛋和软壳蛋。温和型病例表现为发病率低，产蛋下降，流泪，结膜炎，眶下窦肿胀、流涕。

典型病理变化为喉头、气管粘膜水肿、充血、出血、增厚，有时在气管内有血液、痰液或血栓塞，有的鸡喉头有干酪样分泌物。温和型病例剖检喉头、气管有粘液，很少有出血变化。

（三）传染性喉气管炎防制措施

首先，加强饲养管理，坚持严格的隔离、消毒等防疫措施。由于带毒鸡是本病的主要传染源之一。因此，有易感性的鸡群一定不能与病愈鸡接触。同时应保证鸡的营养需要，特别是多种维生素的需要，以增强鸡体自身的抗病力。

其次，必须制定适宜的免疫程序。由于疫苗病毒可导致持续感染，免疫鸡群有可能成为潜在的感染源。因此，鸡传染性喉气管炎的免疫预防，一般只对有发病史的鸡群进行活苗免疫，对无发病史的鸡场不提倡免疫。应当注意免疫的日龄，2周龄前的雏鸡切勿免疫。因为此时的鸡群还未达到有效的免疫功能，免疫只会造成鸡体的损害和疫苗的浪费。一般在5～6周龄进行首免，12～14周龄再接种1次，鸡群就可以得到有效保护；但是在有病毒污染的鸡场和受威胁的鸡场，应当于30日龄以前进行首免，80～90日龄进行二免效果较好。

一旦发病，在发病的初期应使用传染性喉气管炎弱毒疫苗进行紧急接种，可控制疫情，之后每群鸡都要进行免疫。传染性喉气管炎的治疗，其实并没有确实的效果，只能减轻鸡的症状而并不能治本。在用药方面，最多防止其他因素造成的混合感染。由于温和型传染性喉气管炎只侵害眼部，可以用氯霉素眼药水预防，用生理盐水冲洗。在对病鸡采取治疗的同时，定期的消毒以及减少各种应激原，对病鸡的康复相当有益。

（四）免疫失败的原因

免疫失败是本病防制中不可忽视的问题，出现这种现象的主要原因有以下几方面。

一是免疫程序不合理。在应用传染性喉气管炎疫苗免疫后 8 天内不能使用新城疫、传染性支气管炎疫苗，否则将在 5 周内对传染性喉气管炎疫苗产生抑制作用。

二是免疫方法不当。不同厂家生产的传染性喉气管炎疫苗的接种途径不同，多数以滴鼻点眼途径或是点眼方式进行接种。Fulton 等(2001)对 5 种商品疫苗的不同接种途径进行研究，发现点眼方式可以提供更好的保护。当然有的传染性喉气管炎疫苗也可以采用涂肛或饮水方式进行免疫。

三是接种剂量过大。如果未严格按疫苗使用说明书要求接种或接种手法不熟练导致接种剂量过大，可使疫苗反应过大，诱发鸡群发病。目前的弱毒苗因毒力较强，接种后鸡群有一定的反应，轻者出现结膜炎和鼻炎，严重者可引起呼吸困难，故应用时应严格按说明书规定执行。

四是饲养管理不善，环境卫生较差，饲养密度过大，舍内通风不良，有害气体过多，都给本病的发生创造了条件。

（五）防制用疫苗

目前防制本病的商品化疫苗主要是传染性喉气管炎弱毒活疫

苗。传染性喉气管炎灭活疫苗的研制在 20 世纪 80 年代就有报道，但保护效果不理想，因此，一直没能得到推广应用。由于传染性喉气管炎常规疫苗具有诸如毒力一般偏强，会产生一定的副作用；疫苗病毒可导致持续感染，可由接种鸡向非接种鸡传播；疫苗病毒在鸡体之间的传递过程中毒力会返强，使免疫鸡群成为新的传染源；以及疫苗免疫鸡和强毒感染鸡在血清学上无法鉴别等缺点，研究人员通过基因工程手段构建新型疫苗，以鸡痘为载体的鸡痘-传染性喉气管炎基因工程疫苗和以传染性喉气管炎病毒基因作载体的传染性喉气管炎-禽流感基因工程疫苗的研制已经成功，这种疫苗可以克服常规疫苗的上述缺点，具有良好的发展前景，目前处于中试阶段。

尽管国内外很多厂家生产传染性喉气管炎弱毒活疫苗，但是不同厂家生产疫苗用的毒株不尽相同，毒力强度有所不同，而含毒量、免疫途径、免疫剂量、适用范围、保存运输条件等也不完全相同。所以使用时一定要注意疫苗的使用要求和注意事项，特别是在换用不同厂家生产的疫苗时，更应注意这个问题。

传染性喉气管炎活疫苗

【简　介】 本品一般采用通过鸡胚或鸡胚成纤维细胞致弱的弱毒株或者选育出的传染性喉气管炎自然弱毒株，接种易感鸡胚或 SPF 胚繁殖后，收获鸡胚绒毛尿囊膜，并加入适当稳定剂，经冷冻真空干燥制成。

【特　点】 由于生产该苗所采用的毒株不同，毒力强弱亦有差别，疫苗的免疫原性有所不同，产生抗体的速度、水平及持续时间也不同。国内生产的该苗免疫期一般为 6 个月。除可做首次或加强免疫接种以预防传染性喉气管炎外，有的厂家生产的疫苗还可用于发病鸡群的紧急接种，可减少损失。弱毒苗具有免疫期长、免疫效果好、使用方便等优点，但它同时也存在着散毒的危险。因此，一般只对有发病史的鸡群进行活苗免疫接种，无发病史的鸡群不提倡接种活苗。

【适用范围】 一般适合于5周龄以上鸡使用，但有的也可用于3周龄以上的鸡。

【使用方法】 注意不同厂家生产的疫苗，使用方法可能不同。按瓶签注明羽份用灭菌生理盐水或专用的稀释液稀释后，以滴鼻、点眼、饮水或涂肛方式接种。①点眼免疫：每只鸡1滴（0.03毫升）。蛋鸡在35日龄第一次接种后，在产蛋前再接种1次。②一人刷肛接种：接种者将鸡头朝下在膝盖间固定，一手将肛门展开并暴露内衬，另一手将疫苗刷入内衬。③二人接种：一人固定鸡只，另一人接种。接种每只鸡后将涂药刷浸入疫苗液体中，如刷子上有粪污，应清洗后再用。

【保存、运输条件】 国内生产的传染性喉气管炎活疫苗一般在－15℃以下保存，有效期为12个月，0℃～4℃保存不能超过6个月；而国外生产的疫苗一般在2℃～8℃避光保存即可。

【注意事项】 ①最好在当地兽医指导下使用。②点眼免疫后3天，部分鸡会有轻度结膜炎反应，一般3～4天可恢复。涂肛免疫后1～2天可出现轻微的红肿，4～7天后消失。③传染性喉气管炎疫苗的免疫时间要和新城疫、传染性支气管炎等疫苗的免疫时间至少间隔2周，以防疫苗之间发生干扰，影响免疫效果。④鸡群有慢性呼吸道病、球虫病及其他寄生虫病时，使用效果不稳定；有其他传染病流行时，不能使用。⑤注意采用正确的接种途径，有的厂家生产的传染性喉气管炎疫苗不能采用饮水、喷雾或涂肛等方式免疫。⑥注意使用范围。有的疫苗仅能用于健康鸡群；除个别厂家生产的疫苗能用于5周龄以下的鸡以外，一般用于3～5周龄的小鸡时，应小群试用观察，无严重反应后，方可扩大使用。⑦疫苗应避免高温和阳光直射，现用现配，稀释后应在3小时内用完。

七、鸡痘疫苗

鸡痘（Avian pox）是由鸡痘病毒引起的以体表无毛部位出现

散在的、结节状的增生性皮肤病灶（皮肤型），或上呼吸道、口腔和食管部粘膜的纤维素性坏死和增生性病灶（白喉型，也称粘膜型）为特征的一种接触性传染病。

（一）鸡痘的危害

鸡痘呈世界性分布，特别是在大型鸡场中的流行更为严重。鸡群不同、地区不同、气候不同，所造成的危害性也不同。本病可使发病鸡生长迟缓、增重不良，使肉仔鸡鸡群出栏期后延，饲料报酬明显降低，因此，发生鸡痘的肉仔鸡群，注定会经济亏损；蛋鸡发病时产蛋下降；种鸡发病时可引起孵化率降低，若有并发或继发感染时，可引起大批死亡，死亡率可达50%。

（二）鸡痘诊断要点

1. 流行特点 本病一年四季均可发生，但以秋末、冬初最为流行。潜伏期为4～10天。各种日龄的鸡均可发生感染，但近几年的发病日龄有提前趋势，并且肉仔鸡发病增多。皮肤型鸡痘可见于雏鸡、育成鸡及产蛋鸡，而粘膜型鸡痘多发于育成鸡。以地方性散发为主，往往在一个地区或鸡场反复发生，一般以皮肤型居多，粘膜型鸡痘发病率低，而且呈非典型变化。病毒一般通过机械性传播到受损伤的皮肤而引起感染，也可通过眼部感染。另外，上呼吸道和口腔上皮细胞对病毒的易感性较高。感染传播与蚊蝇等吸血昆虫有密切关系。极易并发或继发细菌感染。

2. 临床症状及病理变化 本病可表现为皮肤型、白喉型和混合型。症状的严重程度取决于宿主易感性、病毒毒力、病灶分布情况以及并发或继发因素的影响。皮肤型表现在冠、肉髯、喙部、眼睑、鸡爪等部位形成结节病灶，有时仅在大腿或泄殖腔周围及翅内侧皮肤上见少量痘疹，有的病例结节连接形成一片黑色厚痂。白喉型常见于发病后期，口腔、食道、喉头、气管粘膜可见到溃疡或黄色干酪样或脓样物，形成灰白色丘疹结节，这些结节增大，常愈合成黄色、奶酪样坏死的伪白喉或白喉样膜，撕去这张膜，可见出血性糜烂。常造成呼吸困难。若病毒侵害眼结膜，可在眼角充满含气泡的泪液，严重者眼内形成干酪样物质，导致双眼失明，影响采食、饮水，最后因饥饿死亡。混合型具有上述两型的特征。如果继发感染葡萄球菌，则翅膀、腿爪、胸腹部发紫、溃烂。

（三）鸡痘防制措施

鸡痘的防制最主要的是要制定科学的免疫程序。目前我国鸡痘的防制主要应用国产的鸡痘鹌鹑化弱毒疫苗。一般地区的种鸡群及蛋鸡群，可在 2～4 周龄进行首免，12 周龄二免，在污染严重的鸡场及高发病季节，可将首免时间提前至 1 周龄甚至 1 日龄，产蛋鸡于开产前进行三免。有试验表明，鸡痘弱毒疫苗对新城疫弱毒疫苗血凝抑制抗体的产生有严重的干扰作用，因此，接种鸡痘疫苗后 10 天内不宜接种新城疫疫苗。

严格掌握疫苗的正确使用技术。接种鸡痘疫苗 2 天之前，鸡舍应带鸡消毒，减少疫苗被污染的机会。鸡痘弱毒疫苗一般采用刺翼方式接种，保护率最高。虽然也可以采用饮水、气雾、滴鼻、肌注等途径接种，但保护作用的评价不一。然而在紧急免疫时，提倡使用饮水方法，因发病时逐只刺种，有潜在的人为接种强毒的危险。

做好鸡舍的卫生防疫工作，定期消毒。饲料应全价，鸡舍内通风要良好。减少蚊蝇叮咬，避免饲养密度过大，防止外伤。

全进全出，减少污染。鸡痘对外界环境因素的抵抗力很强，不易被杀灭。所以，对患鸡痘鸡舍，应彻底清扫、消毒，并封闭空舍 3 周以上。

一旦发生鸡痘后，应以饮水方式紧急接种鸡痘疫苗，并且应进行认真正确的带鸡消毒，驱杀蚊蝇，病鸡隔离饲养，为防止继发感染，可应用抗生素药物。

(四)免疫失败的原因

本病的防制中免疫失败的现象屡有发生,主要存在以下几方面因素。

1. 免疫途径不正确 鸡痘疫苗的推荐接种方法一般为刺种,而应用饮水或肌注等往往效果不佳,因此,使用时应仔细阅读说明书。

2. 刺种方法不正确 刺种后应注意刺种部位应形成谷粒大小结节,否则视为免疫失败,应重新接种。

3. 疫苗选用不当 有的疫苗毒力较强,只能用于大鸡或中鸡二免,如果将只能用于大鸡的疫苗用于小鸡免疫,可造成免疫失败。

(五)防制用疫苗

目前防制鸡痘用的商品化疫苗主要有鸡痘单价活疫苗、鸡痘双价活疫苗、鸽痘单价活疫苗和二联活苗,其中鸡痘单价活疫苗包括鸡胚化弱毒疫苗、鸡痘鹌鹑化弱毒疫苗(鸡胚源和组织培养源)等。我国目前应用最普遍的是鸡痘鹌鹑化弱毒疫苗。由于鸡痘病毒基因组较大,因而可以把鸡痘病毒作为载体,将一个或多个病原的基因插入其基因中而制备多价苗,目前研制成功的主要有鸡痘-新城疫、鸡痘-马立克氏病、鸡痘-禽流感、鸡痘-传染性喉气管炎等基因重组疫苗,以及将新城疫-鸡痘重组疫苗与马立克氏病病毒、传染性法氏囊病病毒联合制成马立克氏病-传染性法氏囊病-新城疫-鸡痘的多联苗,但是这些疫苗均是处于实验室或中试阶段。

1. 鸡痘单价活疫苗

【简　介】 本品系用鸡痘鸡胚化致弱毒株或鹌鹑化致弱毒株接种鸡胚(鸡胚源)或鸡胚成纤维细胞(组织培养源)培养,收获感染的绒毛尿囊膜或细胞培养液,加入适当稳定剂,经冷冻真空干燥制成。

【特　点】 由于所采用的毒株不同，疫苗的免疫原性不同。对于低发区和高发区以及种鸡和肉鸡，采用的免疫程序也有所不同。鸡胚化弱毒疫苗的免疫原性较好，免疫期 6 个月以上，但对幼鸡有较高毒力。国内生产的鸡痘鹌鹑化弱毒疫苗，对幼鸡有轻微毒力，雏鸡免疫期一般为 2 个月，成年鸡 5 个月。

【适用范围】 不同毒株、不同制备方法所生产的鸡痘疫苗，适用范围有所不同。鸡胚源疫苗中含有未致弱的活鸡痘病毒，使用不当，能引起鸡群严重发病。因此，一般用于 4 周龄以上的鸡。但是国产的汕系株鸡胚源鸡痘疫苗，可用于小鸡。组织培养源疫苗亦可用于小鸡。国内生产的鸡痘鹌鹑化弱毒疫苗对大鸡和小鸡均可产生良好的免疫力，但用于 6～20 日龄的小鸡时，须将疫苗加倍稀释后使用。

【使用方法】 翅膀内侧无血管处皮下刺种。按瓶签注明羽份，用生理盐水稀释，用鸡痘刺种针蘸取稀释的疫苗给20～30 日龄雏鸡刺 1 针，30 日龄以上鸡刺 2 针，6～20 日龄雏鸡用稀释 1 倍的疫苗刺 1 针。接种后 3～4 天，刺种部位出现轻微红肿、结痂，14～21 天痂块脱落。后备种鸡可于雏鸡免疫后 60 天再免疫 1 次。

【保存、运输条件】 国内生产的鸡痘活疫苗一般－15℃以下保存，有效期 18 个月。0℃～4℃保存不能超过 12 个月，25℃保存不超过 1 个月；而国外生产的疫苗一般在 2℃～8℃避光保存，有效期为 24 个月。

【注意事项】 ①疫苗应随用随稀释，稀释后的疫苗应放于冷暗处，并限 4 小时内用完。②用过的疫苗瓶、器具、稀释后剩余的疫苗等污染物必须消毒处理。③鸡群刺种后 1 周应逐个检查，刺种部位无反应者，应重新补刺。④勿将疫苗溅出或触及鸡只接种区域以外任何部位。

2. 鸡痘双价活疫苗

【简　介】 本品系用鹌鹑化致弱毒株和白喉型弱毒株分别接种鸡胚成纤维细胞培养，收获感染的细胞培养液，加入适当稳定剂，经冷冻真空干燥制成。

【特　点】 既可预防健康鸡的皮肤型鸡痘，又可预防白喉型鸡痘，雏鸡免疫期一般为 2 个月，成年鸡 5 个月。

【适用范围、使用方法及注意事项】 同鸡痘单价活疫苗。

3. 鸽痘活疫苗

【简　介】 本品系用鸽痘病毒接种鸡胚或鸡胚成纤维细胞培养而制成。

【特　点】 对于鸡是一种异源疫苗，较安全，免疫期约 6 个月。

【适用范围】 适用于各种年龄的鸡，但常用在 4 周龄和产蛋前 1 个月的鸡，并应根据疫苗说明书重复接种 1 次。

【使用方法】 用稀释液稀释后，一般用刺翼方式接种，在鸡翅膀内侧无血管处皮下刺种，方法同鸡痘单价活疫苗。

【保存、运输条件】 一般为进口疫苗，2℃～7℃避光保存，有效期 24 个月。

【注意事项】 同鸡痘单价活疫苗。

4. 鸡痘-禽脑脊髓炎二联活疫苗

【简　介】 本品为进口疫苗，本疫苗含有鸡痘和禽脑脊髓炎活病毒。

【特　点】 既可预防鸡痘，又可预防禽脑脊髓炎。

【适用范围】 在有禽脑脊髓炎和鸡痘的地区使用，适用于 12 周龄以上鸡。

【使用方法】 采用刺翼方式接种，用鸡痘刺种针蘸取稀释的疫苗给 20～30 日龄雏鸡刺 1 针，30 日龄以上鸡刺 2 针，6～20 日龄雏鸡用稀释 1 倍的疫苗刺 1 针。接种后 7～10 天，在翼膜接种部位可见棕褐色结痂。

【保存、运输条件】 2℃～7℃避光保存，有效期 18 个月。

【注意事项】 同鸡痘单价活疫苗。

5. 新城疫-传染性支气管炎-鸡痘三联活疫苗 参见新城疫防

制用疫苗项。

八、病毒性关节炎疫苗

病毒性关节炎(Viral arthritis),又名传染性腱鞘炎、腱炎腱裂综合征、呼肠孤病毒性肠炎、呼肠孤病毒性败血症,是由呼肠孤病毒引起的肉用型、肉蛋兼用型鸡的一种传染病,以关节炎和腱鞘滑膜炎为特征,偶可致腱断裂。

(一)病毒性关节炎的危害

本病因运动障碍、生长停滞、淘汰率高(有时高达 25%~45%)、屠宰率下降、饲料转化率低以及产蛋鸡减蛋等造成的经济损失非常严重,是目前危害养禽业的重要家禽传染病之一。

(二)病毒性关节炎诊断要点

1. 流行特点 本病一年四季均可发生,无明显季节性。发病率很高,可达 85%,但死亡率低于 6%。仅发生于鸡,主要感染 4~16 周龄的肉鸡,尤以 4~6 周龄肉鸡多发。鸡与鸡之间的直接或间接接触均可发生水平传播,一般是通过呼吸道与消化道在鸡群中传播蔓延,其中粪便排毒是最主要的传播途径。本病在肉鸡群中传播迅速,但在笼养蛋鸡中传播较慢。感染后的种鸡可经蛋垂直传播。1 日龄雏鸡的呼吸道比消化道对病毒更易感。病毒长期存在于盲肠扁桃体和跗关节内,特别是幼龄感染的鸡,甚至可带毒 289 天以上,因此,带毒鸡是最危险的传染源。由于病毒对外界因素抵抗力较强,污染的环境也是重要的传染源。

2. 临床症状与病理变化 病初可能有轻微的呼吸道症状,食欲减退、不愿走动、贫血和消瘦,随后出现跛行,胫关节、趾关节及连接的肌腱发炎肿胀。严重时,可见一侧或两侧腓肠肌腱断裂,跖骨歪扭,趾后屈。种鸡群或蛋鸡群受感染后,仅表现为产蛋量下降

10%～15%。潜伏期长短不等，人工足垫内接种可能第二天就发病，肌肉接种需5～9天，鼻窦内或气管内接种需9～11天，接触感染需时更长。

病理变化主要见于跗关节、趾关节、趾屈肌腱及趾伸肌腱炎症。急性病例，关节囊及腱鞘水肿、充血或点状出血，关节腔内含有少量淡黄色或带白色的渗出物，偶见脓性渗出物。严重者单侧或双侧腓肠肌腱断裂。慢性病例，关节腔内的渗出物较少，关节硬固变形，表面皮肤呈褐色，甚至溃疡。切开关节囊可见关节软骨糜烂及滑膜出血，腱鞘显著水肿，严重病例可见肌腱断裂，出血和坏死等。有时还可见心外膜炎，肝、脾和心肌上有细小的坏死灶。

（三）病毒性关节炎防制措施

本病尚无特效药物治疗，应严格执行卫生消毒措施，如对鸡舍及环境进行彻底地清扫、冲洗后，用碱性消毒液或0.5%有机碘消毒，并加强饲养管理。

疫苗免疫接种是预防本病发生的有效方法。由于禽呼肠孤病毒有几个血清型，所以在未确定所感染病毒的血清型之前，一般选择抗原谱较广的疫苗。常用的弱毒疫苗有呼肠孤病毒S_{1133}弱毒疫苗，适用于5日龄左右的雏鸡和后备种鸡的基础免疫。在呼肠孤病毒高度污染的地区，一般在5日龄首免后，于5～7周龄或9～11周龄进行二免。在污染较轻的地区，可在5～7周龄进行首免，9～11周龄进行二免。灭活疫苗适用于种鸡的加强免疫，这样不仅可以防止产蛋期因病毒感染而导致的产蛋下降，而且可以经卵黄囊传递母源抗体，使雏鸡在幼龄时能抵抗本病毒的感染。目前常用的灭活苗除单价苗外，还有多联灭活苗可以选用。

（四）免疫失败的原因

1. 疫苗质量不良　疫苗质量不合乎标准。疫苗在运输、保存过程中，因温度过高、反复冻融，效价降低或失效等。

2. 没有获得足够的母源抗体 Olson 1967 年首次报道了呼肠孤病毒诱发的关节炎和腱鞘炎存在年龄抵抗力。1 日龄无母源抗体的雏鸡很容易发生本病，而母源抗体对 1 日龄雏鸡遭受人工感染或自然感染，具有一定程度的保护作用。

3. 免疫缺陷 鸡群过早地感染上免疫抑制性疾病，这些疾病侵袭鸡的体液或细胞免疫中枢器官，造成免疫系统先天性的不足，同时由于感染呼肠孤病毒，又使机体的免疫功能降低，导致对其他传染性因子的易感性增加。

4. 免疫麻痹 在一定限度内，鸡体内主动免疫的产生随抗原用量的增加而增强，但抗原过多，超过一定的限度，抗体的形成反而受到麻痹，往往达不到预期的效果。在免疫时，超剂量，多次免疫，引起鸡体的免疫麻痹，造成免疫失败。

（五）防制用疫苗

病毒性关节炎疫苗主要有灭活苗和弱毒苗两类，同时还有多联灭活苗可以应用。

1. 病毒性关节炎冻干活疫苗

【简　介】 本品为 Connelicut 大学的 Vauder Heide 博士分离并致弱的毒株 S_{1133} 制成弱毒活疫苗，病毒滴度不低于 10^4TCID_{50}/羽份。

【特　点】 用于预防病毒性关节炎。也可用于后备鸡群的基础免疫。它不干扰正常的免疫程序，其所能够提供的免疫力可至 8 周龄。

【使用方法】 按瓶签注明羽份，加入生理盐水稀释为 0.2 毫升/羽份，颈部皮下，胸、腿部皮下或肌内注射 0.2 毫升/只。首免 1～7 日龄；二免 8～10 周龄。为保证鸡有高度免疫力，最好在第二次接种 2～3 个月后再做第三次免疫接种。

【保存、运输条件】 本疫苗－15℃以下保存，有效期为 13 个月。进口病毒性关节炎冻干活疫苗 2℃～8℃避光保存。

【注意事项】 ①本疫苗仅用于健康鸡群。有支原体、球虫、马立克氏病和其他疾病时，可引起复合症。②种鸡开产前12周以内及产蛋期间不能进行免疫。③不能与鸡马立克氏病疫苗和传染性法氏囊病疫苗同时使用。④原装瓶及未用完的疫苗应焚烧处理。⑤一次溶解、稀释的疫苗必须立刻使用，剩余疫苗销毁。⑥免疫7天后局部出现小肿块，表明免疫成功。

2. 病毒性关节炎油乳剂灭活疫苗

【简　介】 本品含有3株高免疫原性的病毒，系用鸡组织培养增殖后，加佐剂乳化制成。

【特　点】 疫苗接种雏鸡、成年鸡10天后产生免疫力，免疫期达5个月以上。疫苗对强毒的保护率为100%，疫苗对免疫部位刺激小，并且也容易吸收。

【适用范围】 该苗适用于原种、祖代、父母代种鸡，对不同地区、不同品种、不同日龄的鸡均有效。

【使用方法】 2～4周龄雏鸡胸部肌内或颈部皮下注射0.2毫升，18～20周龄成年鸡注射0.5毫升。

【保存、运输条件】 4℃～8℃条件下保存期为1年。运输时温度应在0℃以上。

3. 禽呼肠孤病毒灭活疫苗

【简　介】 本品含灭活禽呼肠孤病毒和Novasome佐剂。

【适用范围】 用于种鸡的二次预防接种，通过被动免疫，使小鸡免受呼肠孤病毒感染，以预防病毒性关节炎。

【使用方法】 用于15～22周龄成年鸡的皮下注射或肌内注射，每只0.5毫升。

【保存、运输条件】 应避光保存于2℃～7℃冰箱内，有效期24个月。

【注意事项】 要严格按照说明书中的使用方法、禁忌、注意事项和免疫方法进行操作，只有这样才能取得最好的效果。要特别注意灭活苗免疫的时机，应检查血清中抗呼肠孤病毒的中和抗体。如果几何平均滴度高于15，则不需进行基础免疫，直接用灭活苗免疫；如果其滴度低于15，先要进行活疫苗的免疫，3周以后再进行灭活苗免疫。如果鸡只要进行跨年度生产，需要在换羽期间再免疫1次。屠宰前42天不能用本疫苗免疫。

4. 病毒性关节炎-传染性法氏囊病二联苗 参见传染性法氏囊病防制用疫苗项。

5. 新城疫-传染性支气管炎-病毒性关节炎油佐剂灭活苗 参见新城疫防制用疫苗项。

6. 新城疫-传染性支气管炎-传染性法氏囊病-病毒性关节炎油佐剂灭活苗 参见新城疫防制用疫苗项。

7. 禽呼肠孤病毒感染-传染性法氏囊病-新城疫-传染性支气管炎灭活疫苗 参见新城疫防制用疫苗项。

九、产蛋下降综合征灭活苗

产蛋下降综合征(Egg drop syndrome)是一种能使产蛋鸡产蛋率下降的病毒性传染病。本病是由荷兰学者 Van Eck(1976)首先报道的，以产出薄壳或无壳蛋，壳面粗糙、易碎为特征，其病原为腺病毒。

(一)产蛋下降综合征的危害

病毒侵害生殖器官，致使临床上出现产蛋量下降，产畸形蛋等症状。本病毒对产蛋高峰期的鸡损害最大，其产蛋率可下降10%～50%，蛋破损率可占40%左右，软壳蛋可占15%，给养鸡业造成了严重的损失，是世界范围内引起产蛋下降的主要传染病之一。本病仅侵害禽类，没有公共卫生意义。

(二)产蛋下降综合征诊断要点

1. 流行特点 本病一年四季均可发生。鸡对本病最易感，但鸭、火鸡、鹅及野禽体内广泛存在该病毒的抗体。不同品系的鸡对产蛋下降综合征的易感性有所差异。自然情况下主要发生于24～36周龄的鸡群，特别是产蛋高峰期的29～31周龄。本病既可水平传播，又可垂直感染。水平传播通常较慢，而且不连续，健康鸡常因摄食被污染的饲料而被感染。6～8月龄母鸡处于发病高峰。鸡群产蛋率可下降20%～30%，有时可达40%～50%，可持续4～10周，以后逐渐好转。

2. 临床症状与病理变化 感染鸡群以突然发生群体性产蛋下降为特征。幼龄鸡感染不表现临床症状，体内也查不到抗体。成年鸡发病，仅表现为群体性产蛋下降，病鸡无其他明显临床症状。典型症状是病初少数鸡产蛋异常，变化多种多样，有无壳蛋、软壳蛋、薄壳蛋，鸡蛋表面如石灰样，各种形状的畸形蛋，鸡蛋颜色由褐色变浅呈白色或粉红色。鸡蛋质量下降，蛋白稀薄如水样，卵黄与蛋清分离，有的蛋白中混有血液。接着整群鸡的产蛋率下降，远远低于正常水平。发病2～3周内降至最低点，全群产蛋率下降可达50%以上，以后再也恢复不到标准的产蛋曲线。

自然发生的病例，能发现的病变常常是卵巢静止不发育和输卵管萎缩。而在实验感染的病例中，9～14天内出现子宫皱褶水肿以及在蛋壳分泌腺处积存渗出液，腹腔中会有各种发育阶段的卵。输卵管腺体水肿，单核细胞浸润，粘膜细胞变性坏死，无特征性的病理变化。

（三）产蛋下降综合征防制措施

无此病的清净鸡场，一定要防止从疫场引入疫苗或种蛋。产蛋下降综合征病毒污染的鸡场，要严格兽医卫生制度，要防止水平传播，病鸡群应隔离，按时进行淘汰。病鸡的种蛋和异常蛋，不能留做种用。鸡群发生产蛋下降综合征时，也可给予抗菌药物，以防混合感染。

控制本病主要靠疫苗的预防接种。产蛋下降综合征油乳剂苗在国内已广泛使用，效果较好。一般的鸡群，在18周龄时(17～20周龄)皮下或肌内注射产蛋下降综合征油乳剂灭活疫苗，两周内即产生免疫力，抗体一般可持续到第五十周左右。

(四)免疫失败的原因

1. 免疫不及时 鸡群往往在产蛋达50%以上时才开始排毒并产生抗体，导致病毒的迅速传播。若不及早给鸡群免疫，则必然导致免疫失败。

2. 环境的污染 产蛋下降综合征可以通过垂直传播与水平传播，当被感染了病毒的蛋或其他饲料接触到蛋盘或其他鸡场时，可造成病毒的蔓延，进而发生免疫失败。

3. 人为的因素 如不正确使用疫苗等也常造成免疫失败。

(五)防制用疫苗

1. 产蛋下降综合征油乳剂灭活苗

【简　介】 本品系用鸡凝血性腺病毒K-11株，接种易感鸭胚繁殖后，收获培养物，经灭活处理，加入适当油佐剂乳化制成。

【特　点】 专用于预防鸡产蛋下降综合征。

【适用范围】 于鸡群开产前2～4周时进行接种，只需接种1次。

【使用方法】 使用前将疫苗充分摇匀，并使疫苗温度升至室温，每只鸡皮下或肌内注射0.5毫升。

【保存、运输条件】 4℃条件下避光保存，有效期为1年；20℃保存6个月。运输时温度应在0℃以上。

【注意事项】 ①用于健康鸡群的免疫预防注射，对已感染本病的鸡没有治疗作用。②疫苗有破乳现象、异物或杂质时不宜使用。疫苗使用前必须摇匀，瓶口开封后限当天用完，疫苗切勿冻结。③注意正确的免疫途径，不能经呼吸道和消化道接种。

2. 新城疫-产蛋下降综合征二联油乳剂灭活苗 参见新城疫

防制用疫苗项。

3. 新城疫-传染性支气管炎-产蛋下降综合征三联油乳剂灭活苗 参见新城疫防制用疫苗项。

4. 新城疫-传染性支气管炎-传染性法氏囊病-产蛋下降综合征四联油乳剂灭活苗 参见新城疫防制用疫苗项。

十、鸡传染性贫血疫苗

鸡传染性贫血(Avian infectious anemia),又称鸡贫血因子感染症。是由鸡贫血因子引起,以再生障碍性贫血和免疫抑制为特征的传染病,是继传染性法氏囊病之后发现的一种鸡的免疫抑制病。

(一)鸡传染性贫血的危害

本病最严重的危害是使雏鸡免疫力低下,引起一系列细菌、病毒、真菌等继发或并发感染,并造成马立克氏病、新城疫、传染性法氏囊病等的免疫失败。同时由于其他病毒病的发生,又激发了机体对鸡传染性贫血的敏感性,增加了传染性贫血的发病率,形成了一种病的恶性循环,给养鸡业造成严重的经济损失。

(二)鸡传染性贫血诊断要点

1. 流行特点 本病的感染对所有年龄的鸡均易感,1～3 周龄鸡感染可表现出临床症状,3 周龄以上的雏鸡感染均呈阴性经过,表现亚临床症状,可见本病具有明显的年龄抵抗力。但是当鸡传染性贫血因子与其他病原体混合感染时,就会削弱年龄保护力,而且相互增强其致病性,引起疾病暴发。本病可垂直传播和水平传播。垂直传播发生在种鸡群的原发性感染后,受感染的种鸡通过卵垂直传播给子代鸡雏,并在 2 周龄内表现临床症状。水平传播是易感鸡与受到垂直感染的雏鸡相互接触,或通过污染的鸡舍、饲料、饮水等媒介物质而发生,通常表现亚临床感染。

2. 临床症状与病理变化 感染雏鸡发生贫血，血细胞容积可低于27%，最低可达6%。公母鸡均发病，发病率为20%～60%，死亡率为5%～20%，有时高达60%。病鸡表现精神沉郁、厌食、生长缓慢、鸡冠和肉髯苍白、羽毛粗乱，常发生由于细菌感染引起的局部坏死性皮炎。最显著变化是胸腺、法氏囊萎缩，骨髓色泽变淡。此外，肝脏肿大、内脏器官苍白。

（三）鸡传染性贫血防制措施

对种鸡进行免疫接种是预防本病的有效措施。由于成年鸡感染该病毒后不产生临床症状，并且由此产生的母源抗体可保护雏鸡免于感染。首先，必须确保种鸡在育成期内阳转，一般应于10～12周龄监测其是否抗体阳性，如果阴性，此时应进行免疫接种促使抗体100%阳转。

其次，必须采取一系列综合防制措施，如加强鸡群的饲养管理，增强鸡群的抵抗力；从无鸡传染性贫血的鸡场引进鸡苗；对鸡舍、用具和饮水等进行定期的清洁和消毒等。

此外，还必须做好其他免疫抑制病（马立克氏病、传染性法氏囊病和网状内皮组织增生病）的控制，避免或减少真菌毒素和应激因素的影响，确保鸡群免疫功能正常。

（四）防制用疫苗

目前用于预防本病的商品化疫苗种类还不多。活疫苗主要有两种，一种是 Vielitz 首次以鸡胚增殖法成功研制出的鸡传染性贫血活毒疫苗，它并不是致弱疫苗，通过饮水方式免疫，13～15周龄免疫最佳，一定不能晚于产蛋前的4～5周，以防止疫苗毒通过种蛋而传播；另一种是英特威公司研制的鸡传染性贫血弱毒疫苗，是世界上第一株弱毒冻干活疫苗，其安全性能和免疫效果均很好，我国应用这种疫苗较多。另外，国内已经有鸡传染性贫血灭活疫苗的中试产品。

1. 鸡传染性贫血弱毒活疫苗

【简　介】 本品采用美国分离的鸡传染性贫血野毒株，致弱后接种 SPF 胚繁殖，收获病毒，加入一定量的刺种稀释液，并加入适量抗生素制成。

【特　点】 具有弱毒疫苗所特有的优点，安全、免疫效果好。注射或刺种免疫，可快速产生中和抗体，有效预防鸡传染性贫血的垂直传播，避免雏鸡早期感染；可与病毒性关节炎等活苗及灭活苗混合使用，简化接种程序。

【适用范围】 6 周龄到开产前 4 周龄鸡均可接种。

【使用方法】 应以特制的稀释液配制，使用前，先将疫苗摇匀，肌内、皮下注射或翅膜刺种方式接种。每只鸡 0.2 毫升。

【保存、运输条件】 2℃～8℃保存。

【注意事项】 ①本苗不能用于产蛋鸡以及 21 日龄以前的雏鸡；鸡宰杀前 21 天不能接种本苗。②同一鸡舍的所有易感鸡均应同时接种。③接种时，应尽可能减少应激反应。④应保证每只鸡接种 1 羽份。⑤鸡接种疫苗后，粪便里会含有疫苗病毒，因此，一定注意鸡舍卫生管理，确保排出的粪便不污染雏鸡和没接种的产蛋鸡。

2. 鸡传染性贫血灭活疫苗

【简　介】 本品是将鸡传染性贫血毒株皮下接种 1 日龄雏鸡后，收获发病鸡肝脏，制成肝乳液，灭活后加油佐剂制成油乳剂灭活疫苗。

【特　点】 30 周龄成年鸡接种本疫苗后，可产生保护性抗体，并且产生的抗体可经卵传递，使雏鸡在年龄抵抗力产生之前获得被动保护。本疫苗可用于幼鸡的免疫接种，诱导产生主动免疫，防止病毒的水平传播。

【适用范围】 用于 16～18 周龄的种鸡及 7～10 日龄雏鸡。

【使用方法】 胸部肌内注射。7～10 日龄雏鸡，每只注射 0.3

毫升;16～18 周龄的种鸡,每只注射 0.5 毫升。

【保存、运输条件】 4℃避光保存,有效期 12 个月。

【注意事项】 ①疫苗如出现分层破乳现象,不能使用。②疫苗接种时,应使用灭菌注射器和注意局部消毒。

十一、禽传染性脑脊髓炎疫苗

禽传染性脑脊髓炎(Avian encephalomyelitis),又称新英格兰病、流行性震颤。是一种主要侵害雏鸡的病毒性传染病。主要特征是运动失调、头颈震颤、后肢麻痹和病毒性脑炎。

(一)禽传染性脑脊髓炎的危害

成年鸡感染后会引起产蛋量和种蛋孵化率降低。带毒种禽可垂直感染胚和幼雏。这些带毒的种蛋孵化出的雏鸡可被感染,出壳后 1～10 天内,表现出脑脊髓炎的典型症状,在易感鸡群中迅速传播,雏鸡发病率一般为 20%～60%,死亡率 17%～25%或更高,造成重大的经济损失。

(二)禽传染性脑脊髓炎诊断要点

1. 流行特点 各种日龄鸡对本病均易感,但多发于 1～3 周龄。一年四季均可发病。一般雏鸡有明显的临床症状,而成鸡感染后,不引起神经症状,蛋鸡产蛋下降 16%～43%,约 2 周后产蛋恢复到正常水平。本病可通过水平和垂直两种方式传播,但垂直传播是主要的传播方式,2 周龄以内鸡发病多与垂直传播有关,2 周龄以上鸡感染多与水平传播有关,污染的垫料、孵化器和育雏设备等都是本病传染源。产蛋母鸡感染后,通过血液循环将病毒排入蛋内,鸡胚孵化后,感染雏鸡。

2. 临床症状与病理变化 经蛋传递而感染的雏鸡,潜伏期 1～7 天,而通过接触或经口等水平方式感染的雏鸡,潜伏期 12～

30 天。发病雏鸡表现精神沉郁、行动迟缓、站立不稳，如将这些病雏拿在手中轻微摇动，其震颤更为明显，而后出现运动失调，有些鸡翅膀和腿麻痹，不愿走动，卧地不起 ，常用跗关节和胫骨着地行走。驱赶时，用翅膀支持平衡，严重者躺卧在地，两脚向一侧伸。病鸡食入量很少，常因无法饮食及相互踩踏而死亡。部分鸡还出现眼球增大或失明。蛋鸡感染后，很少出现症状，但产蛋量下降，可持续 2 周。

病理剖检个别雏鸡能见到脑部的轻度充血和水肿，有的体积增大，少数雏鸡的肌胃肌层散在灰白区。取病死鸡脑及有病变的肌胃组织做石蜡切片，H. E 染色后镜检，主要变化是中枢神经系统呈非化脓性脑脊髓炎，尤其在小脑延脑和脊髓的灰质比较明显。脑血管充血，血管周围有小淋巴细胞浸润（即形成血管套）。此外，心肌、腺胃、肌胃和胰腺等内脏血管有大量淋巴细胞呈滤泡状增生浸润。

（三）禽传染性脑脊髓炎防制措施

本病发生后，尚无有效药物可以治疗。因此，应采取预防为主的综合防制措施。

对于非疫区，应加强环境卫生综合管理措施，做好禽舍的日常清洁消毒，不从疫区购进种蛋和雏鸡；禁止使用弱毒疫苗，以免散毒。

对于疫区，应注意免疫预防。常用的疫苗有弱毒疫苗和灭活疫苗。一般于 10～15 周龄应用弱毒疫苗免疫种鸡，于开产前 1 个月（18～20 周龄）用灭活苗加强免疫 1 次，可以保护雏鸡在易感期内抵抗禽传染性脑脊髓炎的感染。但应注意，3 周龄以下的雏鸡对禽传染性脑脊髓炎弱毒疫苗较敏感。因此，3 周龄以下雏鸡禁用此苗。此外，开产前 1 个月内及开产后的产蛋鸡均不能使用弱毒苗免疫。

鸡群一旦发病后，必须及时隔离、淘汰病鸡，对禽舍、器具进行彻底消毒，空置2～4周后方可使用。对有治疗价值的病鸡，可带鸡喷雾消毒，用复方吗啉胍片拌料饲喂，或用抗传染性禽脑脊髓炎高免血清、卵黄抗体进行治疗。但患病期减产的蛋不可用于孵化。产蛋恢复后所产的蛋应在严格消毒后方可用于孵化。

（四）防制用疫苗

禽传染性脑脊髓炎弱毒疫苗一般是进口疫苗。关于禽传染性脑脊髓炎灭活疫苗，国内有很多成功研制的报道，免疫效果很好，但都处于中试阶段。此外，还有1种禽传染性脑脊髓炎-禽痘二联活疫苗（参见鸡痘防制用疫苗项）可用于预防本病。

1. 禽传染性脑脊髓炎弱毒疫苗

【简　介】 本品采用致弱的禽传染性脑脊髓炎病毒（Calnek1143弱毒株），加入适当稳定剂，经冷冻真空干燥制成。

【特　点】 免疫接种后1周即可产生抗体，3周后达到抗体高峰，免疫期为1年。被动的母源抗体可保护子代在10周内不发生此病。

【适用范围】 一般用于10～15周龄的种鸡。

【使用方法】 按瓶签注明的羽份用灭菌蒸馏水、冷开水或不含氯及金属离子的清洁自来水稀释后，加入0.5%的脱脂乳。接种前应停止给禽群饮水2～3小时，每只鸡约饮水40毫升。

【保存、运输条件】 一般在2℃～8℃避光保存，有效期为18个月。

【注意事项】 ①被接种的鸡应健康良好，无任何疾病。接种本苗后14天内，不得接种其他疫苗。②本苗不得用于2月龄以下或处于产蛋期间的鸡，接种至少应在产蛋前1个月进行。③免疫后5周内的种蛋禁止用于孵化。④疫苗稀释后应在2小时内用完，并避免高温和阳光的直射。⑤应有足够的饮水器皿，以确保每只鸡有足够的饮水位置。⑥不要同时给予治疗药物。⑦非疫区禁止使用。

2. 禽传染性脑脊髓炎灭活疫苗

【简　介】 本品采用国内分离株接种鸡胚，收获病毒，灭活后加油佐剂乳化制成。

【特　点】 免疫后1周，琼脂扩散试验即可检测到抗体，雏鸡免疫期可达6个月以上，成年鸡12个月以上。

【适用范围】 可用于雏鸡和成年鸡。

【使用方法】 颈背部中下1/3处皮下注射或胸腿部肌内注射接种，每只鸡0.5毫升。

【保存、运输条件】 2℃～8℃保存，有效期为1年。

【注意事项】 ①严禁冷冻或过热，使用前应使疫苗达到室温。②如出现破损、异物、分层等现象，切勿使用。

十二、禽霍乱疫苗

禽霍乱(Fowl cholera)，又称禽巴氏杆菌病、禽出血性败血症(简称禽出败)。是由多杀性巴氏杆菌引起的鸡、鸭、鹅、火鸡的一种急性败血性传染病。急性型表现为剧烈下痢和败血症症状，发病率和死亡率都很高；慢性型表现为肉髯水肿和关节炎。

(一)禽霍乱的危害

主要使蛋鸡群死亡，也常引起产蛋降低，死亡率最高为20%。家鸭死亡率可达50%。

(二)禽霍乱诊断要点

1. 流行特点 本病对各种家禽包括鸡、鸭、鹅和火鸡都有易感性。在鸡群中常呈散发或地方性流行，多发生于成年鸡。在鸭群中常呈流行性，1月龄以内雏鸭发病率和死亡率均高，而成年鸭则较低。病禽和带菌禽是本病的传染源。病禽分泌物、排泄物，以及被其污染的饲料、饮水、场地、用具、某些昆虫、寄生虫等都可以是本病的传播媒介。感染途径为呼吸道、消化道及损伤的皮肤等。禽舍不洁、潮湿拥挤、气候突变、长途运输、饲料中缺乏蛋白质、矿物质和患寄生虫病等均可诱发本病流行。

2. 临床症状及病理变化 潜伏期为2～9天。按病程一般分为最急性型、急性型和慢性型。

(1)最急性型 常于流行初期在禽群中突然发现死亡,有时只见病禽沉郁不安,拍翅抽搐而死。病程短者数分钟,长者也不过数小时。剖检常无特征性变化,有时仅见心外膜有小出血点,肝脏有少量针尖大、灰黄色坏死点。

(2)急性型 最为常见,病鸡发热,体温43℃～44℃,鸡冠发紫,拉稀,粪便呈黄白或绿色。病鸭呼吸困难,鼻和口腔中粘液增多,常摇头(鸭霍乱俗称"摇头瘟"),有粘液从口、鼻中甩出。剖检可见肝脏有许多小出血点。心外膜、腹膜、肠系膜、皮下等处有出血斑点,心包内积有渗出液。肺有点状出血和暗红色肝变区。出血性肠炎变化以十二指肠最为严重,腹腔内常有破裂卵黄存在,或在其他器官上附着干酪样的卵黄物质。

(3)慢性型 多见于流行后期,或由急性病例转来。常表现肉髯苍白、水肿或发紫,翅及关节肿胀,跛行,少数病鸡呼吸困难,鼻腔流出分泌物。病程达1个月以上,生长发育和产蛋长期不能恢复。剖检除见到急性病例的病变外,鼻腔、上呼吸道内积有粘稠分泌物,关节、腱鞘、卵巢等肿胀部切开有黄灰色或黄红色浓稠的渗出物或干酪样坏死。

(三)禽霍乱防制措施

坚持良好的饲养管理,鸡场不要饲养其他畜禽。应有严格的隔离消毒制度,坚持全进全出。及时淘汰病鸡,加强对死鸡的无害化处理。

自配料所用的骨粉应无多杀性巴氏杆菌。必要时使用磷酸氢钙而不使用骨粉。定期在饲料中添加预防量抗菌药物,特别在天气突变时。在禽霍乱非疫区、新办鸡场和鸭场，不要使用弱毒菌苗，以免将病原菌引入。

在疫区，选用与当地流行菌株血清型相符、免疫原性良好的菌株所做的灭活苗；或者用当地分离出的致病菌株制造自家灭活苗，效果也很好；或者应用弱毒活菌苗。由于活菌苗有交叉保护的作用，所以，活菌苗不一定要和致病的菌株同一型。一般禽霍乱的免疫，不论活菌苗还是灭活菌苗，都需要接种两次，在没有弄清楚致病的菌型时，采用免疫一次活菌苗和一次灭活菌苗的程序，以便得到交叉免疫，效果也很好。若用禽霍乱弱毒菌苗饮水，免疫前后各5～7天禁用抗菌药物，否则，将会影响免疫效果。

如果发生禽霍乱，应及时使用药物进行治疗。禽霍乱发病急，鸡、鸭死亡率高、死亡速度快，这时首先要使用抗菌药物控制鸡、鸭的死亡；病原多杀性巴氏杆菌易产生抗药性，最好先做药敏试验，根据药敏试验的结果选用高敏抗菌药物，并采取适当的给药途径，同时要注意所用药物的副作用；要注意轮换用药，发挥协同作用的联合用药，但要注意配伍禁忌；对于产蛋鸡，不要使用会引起产蛋率下降的药物，如磺胺类药物，肉鸡要注意药物残留等问题。

（四）防制用疫苗

防制禽霍乱的疫苗主要有禽霍乱弱毒活菌苗和灭活菌苗两类。禽霍乱弱毒活菌苗是我国禽弱毒菌苗研究最多的一类，但至今免疫效果不理想。禽霍乱菌苗免疫期短，并不属于菌苗的质量问题，这是本病的一个特点。目前使用较多的有$G_{190}E_{40}$禽霍乱弱毒菌苗和B_{26}-T_{1200}弱毒菌苗等单价菌苗。近年来，江苏省家禽科学研究所研制的水禽口服用禽霍乱R_1-23弱毒菌苗，对水禽的禽霍乱免疫取得了可喜的成绩，它的口服免疫途径在一定程度上解决了禽霍乱弱毒苗的一些缺点及水禽不宜逐只捕捉注苗的问题，对蛋鸡产蛋量没有显著影响，同时口服苗免疫效果优于注射途径，这可能是由于禽霍乱免疫主要是粘膜免疫系统的作用，是SIgA起主要作用的缘故，如结合第二次接种苗，其保护期最少可达 8 个月。而多价菌苗多为进口苗。禽霍乱灭活菌苗根据所用保护剂的不同，可分为禽霍乱氢氧化铝佐剂疫苗、铝胶油佐剂疫苗、油乳剂灭活疫苗、蜂胶灭活疫苗等。根据其所含菌株不同，可分为禽霍乱单价灭活菌苗和禽霍乱多价灭活菌苗。近几年，国内外研制了含有几个不同血清型菌株的禽霍乱灭活菌苗，以及双型原生质体融合株灭活菌苗，在提高免疫保护率和获得不同血清型之间的交叉免疫力等方面取得了一定成绩，前者已有商品化疫苗问世，但后者尚未进入实用阶段。研制的禽霍乱荚膜亚单位苗在区域试验和使用中，认为已取得良好的保护力，且反应小、安全性好，不会散菌，但在生产实践应用上尚有一定局限性。随着生物基因工程研制的飞速发展，许多学者正在进行禽霍乱基因工程苗的研制，并取得了很大进展，但距用于实际生产还有一定距离。

1. 禽霍乱单价弱毒活菌苗

【简　介】 本品系用禽多杀性巴氏杆菌 $G_{190}E_{40}$ 或 B_{26}-T_{1200} 弱毒株，接种适宜培养基培养，将培养物加适当稳定剂，经冷冻真空干燥制成。

【特　点】 用于预防禽霍乱。现有的禽霍乱弱毒菌苗的主要缺点是存在程度不同的免疫期偏短（2～3 个月）、免疫保护力偏低（50%～80%）、局部及全身的反应偏大，不仅造成减食和严重产蛋下降，还会造成一些死亡。但是，由于弱毒菌苗成本低，使用方便，不考虑血清型等优势，在某些发病地区仍然使用。

【适用范围】 禽多杀性巴氏杆菌 $G_{190}E_{40}$ 弱毒苗一般用于 3 月龄以上的鸡、鸭、鹅，免疫期 105 天。B_{26}-T_{1200} 弱毒苗用于预防 2 月龄以上鸡、1 月龄以上鸭，免疫期为 4 个月。

【使用方法】 $G_{190}E_{40}$ 弱毒苗是肌内注射，B_{26}-T_{1200} 弱毒苗是皮下或肌内注射。用 20%铝胶生理盐水稀释为 0.5 毫升含 1 羽份，每只注射 0.5 毫升。

【保存、运输条件】 2℃～8℃保存，有效期 1 年。

【注意事项】 ①禽霍乱弱毒菌苗只能用于发生禽霍乱的疫区，非疫区不要使用。被接种的鸡、鸭、鹅一定要健康，体质瘦弱、患有其他疾病者均不能使用。正在产蛋的鸡、鸭、鹅暂不使用，以免影响产蛋量。②在使用弱毒菌苗的前1周及免疫后的10天内，不得使用抗生素等抗菌药物，以免造成免疫失败。③注射用禽霍乱弱毒菌苗，应使用配备的氢氧化铝胶液稀释，以减轻全身反应及延长免疫期，不可用生理盐水或蒸馏水代替。④稀释后的菌苗应在尽短时间内用完，并注意使用时的外界温度。

2. 禽巴氏杆菌病氢氧化铝灭活苗

【简　介】 本品系用免疫原性良好的禽多杀性巴氏杆菌，接种适宜培养基培养，将培养物经甲醛灭活后，加氢氧化铝胶制成。

【特　点】 预防禽霍乱，免疫期为3个月。禽霍乱灭活菌苗仅对特定的同一血清型产生免疫力。本苗存在的保护率低和免疫期短的问题，可能较弱毒活菌苗更为严重一些；同时逐只注射，费工、费时、成本高。但安全性却好于弱毒活菌苗，且可同时使用抗生素类药物。

【适用范围】 2月龄以上的鸡或鸭。

【使用方法】 肌内注射，每只2毫升。

【保存、运输条件】 在2℃～8℃避光保存，有效期1年。

【注意事项】 ①只适合健康鸡群的免疫。②应注意灭活苗使用的一般注意事项。

3. 禽巴氏杆菌病铝胶油灭活苗

【简　介】 本品系用免疫原性良好的禽多杀性巴氏杆菌，接种适宜培养基培养，将培养物经甲醛灭活后，加氢氧化铝胶浓缩，再与油佐剂混合乳化制成。

【特　点】 预防禽霍乱。免疫期：鸡为6个月，鸭为9个月。本苗免疫期较禽多杀性巴氏杆菌病氢氧化铝灭活苗长很多，但同样存在需逐只注射，费工、费时，且成本高等问题，然而安全性好于弱毒活菌苗。

【适用范围】 用于 2 月龄以上的鸡或鸭。

【使用方法】 颈部皮下注射,每只 1 毫升。

【保存、运输条件】 在 2℃～8℃避光保存,有效期 1 年。

【注意事项】 ①注射疫苗后一般无明显反应,有的鸡在注射后 1～3 天内可能有减食现象。②保存期内的产品,出现微量的油(不超过 1/10),经振摇后仍能保持良好的乳化状,可继续使用。③用鸡效力检验合格的疫苗,可用于鸡和鸭。用鸭效力检验合格的疫苗,只能用于鸭,而不能用于鸡。

4. 禽巴氏杆菌病油乳剂灭活苗

【简　介】 本品系用免疫原性良好的禽多杀性巴氏杆菌,接种适宜培养基培养,将培养物经甲醛灭活后,与油佐剂混合乳化制成。

【特　点】 预防禽霍乱,注苗 14 天后产生免疫力,免疫期为 6 个月。本苗免疫期较禽多杀性巴氏杆菌病氢氧化铝灭活苗长很多,与铝胶油灭活苗相似,但同样存在需逐只注射,费工、费时,且成本高等问题,然而安全性好于弱毒活菌苗。

【适用范围】 只用于 2 月龄以上的鸡。

【使用方法】 颈部皮下或肌内注射,每只 0.5 毫升。

【保存、运输条件】 在 2℃～8℃避光保存,有效期 1 年。

【注意事项】 ①注射疫苗后一般无明显反应,有的鸡在注射后 1～2 天内可能有减食现象,对蛋鸡产蛋率稍有影响,几天内即可恢复。②疫苗出现明显分层时,不能使用,应废弃。③仅限于天津地区使用。

5. 禽巴氏杆菌病蜂胶灭活苗

【简　介】 本品系用免疫原性良好的禽多杀性巴氏杆菌1～2株,分别接种适宜培养基培养,将培养物经甲醛灭活后,加入蜂胶制成。

【特　点】 预防禽霍乱,能增强机体的非特异性和特异性免疫力,增强机体免疫细胞的吞噬活力,具有抑菌抗病毒的作用,降低其他疾病死亡率。接种后5～7天即可产生坚强免疫力。本苗保护率高达90%～96.5%，免疫力长达6个月以上，具有安全可靠、易于注射、应激小、不影响产蛋、无毒副作用等特点。用本苗与抗生素等药物同时做紧急防制，能迅速制止死亡，扑灭疫情。本苗可与其他疫苗同时应用，并能提高其他疫苗的免疫效果。而且可在低温冻结和室温等温度条件下保存较长时间，大大方便了临床使用。

【适用范围】 可用于2月龄以上的鸡、鸭、鹅。

【使用方法】 肌内注射，每只1毫升。

【保存、运输条件】 －15℃保存，有效期为2年；2℃～8℃保存为18个月。

【注意事项】 ①用鸭、鹅检验合格的疫苗，只能用于鸭、鹅。②本苗在运输、使用过程中应避免阳光和热的影响。③使用本苗前应了解禽群的健康状况，如有其他传染病会影响本苗的免疫效果。④对个别纯种鸭进行大面积免疫接种时，应先进行小区试验，证明安全后再进行免疫注射。⑤免疫器具必须洁净，用前消毒灭菌。免疫注射时宜采用9号或12号短针头。

6. 禽霍乱多价灭活苗

【简　介】 本品含有灭活的禽源的1、3、4型或3、4型多杀性巴氏杆菌培养物。

【特　点】 预防多种血清型的禽霍乱。有些鸡在接种局部会出现肿胀等反应。用于产蛋鸡时可能会导致产蛋下降，因此，要求首先在小范围内使用，观察其对产蛋的影响。免疫接种21天后产生免疫力。

【适用范围】 6周龄以上鸡。

【使用方法】 颈中部皮下注射，每只鸡注射0.5毫升。在首免后的3～6周进行二免，产蛋鸡的二免要有3个月的间隔。

【保存、运输条件】 在2℃～7℃避光保存，有效期2年。

【注意事项】 ①接种时要保证注射到颈部中段的皮下。②严格按照说明书要求进行操作。③应在兽医的正确指导下使用。

十三、禽大肠杆菌病疫苗

禽大肠杆菌病(Avian colibacillosis)是由埃希氏大肠杆菌引起的多种病的总称，包括大肠杆菌性肉芽肿、腹膜炎、输卵管炎、脐炎、滑膜炎、气囊炎、眼炎、卵黄性腹膜炎等疾病。尤其对雏鸡和高峰期的产蛋鸡危害严重。

(一)禽大肠杆菌病的危害

近年由于大肠杆菌所引起禽类的综合病症已严重危害了养殖业的发展。成年产蛋鸡往往在开产阶段发生，死淘率增多，影响产蛋，生产性能不能充分发挥。种鸡场发生本病，直接影响到种蛋孵化率、出雏率，造成孵化过程中死胚和毛蛋增多，健雏率降低。不仅能导致鸡只发育不良、生长迟缓、生产性能下降，还使料蛋(肉)比以及药费、死淘率增高，造成极大的经济损失。

(二)禽大肠杆菌病诊断要点

1. 流行特点 在各种禽类中，以鸡、鸭、鹅和火鸡等较为易感。本病在雏鸡阶段、育成期和成年产蛋鸡均可发生，但幼鸡更易感，尤其是20～45日龄的幼鸡和2～6周龄的小鸭和中鸭。雏鸡呈急性败血症经过，大鸡则以亚急性或慢性感染为主。其发病率与死亡率因受各种因素影响而有较大差异。大肠杆菌在饲料、饮水、鸡的体表、孵化场、孵化器等各处普遍存在。本病可经卵垂直传播。带菌种蛋在孵化过程中可能出现死胚，孵出的雏鸡多为隐性感染，若遇到某些降低抵抗力的因素时即可发病。水平传播可以通过被大肠杆菌污染的饲料、饮水、垫草、空气等传染媒介，经消化道、呼吸道、脐带及皮肤创伤等途径感染。大肠杆菌病常继发或并发沙门氏菌病、传染性支气管炎、新城疫、霉形体病、巴氏杆菌病、传染性法氏囊病，使病情更加复杂，死亡率增高。一年四季均可发生，多雨、闷热、潮湿季节多发。

2. 临床症状和病理变化 禽大肠杆菌病的潜伏期为数小时至3天，无特征性临床症状，但与禽发病日龄、病程长短、受侵害的组织器官及是否并发其他疾病有很大关系，临床上常见下列类型。

(1)胚胎与幼雏早期死亡 用感染的种蛋进行孵化，使鸡胚在孵化后期、出壳之前引起死亡，若感染鸡胚不死，则多数出壳后表现大肚与脐炎，俗称大肚脐，病雏精神沉郁，少食或不食，腹部大，脐孔及其周围皮肤发红、水肿，多在1周内死亡或淘汰。有的表现下痢，排出泥土样粪便，1～2天内死亡。发生脐炎的病理变化可见卵黄没有吸收或吸收不良，卵囊充血、出血，囊内卵黄液粘稠或稀薄，多呈黄绿色，肠道呈卡他性炎症。肝脏肿大，有时可见散在的淡黄色坏死灶，肝包膜略有增厚。

(2)气囊炎 气囊炎常为大肠杆菌与鸡败血霉形体等呼吸道病合并感染而致，一般表现为咳嗽、呼吸困难并发异常音，食欲明显减少，病鸡逐渐消瘦，死亡率可达20%～30%。有些病鸡若心包炎严重，则常可突然死亡。病理变化可见胸、腹等气囊壁增厚呈灰黄色，囊腔内有数量不等的纤维素性渗出物或干酪样凝块。

(3)急性败血症 急性败血症在鸡、鸭中最常见，3～7周龄的肉鸡多发，死亡率通常为1%～7%，并发感染时可高达20%。3周龄以下雏鸡多为急性经过，病鸡离群呆立或挤堆，羽毛松乱，肛门附有粪污，排黄白色稀粪，病程1～3天。4周龄以上病鸡，一般病程较长，少数呈最急性经过。病鸡常有呼吸道症状，鼻分泌物增多，呼吸时发出“咕咕”的声音或张口呼吸，结膜发炎，鸡冠暗紫，排黄白色或黄绿色稀粪，食欲下降或废绝。鸭大肠杆菌败血症主要发生于2～6周龄雏鸭，病鸭精神委顿，食欲减少，呆立一旁，缩颈嗜眠，两眼和鼻孔处常附粘性分泌物，有的病鸭排出灰绿色稀便，呼吸困难，常因败血症或体质衰竭，脱水死亡。纤维素性心包炎是本病的特征性病理变化，心包膜肥厚、混浊，纤维素和干酪状渗出物混合在一起附着在心包膜表面，有时和心肌粘连；常伴有肝包膜炎，肝肿大，包膜肥厚、混浊、纤维素沉着，有时可见肝脏有大小不等的坏死斑。脾脏充血肿胀，可见到小坏死点，小雏则有肺炎的变化。

(4)*母鹅卵黄性腹膜炎*　母鹅卵黄性腹膜炎又称鹅的蛋子瘟，一般在初春产卵旺季极易发生，病死率为47%～73%，病鹅一般表现精神委顿，停食，产卵停止，如蛋黄破于腹腔，常见肛门周围羽毛粘有蛋白或蛋黄样物，排泄物中含有蛋白状粘性物和白色或黄色的凝块。鸡卵黄性腹膜炎，在腹腔中见有蛋黄液广泛分布于肠道表面，稍慢死亡的鸡腹腔内有多量纤维素样物粘在肠道和肠系膜上，腹膜粗糙发炎，有的可见肠粘连。

(5)*肉芽肿*　肉芽肿常见于火鸡，多发于产蛋期将结束的母禽，一般以慢性过程为特征，表现为消瘦衰弱。主要病理变化在肝、盲肠、十二指肠、肠系膜或肺上产生特殊的花椰菜状的结节。肝脏则表现大小不一、数量不等的坏死灶。

(6)*心包炎*　心包炎临床上一般无明显症状，但常见突发性倒地，心脏停止跳动而死亡。病理变化可见明显的心包囊混浊并充满淡黄色纤维蛋白渗出液，心外膜水肿并被覆有淡黄色的渗出物。

(7)*输卵管炎*　输卵管炎多发生于产蛋期家禽，病禽输卵管膨大，管壁变薄，内有干酪样物，常于感染后数月内死亡，幸存者大多不再产蛋。

(8)*滑膜炎*　滑膜炎通常引起局部关节的肿胀，呈波动性，易发病的关节多为胫跖和趾部关节，病禽表现跛行，逐渐消瘦。

(9)*肠炎*　肠炎是禽大肠杆菌病的常见病型，肠粘膜充血、出血，肠内容物稀薄并含有粘液血性物，有的脚麻痹，有的病鸡后期眼睛失明。

(10)*全眼球炎*　全眼球炎临床表现眼前房积脓，失明，大部分鸡以死亡或淘汰而告终，临床上不常见。

（三）禽大肠杆菌病防制措施

致病性大肠杆菌为自然环境中的常在菌，它的血清型甚多，重复感染的机会也多，与其他传染病并发感染的频率极高。因此，疫病的综合性防制和营造良好的饲养环境是养鸡业控制大肠杆菌病的关键所在。防制的原则：首先是加强鸡群的饲养管理，降低鸡舍的饲养密度，注意控制鸡舍温、湿度和通风，减少空气中细菌污染，禽舍和用具经常清洗消毒，种鸡场应加强种蛋收集、存放和整个孵化过程的卫生消毒管理，搞好常见多发病的预防工作，减少各种应激因素，避免诱发大肠杆菌病的发生与流行。其次是要进行疫苗接种。种鸡在开产前接种疫苗后，在整个产蛋周期内大肠杆菌病明显减少，种蛋受精率、孵化率、健雏率有所提高，减少了雏鸡阶段的发病。

一旦鸡群发病后可用药物进行防治。大肠杆菌对多种抗生素如卡那霉素、新霉素和磺胺类药物等都敏感，但大肠杆菌极易产生耐药性。在感染早期，最好能将新分离的大肠杆菌进行药物敏感试验，选用敏感的药物将会收到较好的效果。早期投药可控制早期感染的病鸡，促使痊愈，同时可防止新发病例的出现。但在大肠杆菌病发病后期，若出现了气囊炎、肝周炎、卵黄性腹膜炎等较为严重的病理变化时，使用抗生素疗效往往不显著，甚至没有效果。

（四）防制用疫苗

国内已研制成禽大肠杆菌灭活疫苗，包括单苗和联苗。单苗应用较多的是多价苗，主要有鸡大肠杆菌多价氢氧化铝苗和多价油佐剂苗。由于大肠杆菌血清型众多，疫苗最好是采用当地流行株或用本场分离株制成，效果较好。已经研制成功的联苗有禽霍乱-大肠杆菌病多价蜂胶二联疫苗；新城疫-大肠杆菌病多价二联灭活疫苗等，临床应用均有一定的防治效果。

1. 禽大肠杆菌病铝胶灭活疫苗

【简　介】 本品系用免疫原性良好的鸡大肠杆菌，接种于适宜培养基培养，将培养物经甲醛溶液灭活后，加氢氧化铝胶制成。用于预防鸡大肠杆菌病。

【特　点】 本品静置后，上层为浅黄色澄清液体，下层为灰白色沉淀物，振摇后呈均匀混悬液。

【适用范围】 用于预防鸡大肠杆菌病。1月龄以上鸡，免疫期为4个月。

【使用方法】 颈侧部皮下注射，每只0.5毫升。

【保存、运输条件】 2℃～8℃保存，有效期为1年。

【注意事项】 ①只能对健康鸡进行免疫接种。②雏鸡免疫接种前后必须严格隔离饲养，降低饲养密度，尽量避免粪便污染饮水与饲料。③疫苗使用前充分摇匀并使疫苗温度升至室温，疫苗瓶开启后应于24小时内用完。④疫苗勿冻结，勿在25℃以上贮运。

2. 禽霍乱-大肠杆菌病多价蜂胶二联灭活疫苗

【简　介】 本品由巴氏杆菌标准菌株与大肠杆菌国标标准菌株以及从国内分离的有代表性的巴氏杆菌和大肠杆菌制备，经增殖灭活后，辅以天然免疫增强剂——蜂胶制备而成。

【特　点】 具有可提高机体非特异性与特异性免疫能力，安全可靠，不影响产蛋，易于注射、保存和运输等特点。

【适用范围】 预防禽霍乱和大肠杆菌病，注苗后5～7天产生坚强免疫力，蛋鸡和种鸡免疫二次，能在整个产蛋期内有可靠的免疫力，免疫期为12个月。

【使用方法】 商品肉鸡在20日龄以内，颈部皮下注射0.3毫升/只，免疫1次即可。蛋鸡、种鸡于30～60日龄首免，皮下或肌注0.3～0.5毫升/只，开产前二免，肌内注射0.5毫升/只(肉种鸡1.0毫升/只)。

【保存、运输条件】 －10℃保存，有效期为24个月；4℃～8℃保存，有效期为18个月；20℃保存，有效期为6个月。

【注意事项】 同禽大肠杆菌病铝胶灭活疫苗。

十四、传染性鼻炎疫苗

传染性鼻炎(Infectious coryza)是由副鸡嗜血杆菌引起的鸡的一种急性或亚急性呼吸道传染病。以流鼻涕、面部肿胀或结膜炎为特征。

(一)传染性鼻炎的危害

育成鸡生长受阻,增重减慢,蛋鸡产蛋量显著下降,使鸡群的死亡数和淘汰数增加,造成严重的经济损失。

(二)传染性鼻炎诊断要点

1. 流行特点 鸡是本病的自然宿主,各种日龄的鸡均易感,但多发于青年鸡和成年鸡。本病呈世界性分布,一年四季均可发生,但以秋冬寒冷季节多发。气候剧变、鸡群拥挤、通风不良、维生素 A 缺乏以及寄生虫病等都是本病的诱因。病鸡和健康带菌鸡是本病的主要传染源,主要通过飞沫和尘埃经呼吸道传染,也可通过饲料、饮水经消化道传染,呈地方性流行。多龄鸡混养是本病蔓延和持续性感染的重要原因之一。

2. 临床症状与病理变化 潜伏期短,数小时至 3 天。主要症状是流浆液性或粘液性鼻液,摇头甩鼻、打喷嚏。精神不振,食欲减退,消瘦,张口呼吸并伴有啰音,面部肿胀,肉垂可出现明显肿胀,流泪,结膜炎,严重者失明。

鼻腔和鼻窦隙粘膜呈卡他性炎症,粘膜充血、肿胀,表面覆盖大量粘液和渗出物凝块,有的为干酪样坏死物,严重者可见急性卡他性支气管肺炎。

（三）传染性鼻炎防制措施

应采取以预防为主的综合性防疫措施，良好的饲养管理结合优质高效的疫苗免疫，是控制本病安全而有效的途径，而药物治疗只是辅助手段。

建立严格的卫生管理制度。避免从外场购入带病原菌的雏鸡；本病康复鸡隔离饲养或淘汰，被污染的鸡舍和用具，必须进行彻底清洗和消毒，阻断传播途径；保持良好的通风条件、注意防潮和防寒；合理调整饲养密度，避免过分拥挤，饲料中应补充维生素 A，切实落实全进全出的饲养制度。

制定合理的免疫计划，适时接种疫苗。由于副鸡嗜血杆菌具有 A 型、B 型和 C 型 3 种血清型，各血清型之间不能够交叉保护，因此，应根据当地鸡群副鸡嗜血杆菌的血清型流行情况选择适当的菌苗免疫。我国 A 型和 C 型流行较普遍，所以一般选用含 A 型、C 型的双价苗免疫，但也有用双价苗免疫效果不好的，而选用含有 A 型、B 型和 C 型的三价苗或是用当地流行株制备的自家苗，效果很好。对于高污染区，易感鸡群应适当增加疫苗剂量。最好通过抗体监测确定免疫时间，一般采取两次免疫，35～50 日龄首免，110～120 日龄二免，能够有效预防本病。

如果发病，可采用抗生素和磺胺类药物进行治疗，能够减轻病情、缩短病程，但不能根治本病，停药后易复发。

（四）防制用疫苗

目前应用于本病防制的菌苗虽然有很多种，但均是灭活苗。根据佐剂不同可分为氢氧化铝胶佐剂菌苗（如日本北里研究所开发生产的传染性鼻炎苗）、油乳剂菌苗、铝胶油佐剂苗（澳大利亚研制）及类脂佐剂菌苗等。山东滨州生物技术研究所研究试制的类脂传染性鼻炎灭活苗含有 A 型、C 型及当地分离株，其最大优点是不影响产蛋，而且刺激小、吸收好 、免疫期长、免疫力产生早，易于注射、保存、运输等。而根据菌苗所含副鸡嗜血杆菌血清型的不同，可分为单价菌苗、双价菌苗和多价菌苗。此外，为简化免疫程序，减少由于多次疫苗注射引起的应激反应，还成功地研制出很多联苗，主要有传染性鼻炎-新城疫二联苗、传染性鼻炎-支原体病二联苗等。

1. 传染性鼻炎单价油乳剂灭活疫苗

【简　介】 本品系用副鸡嗜血杆菌A型或C型菌株，灭活后加入油佐剂乳化制成。

【特　点】 预防A型或C型副鸡嗜血杆菌的感染。42日龄以下鸡免疫期为3个月；42日龄以上鸡免疫期为6个月；42日龄首免，120日龄二免，免疫期为1年半。疫苗本身对鸡群无不良反应，但是注射操作对鸡群会产生应激反应，注射后1～3天反应会消失。

【适用范围】 一般用于种鸡和蛋鸡。

【使用方法】 颈部皮下注射，42日龄以下鸡为0.25毫升；42日龄以上鸡为0.5毫升。

【保存、运输条件】 2℃～8℃避光保存，有效期1年。

【注意事项】 ①如果疫苗破乳分层时，不能使用。②使用前充分摇匀，并使疫苗温度恢复至室温后注射。③疫苗开封后，应当天用完，未用完的苗不能再使用。④只用于健康鸡免疫。⑤在屠宰前40天内不能注射本疫苗，产蛋期间不能注射本疫苗。

2. 传染性鼻炎双价灭活疫苗

【简　介】 本品系用副鸡嗜血杆菌A型或C型菌株，灭活后加入油佐剂或氢氧化铝胶制成。国内生产的双价苗一般为油佐剂，而氢氧化铝胶双价苗一般是进口疫苗。

【特　点】 预防A型、C型副鸡嗜血杆菌的感染。一般要求免疫二次，使种鸡和蛋鸡在整个产蛋期受到保护。试验表明，铝胶苗无不良反应或仅在接种部位产生轻微反应，而油佐剂苗可能会在局部形成肿胀或轻微肉芽肿。但是对这两种疫苗的免疫效果存在争议，油佐剂苗保护率可达 80%以上，然而只要疫苗抗原含量充足，配制得当，免疫效果应该不会存在差异。

【适用范围】 一般用于种鸡和蛋鸡。

【使用方法】 肌内注射，5～6 周龄免疫 1 次，15～16 周龄再免疫 1 次，开产前完成免疫，使用剂量应按疫苗使用说明书进行。

【保存、运输条件】 2℃～8℃避光保存。

【注意事项】 同传染性鼻炎单价油乳剂灭活疫苗。

3. 传染性鼻炎三价灭活疫苗

【简 介】 本品系用副鸡嗜血杆菌 A 型、B 型与 C 型菌株，或者 A 型、C_1 型及 C_2 型菌株灭活后，加入油佐剂或氢氧化铝佐剂制成。

【特 点】 荷兰英特威及海博莱的三价苗即含有 A 型、B 型与 C 型菌株，该全价疫苗的特点是广谱的保护作用，预防所有血清型的副鸡嗜血杆菌的感染；抗原含量高；佐剂效果好，可最大限度的刺激免疫反应。而美国威兰实验室生产的三价苗含有 A 型、C_1 型及 C_2 型菌株，可预防 A 型、C 型的副鸡嗜血杆菌的感染。三价苗可能引起产蛋降低；有些鸡还会在接种部位出现肿胀等局部反应。

【适用范围】 一般用于种鸡和蛋鸡。

【使用方法】 采用皮下或肌内注射。海博莱的三价苗则是大腿肌内注射(0.5 毫升/只)，均推荐免疫两次。美国威兰实验室生产的三价苗是采用腿部肌内注射(每只鸡 0.5 毫升)，用于 6 周龄以上的鸡，首免后的 3～6 周进行二免。

【保存、运输条件】 2℃～7℃避光保存，有效期 24 个月。

【注意事项】 ①荷兰英特威的三价苗一定不能采用肌内注射方式接种。②最好在当地兽医指导下进行，要严格按说明书的要求进行操作。③单价苗的使用注意事项同样适于本苗。

4. 传染性鼻炎-新城疫二联灭活疫苗 参见新城疫防制用疫苗项。

5. 传染性鼻炎-支原体病双价二联灭活疫苗

【简　介】 本品系用鸡败血支原体国际标准株和副鸡嗜血杆菌A型、C型菌株分别接种适宜培养基培养，收获培养的菌液经浓缩灭活后，再与矿物油乳化制成。

【特　点】 用于预防A型、C型副鸡嗜血杆菌和鸡败血支原体的感染。接种后2～3周产生免疫力，保护期6个月，保护率为91%～100%。

【适用范围】 可用于雏鸡和成年鸡。

【使用方法】 对种鸡群推荐2～3次免疫，以颈背部皮下注射为首选，成年鸡胸腿肌内注射亦可，2～4周龄内雏鸡每只0.3毫升；成年鸡每只0.5毫升；12月龄以上鸡加强免疫每只1毫升。

【保存、运输条件】 4℃～8℃避光保存，有效期1年。

【注意事项】 同传染性鼻炎单价油乳剂灭活疫苗。

十五、鸡支原体病疫苗

鸡支原体病(Avian mycoplasmosis)，也称鸡霉形体病，是由鸡毒支原体引起的以慢性呼吸道病症状为主要特征的传染病，又称慢性呼吸道病，表现为气管炎及气囊炎；或由滑液支原体引起的以鸡滑膜炎及亚临床型上呼吸道感染为特征的传染性疾病。

(一)鸡支原体病的危害

主要使蛋鸡产蛋显著降低，孵化率降低，弱、病雏增加，造成经济损失。

(二)鸡支原体病诊断要点

1. 流行特点

(1)鸡毒支原体感染　不同年龄鸡均可感染，以1～2月龄多见。在大群饲养的仔鸡群中最易流行，而成年鸡多呈隐性经过或散发。一年四季均可发生，但以寒冷季节多发。本病可通过水平传播和垂直传播。带菌鸡是本病主要传染源，可通过空气、污染饲料和饮水传播，带菌鸡蛋含有支原体。继发感染是使隐性鸡暴发本病的主要因素之一。

(2)鸡滑液支原体感染　一般急性感染多发于 4～16 周龄的鸡，急性感染期之后出现的慢性感染可持续终生。病鸡和带菌鸡是本病的主要传染源，可经卵垂直传播。

2. 临床症状与病理变化

(1)鸡毒支原体感染　一般呈慢性经过，病程可长达 1 个月以上，仔鸡的死亡率可达 30%，成年鸡症状较缓和。病鸡主要症状是咳嗽、呼吸困难、气管啰音、流鼻涕、食欲减退、体重减轻。主要病变是鼻炎、支气管炎和气囊炎。

(2)鸡滑液支原体感染　潜伏期一般为 11～21 天。患病初期，病鸡冠苍白，跛行及生长迟缓。之后出现关节肿胀，病鸡表现不安、脱水和消瘦。冬季经呼吸道感染的鸡，常导致气囊炎，可出现轻度啰音。病初期，可在腱鞘的滑液囊膜上见有粘稠的、乳酪色或灰白色的渗出物。随着病情发展，在腱鞘、关节和气囊内可见干酪样渗出物。肝脾肿大，肾往往也肿大。

(三)鸡支原体病防制措施

目前本病的防制主要靠良好的饲养管理结合疫苗接种的办法。

消灭传染源，切断传播途径。不从感染本病的鸡场购进鸡雏、种蛋、种鸡等；加强饲养管理，定期消毒，鸡舍应通风良好，避免饲养密度过大；饲料配合要适当，定期驱虫。在育雏期，应防止其他疫病的侵入造成混合感染，引起支原体病。建立可靠的生物安全体系。

接种弱毒疫苗时，鸡群应健康，特别是对被本病污染的幼雏不能用滴鼻、气雾方法进行鸡新城疫和传染性支气管炎疫苗的接种，以免激发鸡支原体病。

（四）防制用疫苗

防制鸡支原体用疫苗主要有3类：单价活疫苗、油乳剂灭活单苗和灭活联苗。活疫苗采用中等毒力菌株或弱毒菌株制备，目前国际上防制鸡毒支原体的活疫苗菌株主要有3种：F株、ts-11株和6/85株，而防制鸡滑液支原体感染的活疫苗菌株目前只有MS-H株，MS-H株经常与ts-11株联合使用。油乳剂灭活单苗主要是鸡毒支原体灭活疫苗，能够较好的防制由于鸡毒支原体感染引起的产蛋降低，但不能有效阻止野外菌株感染。市场上有商品化的进口疫苗。国内尚处于中试阶段。灭活联苗主要有新城疫-传染性支气管炎-鸡毒支原体灭活疫苗及传染性鼻炎-鸡毒支原体灭活疫苗两种。

1. 鸡毒支原体活疫苗

【简　介】 本品系用鸡毒支原体F株、ts-11株或6/85株，加入适当稳定剂，经冷冻真空干燥制成。

【特　点】 F株对雏鸡有中等毒力，在鸡群间传播慢，可防止产蛋量下降，对二次感染有很高的抵抗力，可防止多种年龄鸡混养的禽场中野型菌株的感染，3日龄、10日龄鸡接种F株的免疫效果好于1日龄。缺点是对火鸡有致病性；在同时接种鸡新城疫、传染性支气管炎弱毒苗时，对F株的免疫效果略有影响。ts-11株比F株的致病性和传染性弱，产生的保护性免疫虽然也比F株弱，但有效且保护期长，并可同呼吸道病毒疫苗一起使用，很安全。用ts-11株免疫后，可消除长期存在于多种年龄混养的鸡场中的F株的感染。6/85株也比F株的传染性弱，但是无致病性，免疫后好像在接种的鸡体内不存在一样，不能够检测到系统抗体反应。

【适用范围】 各种健康鸡。

【使用方法】 F株可通过饮水或气雾进行免疫；ts-11株是采用点眼方式接种；6/85株是通过气雾免疫。

【保存、运输条件】 2℃～8℃避光保存。

【注意事项】 ①应在兽医指导下使用。②疫苗开封后，4小时内用完。

2. 鸡毒支原体灭活疫苗

【简 介】 本品系用鸡毒支原体经特定培养基扩增，收获的菌液经纯化浓缩、灭活后加入油佐剂乳化制成。

【特 点】 制备本苗的毒株一般为强毒株，如MG-R、MG-S6等。能够预防和控制鸡支原体引起的呼吸道病的发生，并减轻或切断支原体经过种蛋垂直传播给后代。一般要求两次免疫，如果鸡只要进行跨年度生产，需要在换羽期间再免疫1次。

【适用范围】 主要免疫1～10周龄或以上的各种健康鸡。

【使用方法】 颈部皮下或肌内注射，免疫剂量为每鸡0.5毫升。

【保存、运输条件】 2℃～8℃避光保存，注意不同厂家生产的疫苗有效期不一致。

【注意事项】 ①疫苗应在兽医指导下使用。②疫苗要避免高温和阳光直射。③疫苗开封后，应当天用完，未用完的苗不能再使用。

3. 传染性鼻炎-支原体病双价灭活疫苗 参见传染性鼻炎防制用疫苗项。

4. 新城疫-传染性支气管炎-鸡毒支原体灭活疫苗 参见新城疫防制用疫苗项。

十六、鸡球虫病活苗

鸡球虫病(Poultry coccidiosis)是由艾美耳属的各种球虫寄生于肠道而引起的高度传染性的原虫病。我国分离到的有9种，即堆型艾美耳球虫、巨型艾美耳球虫、和缓艾美耳球虫、毒害艾美耳球虫、早熟艾美耳球虫、柔嫩艾美耳球虫、布氏艾美耳球虫、哈氏艾美耳球虫及变位艾美耳球虫，其中前6种分布最广，以柔嫩艾美耳球虫和毒害艾美耳球虫致病力最强。

(一)鸡球虫病的危害

鸡球虫病是一种十分普遍且危害极大的寄生虫病，不但给养禽业造成巨大损失，而且危害食品安全和人类健康。对禽类的危害主要是：导致禽大批发病和死亡；阻碍禽的生长和发育；降低饲料报酬；诱发其他疫病，如传染性法氏囊病、传染性喉气管炎、新城疫等；预防和治疗药物费用增加，同时存在商品肉鸡和鸡蛋中药物残留的问题。

(二)鸡球虫病诊断要点

1. 流行特点 鸡球虫病分布相当广泛，普遍流行，鸡是惟一中间宿主。鸡的品种、年龄、性别不同，对球虫病抵抗力有显著差异。一般幼雏对球虫的易感性较大，主要感染3个月龄以内的雏鸡，15～45日龄最易感；公雏的易感性高于母雏；品系越纯对球虫的易感性越高。发病率为50%～70%，死亡率为20%～30%，严重时高达80%。虫卵多通过尘土随风传播，也通过蚊蝇、野鸟等携带传播。网上平养和舍内清洁干燥的鸡场发病较轻，而地面散养、卫生条件较差的发病较重。

2. 临床症状与病理变化 急性型的病程数天至数周，精神不振，羽毛松乱，双翅下垂，鸡冠、眼结膜苍白，缩颈，不食，喜卧，渴欲增加，排稀便，并带有少量血液。柔嫩艾美耳球虫感染鸡，粪便呈咖啡色，多于第四至第五天死亡，耐过的鸡生长发育缓慢。慢性型多见于5～6月龄以上的鸡，症状轻微，病程长，病鸡间歇性腹泻、消瘦、贫血、蛋鸡产蛋减少。亚临床型的无症状，但可造成肉仔鸡生长缓慢，蛋鸡产蛋降低。

病理变化主要是肠道病变，球虫种别不同，病变部位和程度不同。柔嫩艾美耳球虫主要侵害盲肠，急性期，盲肠显著肿大，盲肠壁变厚，并充满暗红色的血样物。毒害艾美耳球虫损害小肠中段，肠道内广泛出血、充血，肠道肿胀，浆膜有淡白色斑点。堆型艾美耳球虫使十二指肠和小肠肠壁增厚，有白色斑状坏死，内充脓性分泌物。巨型艾美耳球虫损害小肠中段，肠管扩张，肠壁增厚，内充褐色的粘稠内容物。哈氏艾美耳球虫损害小肠前段，肠壁出现大头针针头大小的红色圆形出血点。

鸡球虫病的诊断可根据流行特点、临床症状、剖检病变及粪便中卵囊检查进行综合诊断。

（三）鸡球虫病防制措施

如果鸡球虫病的症状一旦在鸡群中出现，就已经发生了重要的损害。因此，本病尽管可以采用某些磺胺类等药物进行治疗，但关键还是预防，而治疗仅作为最后的手段。由于球虫卵囊抵抗力强、分布广泛，对球虫的预防也需采取综合防制措施。

对于鸡球虫病的预防，主要是注意鸡舍的环境卫生、消毒和鸡只的饲养管理、营养等。鸡发生球虫感染的惟一途径是食入被孢子化卵囊污染的饲料和饮水（或其他食物）。因此，应采取各种措施，防止鸡只采食到粪便和防止饲料、饮水受到孢子化卵囊的污染，切断传染途径。鸡只采用笼养，使鸡只采食不到鸡粪。配合笼养，整个供水系统采用密闭系统，注意水源不受污染，水管经常消毒，做到饮水卫生、安全。饲料在运输、包装、存放过程中做到不污染。鸡舍的管理是最重要的，只有保证做好这点，使用药物预防、疫苗免疫才会有效。过去药物预防一直占主导地位，但由于其存在耐药性、药物残留及影响鸡增重等问题，现在疫苗免疫预防已逐渐取代药物预防的主导地位，由于球虫疫苗具有安全高效，彻底解决抗球虫病中的耐药性和药物残留问题，大大降低了药费开支等优点而越来越受到重视。

应用药物预防中应注意：一定在2周龄以前使用球虫药物；并应科学合理地选择球虫药；一般应采用“二元”给药方案，即在开始时使用一种药物，在生长期使用另一种药物；注意药物的轮换；应用球虫药时，要加大维生素的用量；一定要了解饲料中是否已经添加球虫药，以免重复用药而导致中毒或效果不佳。

鸡球虫种类多，各种鸡球虫对于同种重复感染都能产生有效的免疫力，其中以巨型艾美耳球虫和布氏艾美耳球虫的免疫原性最强，但是鸡球虫的免疫具有严格的种间特异性，一种球虫激活的免疫力，对其他球虫的攻击没有交叉保护性。因此，应根据当地球虫的流行情况，选择适当的球虫多价疫苗进行免疫。

接种时必须注意均匀免疫，应严格按疫苗说明书要求的方式进行接种，如口服、饮水（加悬浮剂）、喷雾、涓滴等。

使用球虫疫苗前 1 个月内不能应用抗球虫药。

（四）防制用疫苗

目前防制鸡球虫病的商品化疫苗主要有两种类型：强毒活苗和弱毒活苗。我国市场上有售的强毒活苗主要有美国产的 Coccivac 疫苗和加拿大产的 Immunocox 疫苗。弱毒活苗主要有国产的双重致弱鸡球虫病三价疫苗、早熟株弱毒疫苗和鸡胚传代弱毒株疫苗，后两种为中试产品，进口疫苗主要有英国 Pitman-Moore 公司生产的 Paracox 疫苗和捷克的 Livacox 弱毒苗、英国 Unilever 公司开发的藻酸盐减毒虫苗。此外，为解决弱毒株多次接种回归鸡可能使其毒力返强的问题，研究人员尝试研制基因工程疫苗，如用大肠杆菌或昆虫杆状病毒表达的重组蛋白疫苗，以禽痘等做载体的活载体疫苗和核酸疫苗等，虽然这些疫苗的研究展示了光明的前景，但均处于实验室研究阶段，还未有商品苗推出。这里只对国内市场有售的商品化疫苗进行介绍。

1. 鸡球虫强毒活苗

【简　介】 本品系直接从自然发生球虫病的鸡体内或粪便中将卵囊分离出来后，将各种卵囊按一定比例混合，并配以适当的稳定剂制成。Coccivac-B 疫苗含有堆型艾美耳球虫、巨型艾美耳球虫、柔嫩艾美耳球虫及变位艾美耳球虫等 4 种虫卵；Coccivac-D 疫苗含有堆型艾美耳球虫、巨型艾美耳球虫、毒害艾美耳球虫、早熟艾美耳球虫、柔嫩艾美耳球虫、布氏艾美耳球虫、哈氏艾美耳球虫及变位艾美耳球虫 8 种虫卵。Immunocox 疫苗含有柔嫩艾美耳球虫、毒害艾美耳球虫、堆型艾美耳球虫及巨型艾美耳球虫等 4 种最常见的虫卵。

【特　点】 强毒苗的免疫原理是球虫在低水平感染时不会使鸡发病，但球虫卵囊能循环地在鸡体内繁殖，并排出新的卵囊于垫料中，鸡从垫料中可获得再次免疫，经过 3 次生活史循环，鸡就可以产生较好的保护性免疫。强毒株在实验室传代，没机会接触到各种抗球虫药，为药物敏感株。由于强毒苗是由各种鸡球虫的强毒株混合组成，如应用不当，会引起球虫病的暴发；或者由于混入饮水或饲料的卵囊分布不均匀，使鸡群摄入卵囊量不一致，有的鸡感染太轻，不能产生免疫力，有的摄入过多而引起发病。但是 Immunocox 疫苗采用凝胶体系，使球虫卵囊分布均匀，克服了上述的缺点。因此，免疫效果更好，目前该项成果已经取得了专利。此外，强毒苗使用时，必须谨慎控制鸡免疫剂量，一般免疫后几天内增重会受影响。

【适用范围】 Coccivac-B 疫苗适用于种鸡、肉鸡和仔鸡；Coccivac-D 疫苗适用于种鸡和商品蛋鸡；Immunocox 疫苗，一种可用于肉鸡和仔鸡，还有一种可用于种鸡。

【使用方法】 4～14 日龄时，通过饮水或拌料免疫。

【保存、运输条件】 4.4℃～7.2℃下保存。

【注意事项】 ①免疫后垫料湿度必须保持在 25%～30%。②免疫后 2～4 周，在饲料中添加维生素。③免疫鸡若在 18 周前迁移鸡舍，应再进行 1 次免疫。

2. 鸡球虫弱毒活苗

【简　介】 本品系弱毒苗是用人工致弱的弱毒株研制而成。根据人工致弱的方法不同，可分为 3 种类型。

①理化致弱虫株疫苗　通过对卵囊进行冷却、加热、超声、离子辐射等物理性处理或化学试剂诱变，而使之减毒。但也有人怀疑这些处理可能杀灭了部分卵囊使实际接种的卵囊数量减少，并不是降低了球虫的致病力；我国生产的双重致弱鸡球虫病三价疫苗（含有柔嫩、毒害和巨型艾美耳球虫卵囊）属于这一类型，应用效果很好。

②鸡胚传代致弱球虫疫苗　球虫在鸡胚中连续传代能导致鸡胚适应株的产生，此种适应株对雏鸡的致病力减弱，并能使雏鸡抵抗强毒虫株的攻击。但是，随着鸡胚传代次数的增加，虫体的免疫原性会减弱或消失，而且鸡胚适应株致弱性能相对不稳定，其中只有柔嫩、和缓、布氏、毒害艾美耳球虫可进行鸡胚传代，其他几种不能在鸡胚内完成内生性发育；如 Livacox 产品即含有柔嫩艾美耳球虫鸡胚适应株和堆型、巨型早熟株。

③早熟株球虫疫苗　每种鸡球虫都有相对固定的发育周期，即潜隐期。经过多次选择最早成熟的卵囊反复传代后，潜隐期会逐渐缩短，成为所谓的早熟虫株。早熟虫株在发育周期逐渐缩短的同时，致病力相应下降，但能保持良好的免疫原性，而且早熟特性和弱毒特性相当稳定。Paracox 疫苗和藻酸盐减毒虫苗属于这种类型。Paracox 疫苗是由堆型、巨型、和缓、毒害、早熟、柔嫩及布氏等 7 种艾美耳球虫卵囊组成的稳定悬浮液。藻酸盐减毒虫苗是将致弱球虫卵囊用藻酸盐包裹起来，混在饲料中分多天投服。

【特　点】 弱毒苗克服了强毒苗的致病性，更安全；Livacox 疫苗和 Paracox 疫苗不用再免，不需再用抗球虫药配合控制循环的免疫卵囊；藻酸盐减毒虫苗的"涓滴免疫"方式，可使鸡在一段时间内连续接触极少量卵囊，从而产生坚实的免疫力。

【适用范围】 Paracox 疫苗适用于各种鸡，主要是种鸡；Livacox 疫苗适用于各种鸡，主要是肉鸡。双重致弱鸡球虫病三价疫苗可用于各种鸡。

【使用方法】 Paracox 疫苗是 5～9 日龄饮水免疫，Livacox

疫苗是7～10日龄饮水免疫，藻酸盐减毒虫苗是拌料免疫。双重致弱鸡球虫病三价疫苗可用拌料或饮水方式，免疫3疫。

【保存、运输条件】 2℃～8℃下保存。

【注意事项】 ①拌料必须均匀，严格掌握饲料的湿度和数量。②使用疫苗期间，停止服用一切抗球虫药。③疫苗切不可冻结，以免失效。

十七、鸭瘟疫苗

鸭瘟(Duck plague，DP)，又名鸭病毒性肠炎(Duck virus enteritis)，俗称大头瘟，是由疱疹病毒科的鸭瘟病毒引起的鸭、鹅和其他雁形目禽类的一种急性、热性、败血性的接触性传染病。任何品种、年龄和性别的鸭都有很高的易感性。主要侵害鸭的循环系统、消化道、淋巴样器官和实质脏器，引起头、颈部皮下胶样水肿，消化道粘膜出血，出血坏死形成伪膜，肝有特征性出血和坏死点。流行广泛，传播迅速，发病率和死亡率都很高。

(一)鸭瘟的危害

自从1923年首次在荷兰暴发鸭瘟以来，鸭瘟的流行已有近80年的历史。由于鸭瘟引起死亡、淘汰和产蛋下降，已给全世界养鸭业造成了巨大的经济损失。我国自黄引贤1957年首次发现本病以来，目前全国所有养鸭地区均有本病的发生与流行。家鸭总的死亡率从5%～100%不等。

(二)鸭瘟诊断要点

1. 流行特点 本病自然易感宿主仅限于雁形目的鸭科成员。主要侵害鸭和鹅，尤其是鸭，不同日龄、品种和性别的鸭均可感染本病，但以番鸭、麻鸭和绵鸭最易感，鸡有抵抗力。雏鸡、野鸭、野鹅和大雁在人工接种条件下对鸭瘟病毒易感。虽无明显季节性，但以春夏之交和秋季发病较多，一般与当地鸭的繁殖季节、饲养数量、放牧情况及购销转运等密切相关。家鸭潜伏期为3～7天，通常在3～5天死亡，从7日龄雏鸭到成年种鸭均可发生自然感染，成年鸭比青年鸭死亡率高，发病率与死亡率相近。近年来，在我国养鹅区（如广东、广西和四川等省、区），鹅感染鸭瘟病毒的报道愈来愈多，发病率、病死率也有所上升，甚至可高达90%以上，损失惨重。这是鸭瘟病毒新的流行动态。

2. 临床症状与病理变化 典型临床特点是病鸭体温升高到43℃以上，稽留热，头肿流泪，两腿麻痹和排出绿色稀粪。病鸭初期发热、厌食、离群、精神委顿、两翅下垂、双脚麻痹无力；中后期病鸭流泪、结膜充血或出血，眼睑水肿，部分鸭头颈部有不同程度的水肿，故俗称大头瘟，排青绿色或灰白色稀粪。病程长短不一，短者3～5天，长者10天多。

典型病理变化为组织出血，消化道粘膜糜烂，淋巴器官出现病变，实质器官有退行性的病变。病死鸭的病变因其日龄的不同有所区别，雏鸭以淋巴器官病变较为突出，组织出血不明显；而成年鸭由于其法氏囊和胸腺已退化，其组织出血和生殖道病变较为明显。还可见到一般败血症的病理变化，表现为全身皮肤、粘膜和浆膜出血，皮下组织弥漫性炎性水肿，实质器官严重变性，特别是消化道粘膜的出血、炎症和坏死很有特征，具有诊断意义。

头颈部肿胀的病鸭，切开肿胀部位皮肤流出黄色透明液体。口腔、咽部和上颚部粘膜覆盖有淡黄褐色或黄色的假膜，剥离后留下不规则的出血面；食道粘膜与纵皱壁平行的有条索样坏死假膜，有的呈小块状或大片状，覆盖整个粘膜，或粘膜上同时散在有大小不一的出血点或浅溃疡；腺胃粘膜斑点状出血，有时在与食道膨大部交界处、与肌胃交界处均出现一条灰黄色坏死带或出血带；肌胃角质膜下层充血或出血；肠粘膜充血、出血，尤以十二指肠和直肠最为严重；泄殖腔粘膜的病变与食道病变相似，具有特征性，表现为不同程度的充血、出血、水肿和坏死，坏死部位呈灰绿色或绿色，并夹有类似角质层的较硬的痂样物质。肝表面和切面有灰白色坏死点，或个别坏死灶；胆囊肿胀，充满浓稠墨绿色胆汁；脾脏呈黑紫色，变小，表面和切面有坏死点，呈斑驳样；心冠脂肪偶见出血，心内膜、心外膜常有点状或刷状出血；胰脏偶见少量出血点；法氏囊粘膜充血、出血，有针尖大黄色小点；胸腺也常有出血性病变；产蛋母鸭的卵泡变形、充血和出血，有时卵泡破裂引起腹膜炎，具体病变部位见图 2-1。

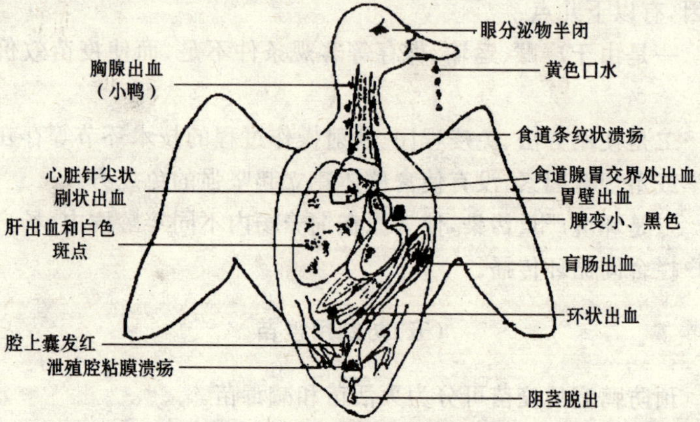

图 2-1　鸭瘟病变部位示意图

（三）鸭瘟防制措施

本病目前尚无有效的治疗药物。主要是加强包括消毒和管理在内的综合防制措施。由于鸭瘟在我国养鸭地区已广泛存在，因此，疫苗接种预防是最主要也是最有效的手段。应当注意对鸭群进行流行病学普查和免疫抗体监测，制定合理的鸭瘟免疫程序，科学地强化免疫，提高鸭群抗病能力。一般 7 日龄雏鸭首免鸭瘟弱毒疫苗，25 日龄二免，蛋鸭在产蛋前进行第三次免疫，这样可以确保所产雏鸭得到足够母源抗体的保护。

当疫病发生时，及时准确的诊断，可为迅速控制和扑灭疫情赢得时间。鸭群中一旦发现鸭瘟，立即将全群与外界隔离，并用疫苗对全群鸭子进行紧急注射。这样既可缩短疫病流行时间，又可大大地减少鸭群的发病率和病死率，是控制和消灭鸭瘟流行的一个强有力的措施。

（四）免疫失败的原因

疾病流行期间虽然免疫过鸭瘟疫苗，但并没有得到控制，究其原因，有以下几点：

一是由于冷藏、运输、保存等客观条件不足，而使疫苗效价下降。

二是使用方法、免疫程序、注射操作过程的技术环节等存在不科学或不规范因素，没有使禽群体建立起坚强的免疫力。

三是环境严重污染，使病原在饲养场内不同年龄群中、场户与场户栏舍间循环传播。

（五）防制用疫苗

预防鸭瘟的疫苗可分为灭活苗和减毒苗。

灭活苗是用鸭瘟病毒强毒接种健康易感鸭，取发病死亡鸭的肝、脾、脑等组织经研碎过滤加甲醛灭活而成。其安全性好，保护率高，但免疫期短（只有 5 个月），产量小，成本高。

减毒苗是国内外广泛使用的免疫制剂，主要有：①鸭瘟鸡胚化弱毒疫苗：是将鸭瘟病毒通过鸭胚传代，然后经鸡胚传代致弱，对鸭不致病。此苗安全性好，免疫力强，而且稳定。用此毒株生产的还有鸡胚化弱毒细胞苗。②Janson 株弱毒疫苗：是荷兰学者 Janson 于 1961 年培育成功，也是鸭胚传代后在鸡胚适应传代致弱，并有细胞苗和鸡胚苗两种。此外还有鸭瘟鸭胚化弱毒疫苗以及与其他病原共同制备的联苗。

1. 鸭瘟鸭胚化弱毒苗

【简　介】 本品系用鸭瘟病毒弱毒株接种非免疫鸭胚繁殖

后，收获鸭胚尿囊液，加稳定剂，经冷冻真空干燥制成。

【特　点】 本品为微黄色或微红色海绵状疏松团块，加稀释液后迅速溶解。免疫效力可达100%，无返强现象，免疫持续期达1年。

【适用范围】 用于鸭瘟的预防。适用于2月龄以上的鸭。

【使用方法】 按瓶签注明羽份，用灭菌生理盐水稀释，皮下或肌内注射，雏鸭每只注射0.25毫升；成年鸭每只注射1毫升。

【保存、运输条件】 −20℃保存有效期为18个月；4℃～10℃保存不超过8个月。

【注意事项】 ①本品在运输和使用时必须放在装有冰块的冷藏容器内，气温在10℃以下可用普通包装运送。②本品在使用前应仔细检查，如发现玻璃瓶破裂，没有瓶签或瓶签不清楚，苗中混有杂质等情况及已过有效期或未在规定条件下保存者，都不能使用。③本品在接种前应了解当地有无疫病流行，被注射的鸭一定要健康，体质瘦弱或患有其他疫病者都不应使用。④注射器、针头及用具用前需经消毒，注射部位应涂5%碘酊消毒，雏鸭应浅层肌内注射。

2. 鸭瘟鸡胚化弱毒苗

【简　介】 本品系用鸭瘟鸡胚化弱毒株接种鸡胚，收获感染的鸡胚尿囊液、胎儿及绒毛尿囊膜混合研磨（或经易感鸡胚成纤维细胞培养，收集感染病毒的细胞培养液），加适当保护剂，经冷冻真空干燥制成。

【特　点】 组织苗呈淡红色，细胞苗呈淡黄色，为海绵状疏松团块，易与瓶壁脱离，加稀释液后迅速分解。

【适用范围】 用于预防鸭瘟。主要用于2月龄以上的种鸭，免疫后3～4天产生免疫力，免疫期9个月。初生雏鸭也可以应用，但免疫期仅1个月。

【使用方法】 临用前，用生理盐水稀释。2月龄以上鸭，胸肌内注射200倍稀释苗1毫升，2月龄以内小鸭腿肌内注射50倍稀释苗 0.25 毫升。

【保存、运输条件】 －15℃以下保存，有效期为 18 个月；4℃～10℃保存，有效期为 8 个月；11℃～25℃保存，有效期为 14 天。

【注意事项】 同鸭瘟鸭胚化弱毒苗。

3. 鸭瘟-鸭病毒性肝炎二联油乳剂灭活苗

【简　介】 本品系用鸭瘟病毒、鸭病毒性肝炎病毒分别接种非免疫鸭胚或 SPF 鸡胚繁殖后，收取胚液，经灭活后，按一定比例混合，加入油佐剂乳化制成。

【特　点】 用于种鸭的鸭瘟、鸭病毒性肝炎预防。

【使用方法】 皮下或肌内注射，每只注射 1 毫升。一般28～30 日龄首免，产蛋前 23～24 周龄二免，可保证种鸭在 60 周龄内不发生鸭瘟。

【保存、运输条件】 2℃～8℃避光保存，有效期 1 年。

【注意事项】 同鸭瘟鸭胚化弱毒苗。

4. 鸭瘟-鸭副粘病毒病二联油乳剂苗

【简　介】 本品系用鸭瘟病毒、鸭副粘病毒分别接种非免疫鸭胚和 SPF 鸡胚繁殖后，收取胚液，经灭活后，按一定比例混合，加入油佐剂乳化制成。

【特　点】 本品为白色或近白色。每羽份(0.5 毫升)内含鸭瘟病毒不低于 $10^{8.0}$$EID_{50}$，含鸭副粘病毒不低于 $10^{9.0}$$EID_{50}$。

【使用方法】 鸭群 1～2 周龄第一次免疫，每只 0.3～0.5 毫升，产蛋前 2～4 周第二次免疫，每只 0.5～1 毫升，皮下或肌内注射。

【保存、运输条件】 2℃～8℃避光保存，有效期 1 年。

【注意事项】 必须充分摇匀，瓶口启封后限当天用完。仅用于健康鸭群的免疫预防，对已感染发病的鸭没有治疗作用。接种完毕，剩余疫苗应以燃烧或煮沸的方式做灭活处理。

十八、鸭病毒性肝炎疫苗

鸭病毒性肝炎(Duck virus hepatitis)是由Ⅰ型鸭肝炎病毒(DHV-Ⅰ)引起的雏鸭急性、高度致死性传染病。其特征是传播迅速、死亡率高,临床表现为角弓反张和神经症状。病理变化以肝炎和出血为主要特征。

(一)鸭病毒性肝炎的危害

鸭病毒性肝炎是小鸭的一种急性传染病,发病急,传播快,死亡率高,是发展养鸭业的大敌。我国从1958年以来,在一些省、市、区曾有发生,危害严重,有的鸭场在小鸭群中发病后,死亡90%以上,造成很大的经济损失。

(二)鸭病毒性肝炎诊断要点

1. 流行特点 本病于1949年首次发现于美国长岛,1953年开始蔓延到世界各地。鸭病毒性肝炎病毒分为Ⅰ、Ⅱ、Ⅲ三型,都可以引起鸭肝炎,目前多数国家流行的病例均由Ⅰ型鸭肝炎病毒引起。本病主要发生于4～20日龄雏鸭,成年鸭有抵抗力,呈隐性感染,而无临床症状。鸡和鹅不能自然发病。病鸭和带毒鸭是主要传染源,主要通过消化道和呼吸道感染。饲养管理不良,缺乏维生素和矿物质;鸭舍潮湿、拥挤,均可促使本病发生。本病一年四季都有发生,以冬春季节发病较多,严重时,发病率可达100%,但死亡率因年龄不同而有差异,1周龄以内的雏鸭可高达95%;1～3周龄的雏鸭不到50%;4～5周龄的幼鸭基本上不死亡。随着鸭日龄增长,发病与死亡率逐渐减少。

2. 临床症状与病理变化 本病潜伏期1～4天,突然发病,病程短促。病初精神委顿、厌食、行动呆滞,缩颈、翅下垂、眼半闭呈昏迷状态,有的出现腹泻。发病后,病鸭出现神经症状,表现为运动失调，身体倒向一侧，两脚发生痉挛。死前头向后弯，呈角弓反张姿势。

病理变化主要是肝肿大，呈黄红色或花斑状，表面有出血点和出血斑，胆囊肿大，充满胆汁。脾脏有时肿大，外观有类似肝脏的花斑。多数肾脏充血、肿胀。心肌如煮熟状。有些病例有心包炎，气囊中有微黄色渗出液和纤维素性絮片。胰脏有不同程度的点状、片状出血，呈红白色或淡红色。

（三）鸭病毒性肝炎防制措施

本病目前尚无有效的治疗药物。防制本病的重点是要采取严格的综合防制措施，以防止病原进入场内。接种疫苗是最为有效的预防方法。根据鸭病毒性肝炎主要是感染雏鸭，尤以2周龄的雏鸭最易感等发病特点，预防本病主要有：①注射免疫血清或高免卵黄抗体使雏鸭获得人工被动免疫；②免疫种鸭以保证其后代雏鸭得到高水平的天然被动免疫；③直接用Ⅰ型鸭病毒性肝炎病毒活的无毒株免疫雏鸭使其获得人工主动免疫。

（四）防制用疫苗

预防鸭病毒性肝炎的疫苗包括灭活疫苗和强毒活疫苗。

灭活疫苗系用鸭肝炎病毒感染鸭胚或鸡胚，收集胚液，灭活浓缩再加佐剂制成，鸭胚苗优于鸡胚苗，这种疫苗在8周龄、16周龄和22周龄3次免疫种鸭可使子代在3周内抵抗鸭肝炎病毒强毒的攻击。如上海市农科院畜牧所研制的鸭病毒性肝炎油乳剂疫苗免疫雏鸭后7天，攻毒保护率为100%，免疫期1个月以上。以蜂胶为佐剂制备的雏鸭病毒性肝炎蜂胶灭活苗，对雏鸭也具有良好的安全性和免疫原性。每只接种0.5毫升，7天后攻毒的总保护率为85.7%，保护指数为82.1%。

强毒活疫苗主要适用于疫区且无法得到其他疫苗的情况。用强苗注射种鸭两次，可使子代在孵出后2～3周内具有充分的抵抗力。但免疫鸭粪便中带毒可达10周，不利于疫病的消灭。

弱毒活疫苗是使用最广泛的免疫制剂，是由鸭肝炎病毒在鸡胚中连续传代而成。也适用于种鸭的免疫。但存在毒力返强的可能。

1. 鸭病毒性肝炎强毒活疫苗

【简　介】 本品系将鸭病毒性肝炎病毒鸡胚化弱毒株接种于鸡胚或鸡胚成纤维细胞，培养增殖，收获含毒胚体和胚液或细胞培养液，按一定比例混合，再加保护剂冻干制成。

【特　点】 淡黄色或粉红色疏松体，加稀释液后迅速溶解，用于预防鸭病毒性肝炎。注射疫苗后3～4天即可产生免疫力，两月龄以上的鸭，免疫期可持续9个月，出生雏鸭免疫期为1个月。

【适用范围】 适用于两月龄以上的各品种鸭，对出生雏鸭也可应用，一般无全身性反应，但有时可引起食欲精神稍差，2～3天即可恢复。

【使用方法】 按瓶签注明羽份，用灭菌生理盐水稀释混合均匀后，颈部皮下注射或肌内注射，每只注射0.5毫升。若实行饮水免疫须剂量加倍。

【保存、运输条件】 －15℃保存期为24个月；4℃～10℃保存不超过8个月。

【注意事项】 ①疫苗稀释后应置冷暗处，须在2小时内用完。②防疫剩余疫苗应以燃烧或煮沸的方式做灭活处理。

2. 鸭瘟-鸭病毒性肝炎二联油乳剂灭活苗 参见鸭瘟防制用疫苗项。

十九、番鸭细小病毒病活疫苗

番鸭细小病毒病(Muscovy duck parvovirus)，又称 三周病。是由一种近年来新发现的番鸭细小病毒引起的雏番鸭病毒性传染病。死亡率可高达80%以上。该病毒在国际病毒学分类上，目前尚无它的地位。只有雏番鸭对雏番鸭细小病毒易感，鹅和其他品种鸭不发生本病。

(一)番鸭细小病毒病的危害

1985 年在福建省福州、莆田等地区的雏番鸭中就有该病发生。直到 1989 年才首次报道在法国分离到病原，目前世界各地雏番鸭饲养区均有发生。雏番鸭患病后死亡率较高。1987 年在我国饲养番鸭地福建、广东等省流行番鸭细小病毒病，3 周龄以内雏番鸭发病率和死亡率可达 90%以上，耐过的鸭也成为僵鸭，给养殖业造成极大的经济损失。

(二)番鸭细小病毒病诊断要点

1. 流行特点 雏番鸭细小病毒是近十多年来在华南、华东地区广泛流行的一种急性、高度传染性、高度致死性疾病。本病在自然条件下除番鸭外，其他幼禽与成禽未见发病。本病一般可全年发生，温度高、湿度大、舍内通风不良均易发，公雏比母雏易发。发病日龄多在 4～45 天之间，尤以 8～21 日龄多见，故俗称三周病。一般发病率和死亡率与日龄密切相关，日龄越小，发病率和死亡率越高。发病、死亡高峰均在 10～18 日龄。发病率 27%～62%，死亡率 22%～85%。病鸭可通过排泄物导致病毒的水平传播和垂直传播。由于其发病特点很像小鹅瘟，故常与其混淆。

2. 临床症状与病理变化 本病的潜伏期一般为 4～16 天，根据病程长短可分为最急性、急性和亚急性 3 型。

(1)最急性型 多发生于 1 周龄以内的雏番鸭，多数病例不表现先驱症状而死亡，其发病率仅占 4%～6%。

(2)急性型 7～21 日龄的病雏一般为此型，表现为精神委顿，羽毛蓬松、直立，翅下垂，尾向下弯曲，不愿走动，不合群，对食物啄而不食。拉灰白色或淡绿色稀粪，常混有脓状物，粪便常粘附于肛门周围，喙、蹼及脚趾发绀。后期蹲伏于地，张嘴呼吸。发病后

2～4 天死亡。90％以上的病雏为此型。

(3)亚急性型　多见于日龄较大的雏鸭，病程多为 5～7 天。主要表现精神委顿，拉稀，幸存者多成为僵鸭，即生长受到抑制，长期消瘦、衰弱、下痢，羽毛脱落而失去饲养价值。

主要病变以胰脏坏死和出血为主，肠道呈卡他性炎症，肠粘膜有不同程度的充血、出血，尤以十二指肠和直肠后段为甚。泄殖腔扩张、外翻。心脏变圆，左侧心肌松弛，部分病雏心肌呈瓷白色。肝脏肿大，呈紫褐色或土色，胆囊充满。

(三)番鸭细小病毒病防制措施

根据本病的流行与发病特点，应加强早期育雏的饲养管理，如育雏温度适宜，注意通风换气，防止密度过大。疫苗接种和注射高免血清可以有效地预防本病的发生。一般雏鸭出壳后 48 小时内，皮下接种番鸭细小病毒弱毒疫苗可以起到预防作用。免疫种鸭，以防止垂直传播。最好在种鸭产蛋前 25 天肌内注射细小病毒弱毒苗，间隔 15 天后再复免 1 次，10 天后所产的蛋可留做种蛋，该种蛋孵出的雏番鸭的母源抗体可提供对本病的抵抗力。另外，由于本病大多只发生于 30 日龄以内的雏番鸭，故可在早期注射高免血清来预防本病。

(四)防制用疫苗

目前已经培育出雏番鸭细小病毒弱毒疫苗，可以用来预防番鸭细小病毒病，一般采用皮下或肌内注射，由于用单苗预防番鸭细小病毒病的保护率仅达 60％～80％。所以，已有 M91 毒株和 SYG61 毒株二价活疫苗的研制，此疫苗保护率达 95％以上，现已在福建和广东进行区域推广。

雏番鸭细小病毒病活疫苗

【简　介】　本品系用雏番鸭细小病毒弱毒 P1 株接种番鸭胚成纤维细胞培养，收获细胞培养液制备的液体苗或加适当稳定剂，经冷冻真空干燥制成的冻干苗。

【特　点】 液体苗为淡红色透明液体；冻干苗为微黄色海绵状疏松团块，加汉克氏液或生理盐水后迅速溶解，呈均匀混悬液。

【适用范围】 用于预防番鸭细小病毒病。注射疫苗后7天产生免疫力，免疫期为6个月。

【使用方法】 腿部肌内注射。按瓶签注明羽份，冻干苗用生理盐水或汉克氏液稀释，液体苗待融化后，每只雏番鸭0.2毫升。

【保存、运输条件】 冻干苗－20℃保存，有效期为3年；2℃～8℃为2年；液体苗－20℃保存，有效期为18个月。

【注意事项】 ①冻干苗随用随稀释。②液体苗融化后，如发现沉淀或异物应废弃。③冻干苗稀释后、液体苗融化后，应放冷暗处，必须当天用完。④雏番鸭群发生本病流行时，不宜注射该疫苗。⑤雏番鸭群发生鸭巴氏杆菌病、小鸭病毒性肝炎等疫病时，不宜注射本疫苗。

二十、小鹅瘟疫苗

小鹅瘟(Gosling plaque)，又称鹅细小病毒感染，俗称烂肠瘟。是由鹅细小病毒引起雏鹅的一种急性或亚急性败血性传染病。

(一)小鹅瘟的危害

主要侵害4～20日龄的雏鹅，传播快、死亡率高，10日龄以内的雏鹅发病率和死亡率可达100%，是目前危害养鹅业发展的重要传染病之一。

(二)小鹅瘟诊断要点

1. 流行特点 本病主要发生于4～20日龄的雏鹅。但是近年1～2月龄鹅也时有发生，不到7日龄的鹅很少发病，但如果发病，发病率和死亡率就很高，15日龄以上的雏鹅发病后，有半数可能自愈。其流行往往呈一定的周期性。主要通过消化道传染，传染源是带毒鹅和病鹅的粪便、分泌物。成年鹅感染后虽症状不明显，但成为带毒者和传染源，成年鹅之间相互传染。

2. 临床症状及病理变化

(1)最急性型　多发生在10日龄以内的雏鹅，病程短，很快死亡，在临床上无明显症状。剖检主要表现小肠前段粘膜肿胀充血，表面覆有大量粘液。

(2)急性型　多发于10～15日龄以内的雏鹅，病程1～2天，病鹅拒食、下痢、张口呼吸，有的可出现抽搐、两腿麻痹。病变主要是小肠的中段和下段，特别是在近卵黄柄和回盲肠的肠段极度膨大，膨大部的肠腔内充塞着淡灰白色或淡黄色的栓状物，俗称腊肠样特征性病变，肠粘膜充血发红，表现急性卡他性肠炎变化。肝脏肿大，呈紫红色或暗红色；胆囊显著扩张；脾脏和胰腺充血；少数病例心肌苍白。

(3)亚急性型　多发于15日龄以上的雏鹅，病程2～5天，主要是食欲不振和下痢。剖检可见小肠膨大处的变化为典型的纤维素性坏死性肠炎。

(三)小鹅瘟防制措施

本病应采取综合性防制措施，主要应注意以下几个方面。

1. 加强饲养管理　不从疫区引进种蛋和种鹅，新购进来的种蛋必须用福尔马林熏蒸消毒，孵化育雏的用具每次使用后必须消毒，新引进的雏鹅必须隔离一段时间，证明无感染后，方可与其他雏鹅混群。

2. 免疫监测　对种鹅进行抗体监测，可以很好的掌握种鹅的抗体水平；对雏鹅的母源抗体进行监测，发现抗体不齐或无抗体，可以及时采用抗血清或卵黄抗体进行治疗。

3. 疫苗免疫接种　应根据本地区本病流行情况制定免疫程序，对种鹅进行1次免疫或两次加强免疫；无母源抗体的雏鹅可用小鹅瘟弱毒疫苗进行免疫。

4. 合理应用抗血清或卵黄抗体 这是防制本病的一项关键措施。1～2日龄的雏鹅注射抗血清或卵黄抗体0.5毫升，保护率为95%左右，已发病的雏鹅每只注射0.5～1毫升，治愈率可达85%。日龄大者可增加剂量，必要时可多次注射。但是，一定注意疫苗和抗血清不能同时使用。

（四）免疫失败的原因

本病免疫失败的一个重要原因是免疫程序不合理。免疫程序与当地本病流行情况不符，种鹅未进行加强免疫或两次免疫时间太近；或者将疫苗和抗血清同时使用；抗血清有效保护期一般在10～15天，注射抗血清后，未及时使用疫苗补免等。

其他原因如饲养环境管理不善，鹅群健康状况较差以及疫苗质量不良等同样会造成本病免疫失败。

（五）防制用疫苗

目前防制小鹅瘟用疫苗普遍应用的只有弱毒活疫苗这一种类型。这种类型疫苗主要有两种：小鹅瘟鸭胚化疫苗（分别供成年鹅用和雏鹅用）和小鹅瘟鹅胚弱毒疫苗。雏鹅小鹅瘟鸭胚化疫苗系用现地分离的强毒经鸭胚致弱培育成的弱毒株或国外引进的鸭胚化弱毒株制成，对雏鹅无致病性，毒力稳定，免疫原性良好，免疫力产生早，免疫后7天，强毒攻击保护率为100%，用于雏鹅免疫，区域试验效果很好。

1. 小鹅瘟鸭胚化疫苗

【简　介】 本品系用小鹅瘟鸭胚化弱毒GD株（自然强毒连续通过鸭胚致弱育成）接种易感鸭胚，收获感染胚液，加适当稳定剂后，冷冻干燥制成。

【特　点】 母鹅产蛋前20～30天免疫后，后代可获得高度保护，一般在免疫后21～270天内所产的种蛋孵出的小鹅具有抵抗小鹅瘟的免疫力。该疫苗株对母鹅的安全性非常可靠，以GD苗的1 000个免疫剂量接种母鹅，无任何不良反应；正常免疫剂量免疫后，用大剂量的小鹅瘟强毒攻击，也不会引起母鹅发病。

【适用范围】 用于母鹅产蛋前20～30天。

【使用方法】 肌内注射。在母鹅产蛋前20～30天，按瓶签注明羽份，用生理盐水稀释疫苗，每只注射1毫升。

【保存、运输条件】 －15℃以下保存，有效期1年。

【注意事项】 ①本疫苗雏鹅禁用。②疫苗稀释后应放冷暗处保存，4小时内用完。

2. 小鹅瘟鹅胚弱毒疫苗

【简　介】 本品系用小鹅瘟弱毒株SYG26-35（种鹅）或SYG41-50（雏鹅）接种易感鹅胚培养，收获感染胚液，分别制成种鹅或雏鹅用小鹅瘟湿苗，或加适当稳定剂后，冷冻干燥，制成冻干疫苗。

【特　点】 种鹅用活疫苗，适用于种鹅的主动免疫，使雏鹅获得被动免疫力，免疫期为90天。母鹅免疫后15～90天内所产种蛋孵出的雏鹅，在30日龄内能抵抗小鹅瘟强毒的自然感染和人工感染；雏鹅免疫雏鹅用活疫苗9天后，能抵抗小鹅瘟强毒的自然感染和人工感染，免疫期为30天。相比之下，免疫期比小鹅瘟鸭胚化弱毒苗要短一些。

【适用范围】 种鹅用活疫苗用于种鹅产蛋前15天左右；雏鹅用活疫苗适用于未经免疫的种鹅所产雏鹅，或免疫后期（100天后）的种鹅所产雏鹅。

【使用方法】 肌内或皮下注射。种鹅用活疫苗，适用于种鹅的主动免疫，使雏鹅获得被动免疫力。用无菌生理盐水按瓶签注明羽份进行稀释，每羽份1毫升，于产蛋前15天左右，每只鹅肌内注射1毫升，母鹅于免疫后15～90天内所产种蛋孵出的雏鹅在30日龄之内能抵抗小鹅瘟强毒的自然感染和人工感染。

雏鹅用活疫苗，适用于未经免疫的种鹅所产雏鹅，或免疫后期

(100天后)的种鹅所产雏鹅。雏鹅出壳后48小时内进行免疫，每只雏鹅皮下注射，用无菌生理盐水稀释的疫苗0.1毫升(1羽份)，免疫9天后能抵抗小鹅瘟强毒的自然感染和人工感染。

【保存、运输条件】 冻干苗，－15℃以下保存，有效期3年；湿苗，－15℃以下保存，有效期2年。

【注意事项】 ①疫苗稀释后应放冷暗处保存，当天用完。②一定注意分清疫苗是种鹅用还是雏鹅用的。

第三章 猪用疫苗

一、猪瘟疫苗

猪瘟(Hog cholera ,HC)是由猪瘟病毒引起猪的一种急性、热性、接触性传染病。流行速度快、死亡率高,而又不分性别、年龄、季节均可发生。国际兽疫局把猪瘟列为A类传染病之一。其特征为高热稽留,小血管壁变性引起广泛出血、梗死和坏死等病变。猪瘟在未免疫猪群表现为发热、厌食、腹泻与便秘相间,衰竭、死亡等典型临床症状;在免疫不全猪群表现为从无症状、亚临床感染到典型发病死亡,相差悬殊;在妊娠母猪可呈现死胎、流产、弱仔、仔猪成活率低等复杂的繁殖障碍综合症状。特征性病理变化是淋巴结周边出血(大理石样变)、脾脏边缘出血性梗死、回盲部淋巴滤泡增生、肿大与中央坏死相间(钮扣状肿)和肾脏被膜下密集的小出血点(麻雀卵样变)。

(一)猪瘟的危害

猪瘟具有高度的传染性,因其传染性强,病死率高,造成的损失极为严重。本病自1833年在美国俄亥俄州首先发现,以后遍及全世界各大洲。20世纪60年代以前,猪瘟在我国流行极为普遍,给我国养猪业造成巨大经济损失。20世纪60年代后期由于采取了以疫苗接种为主的综合防制措施,有效地控制了猪瘟的流行。但近些年来又有抬头趋势。其流行和发病情况出现了一些新的变化。而且,猪瘟与猪链球菌病、仔猪副伤寒、仔猪水肿病、猪繁殖与呼吸障碍综合征等疾病混合感染也相当严重。我国每年因猪瘟死亡的猪占全部病死猪总数的30%左右。可见猪瘟仍然是严重影响养猪业发展的第一大病。

(二)猪瘟诊断要点

1. 流行特点 家畜中仅猪感染本病毒。本病的发生不受年龄、性别的影响，一年四季均可发病，发病急，传播迅速，尤其在新疫区，常呈流行性发生。可通过各种途径传播，所有被污染的场地、饲料、饮水、运输、工具等都能传播本病。潜伏期一般为1周，短的2天，长的可达21天，其病程长短因病毒的毒力与猪抵抗力之间的变化而异。在常发地区或注射过猪瘟疫苗的猪场或地区，可零星散发。近年来，猪瘟的流行和发病出现了一些新的特点：

一是波浪式、周期性散在发生，病程缓慢经过的增多，不像从前那样呈大流行。

二是非典型、隐性、温和型、慢性猪瘟及无名高热增多，症状显著减轻，病程长，无特征病变，死亡率较低，必须通过实验室才能确诊。

三是母猪胎盘感染，流产、死胎、木乃伊胎等繁殖障碍现象增多，新生仔猪发病、死亡和免疫耐受增多。现已知猪瘟病毒可通过胎盘感染胎儿（妊娠前期注射疫苗等也可能会引起这个问题），早期感染者多发生流产、死胎、木乃伊胎；妊娠70日龄感染可产出弱仔，表现为先天性震颤，皮肤发绀等，多在1周内死亡，俗称为抖抖病。90日胚龄感染者，出生后死亡时间延长或长期存活，多数可活6个月（有的达11个月），但为持续性感染，可终生带毒、散毒。且因胚胎期免疫系统遭到严重破坏，往往表现为免疫无能。

2. 临床症状及病理变化 最常见的为急性、亚急性和慢性型。但近几年，温和型猪瘟、繁殖障碍型猪瘟也发病较多，应引起足够的重视。

(1)*最急性型* 新发病地区多见，病势急剧，常在不出现任何症状的情况下突然倒地死亡。有的病猪突然发病，体温升至41℃以上，呼吸急促，皮肤出现红斑，后期衰弱，1～2天死亡。

(2)急性型　病猪停食，喜饮冷水，嗜睡，眼结膜潮红，眼角有多量粘液性或脓性分泌物。体温持续升高至41℃左右，直至死亡。耳、四肢、腹下、会阴等处的皮肤有许多小出血点。前期粪便干硬，呈小球状，常附着粘膜或血液，后期拉稀，粪便稀薄如水，有时带血、恶臭。后期皮肤呈暗紫色，耳、尾、四肢皮肤常有坏死或溃疡，并常伴发肺炎或坏死性肠炎。公猪包皮内积有尿液，用手挤压时，流出混浊、恶臭、白色液体。幼猪可出现磨牙、运动障碍、痉挛等神经症状。剖检可见淋巴结、肾和膀胱有程度不同的出血点或出血斑。淋巴结外观肿大，呈暗红色，切面呈大理石样，多见于腹腔内淋巴结和颌下淋巴结。肾脏色泽变淡，表面有数量不等的小出血点(雀卵肾)。约有50%～70%病例，脾脏的边缘可见到紫黑色突起(出血性梗死)，这是猪瘟的特征性病变。在回肠末端及盲肠，特别是回盲口，可见到一个一个的褐色或黑色，中央低陷的轮层状溃疡(扣状肿)，有的在肠粘膜上可见黄豆大小的隆起(淋巴滤泡肿大)。急性病猪大多死亡，不死的则转为慢性型。

(3)亚急性型　发病较急，可表现猪瘟的全部临床症状，病程可达1个月。剖检见胸腔变化明显，可见纤维素性肺炎或坏死性化脓性肺炎，肺胸膜粗糙，胸腔内有纤维素性渗出液。

(4)慢性型　主要表现为消瘦、贫血、食欲不振、全身衰弱，体温忽高忽低。便秘和腹泻交替出现，皮肤有紫斑或坏死，病程2个月以上，有的可康复，但易变为僵猪。该型出血性病变轻微，纤维素性坏死性肠炎明显。断奶仔猪的肋骨末端与软骨交界处发生钙化，可见黄色骨化线。

(5)温和型　由低毒力株引起，是非典型猪瘟，也有的称为慢性型，皮肤无出血，体温一般在40℃～41℃，少数41℃以上，鼻干、口渴、减食，尿黄。病猪发育停滞，后肢瘫痪，站立不稳，部分猪跗关节肿大。剖检见不到典型病变或病变轻微，仅见扁桃体充血、水肿、化脓、坏死、溃疡等病变。

(6)繁殖障碍型　母猪妊娠时感染低毒力株，可致流产、死胎、木乃伊胎、畸形胎或弱仔，弱仔有些可存活半年。先天感染的外观正常仔猪，可为终生性病毒血症，长期带毒。胎儿皮下水肿、体腔积液，出生后很快死亡的胎儿通常在皮肤和内脏器官上有出血点。

(三)猪瘟防制措施

1. 加强饲养管理，增强抗病力 对哺乳母猪要给予足够的营养，保证哺乳仔猪吃到足够的初乳。保持圈舍干燥、卫生，注意夏季降温、冬季保暖。

2. 加强防疫、检疫，防止从外地引入病猪 发生猪瘟后，要封锁疫点，禁止猪只流动，病猪应急宰。急宰的肉经煮熟(切成小块，煮沸 2 小时以上)可供食用，其他部分应就地深埋。对未发病的猪，应立即以猪瘟弱毒疫苗(剂量可加大 2～4 倍)进行紧急预防接种。对猪圈、垫草、粪水和用具应彻底消毒，饲养用具每隔 2～3 天消毒 1 次。消毒时，可清除圈舍表层粪土，填以新土。

3. 消除亚临床感染猪 亚临床感染猪长期带毒并不断排毒，它们是潜在的传染源，极容易造成其他易感猪的感染。因此，杜绝亚临床感染是控制猪瘟的重中之重。加大免疫剂量，可切断持续感染(亚临床感染)-胎盘感染-母猪繁殖障碍-仔猪持续感染-猪瘟传染源这一恶性循环。同时采取综合措施，逐渐淘汰阳性感染猪，才能使场区真正得到净化。

4. 制定合理的免疫程序和适当加大免疫剂量 仔猪为了获得确实的免疫效果，必须掌握恰当的注苗时机。若注苗过早，仔猪的母源抗体水平仍很高，高滴度的母源抗体可以控制猪瘟的发生，但也会影响疫苗的免疫效果；注苗过晚，则仔猪体内母源抗体逐渐耗竭，同时被动免疫又未能及时形成，出现免疫空白期。因此，适时监测猪群猪瘟病毒的抗体水平至关重要，根据监测结果，才能制定出合理的免疫程序。同时，适当提高免疫剂量有利于提高抗体水平，可供参考的免疫剂量为种猪 4～5 头份；仔猪 2～3 头份；仔猪母源抗体水平在 1∶32 以上时(25 日龄左右)，以 4 头份疫苗剂量免疫，效果最佳。

5. 超前免疫 发病猪场或疫情不稳定群可施行 0 时免疫，即超前免疫，可以大大降低仔猪死亡率。这种方法也是发病猪场控制疫情必须采取的有效措施。仔猪吃初乳前 2 小时免疫猪瘟疫苗 1 头份/头，60～65 日龄二免，3 头份/头；待疫情静止后实施 20～25 日龄和 60～65 日龄二次免疫，3 头份/头。母猪每胎于配种前 1 个月左右免疫 1 次，4 头份/头。公猪每半年免疫 1 次。

6. 控制继发感染，降低死亡率 猪瘟发生场均有不同程度的大肠杆菌、沙门氏菌等细菌混合感染，加重了猪只的死亡。因此，控制继发感染是减少死亡的一项重要措施。

目前，治疗本病还没有有效的化学药物，用抗血清虽然有效，但成本较高。也有报道，用大剂量猪瘟疫苗肌内注射，对猪瘟的早期疗效较好。

（四）免疫失败的原因

1. 疫苗问题 疫苗的保存温度、运输条件，未按有关规定执行；疫苗稀释后多次周转，不按规定时间使用等，都可能造成疫苗失效。注射不确实，致使注入猪体内疫苗量不足。或者某些生产厂家或某批号疫苗不符合标准要求，都会造成免疫不全。

2. 胎盘感染 妊娠母猪胎盘感染可导致母猪繁殖障碍（流产、死胎、木乃伊胎），部分存活猪持续性感染，长期带毒、排毒，具有免疫耐受性。接种疫苗后不仅不能产生免疫力，反而激发猪瘟。

3. 母源抗体的干扰及免疫程序问题 免疫母猪可以通过初乳将母源抗体传递给仔猪，而赋予仔猪的被动免疫力。在母源抗体水平较高期间，接种疫苗会部分或全部被母源抗体中和，而对主动免疫产生很大影响。有研究表明，中和抗体效价≥16 倍，就可以抵抗强毒攻击，此时若接种疫苗，显然会抑制免疫力的产生。不同的猪场由于其饲养方式、经营形式存在较大差异，都会造成猪群抗体水平和仔猪母源抗体水平的差异。如果不根据自己猪场的实际情况制订免疫程序，很可能会给猪瘟病毒带来可乘之机。养猪场或饲养户不按程序进行免疫或不及时补注猪瘟疫苗，是免疫失败的一个重要原因。

4. 猪繁殖与呼吸障碍综合征等其他疾病的影响 猪群患有其他传染病，特别是猪繁殖与呼吸障碍综合征，可引起猪的免疫调节紊乱，势必造成猪瘟疫苗达不到应有的免疫效果。据何英俊(2002)报道，PRRS 阳性场可影响猪瘟疫苗免疫效果。同时证实对 PRRS 阳性场中猪瘟抗体阴性猪加强免疫后，可明显提高猪瘟抗体水平。

(五)防制用疫苗

我国在 20 世纪 50 年代已研制成功效果良好的猪瘟兔化弱毒苗，在国际上得到广泛应用，对有效控制猪瘟流行起到了重要作用。根据猪病防制的需要先后研制了多种预防猪瘟的疫苗，主要有：单苗(猪瘟兔化弱毒疫苗)和联苗(猪瘟、猪丹毒、猪肺疫二联或三联弱毒活疫苗)两类。按疫苗生产方法的不同，单苗又有接种乳兔或兔，取家兔脾脏和淋巴结或乳兔的肌肉及实质脏器制备的组织苗；接种健康牛体，收获牛的含毒脏器制备的组织苗；以及接种易感细胞(犊牛睾丸或羔羊肾细胞)培养后制备的细胞苗。疫苗效价的高低是猪瘟免疫成败的关键，低效价的疫苗免疫后，机体产生的抗体不足以抵抗强毒侵袭，接种后虽不发病，但可终生带毒。国际兽疫局的调查也表明：在以疫苗为主进行猪瘟预防的国家，出现的非典型和隐性病例往往是通过胎盘屏障引起胎儿先天性感染的缘故。所以，许多猪场在猪瘟防疫的实际工作中，采用加大免疫接种剂量来解决这一问题。笔者认为，单苗的剂量较联苗容易得到保证，发病猪场选用单苗，并把免疫剂量加大为 2 头份，母猪及成年猪 4 头份，免疫效果较为可靠。

1. 猪瘟兔化弱毒细胞活疫苗

【简　介】 本品系用猪瘟兔化弱毒株接种易感细胞培养，收获细胞培养物，加入适当稳定剂，经冷冻真空干燥制成。

【特　点】 为乳白色或淡黄色海绵状疏松团块，加稀释液后迅速溶解成均匀的悬浮液。本品注射后4天即可产生免疫力，免疫期可达12个月。未断奶仔猪产生免疫力不够坚强，必须在断奶后再重复注射1次。

【适用范围】 用于预防猪瘟，大、小猪均可使用。

【使用方法】 按瓶签注明头份，每头份加入灭菌生理盐水1毫升稀释后，大、小猪均皮下或肌内注射1毫升。

【保存、运输条件】 －15℃保存18个月；0℃～8℃保存6个月。－15℃已保存一段时间后，如移入0℃～8℃保存，其继续保存时间应按－15℃所余保存时间减半计算（如－15℃已保存6个月，0℃～8℃则仅能保存6个月）。本品在运输和使用时，必须放在装有冰块的冷藏容器内，严禁阳光照射和接触高温。使用单位收到疫苗后，应保存在8℃以下的环境中。如保存环境在25℃以下，从接到疫苗时算起，应在10天内用完。如保存环境在25℃以上时，应采用冰瓶领取疫苗，随领随用。

【注意事项】 ①被注射猪必须健康，如体质瘦弱、有病、体温升高，食欲不振或初生仔猪等均不应免疫。②防疫使用的各种工具，须用前消毒。注射部位应先剪毛，然后用碘酊消毒，再进行注射。如在有猪瘟发生的地区使用，必须由兽医严格指导，防疫人员应在注射苗后1周内逐日观察。每注射1头猪必须更换1次煮沸消毒的针头。严禁打"飞针"。③疫苗稀释后应尽可能放在冷藏容器内，严禁冻结，并在6小时内用完。稀释时发现失空禁用。④疫苗最好是在进食后2小时或进食前注射。禁止与菌苗同时注射。断奶后无母源抗体的仔猪注射1次即可。有疫情威胁时，可于仔猪生后21～30日龄和65日龄左右各注射1次。⑤断奶前仔猪可接种4头份疫苗，以防母源抗体干扰。⑥注射本苗后可能有少数猪在1～2天内发生反应，经3天即可恢复正常；但也有少数品系的猪出现变态反应。⑦用过的疫苗瓶和用具应进行消毒处理。

2. 猪瘟乳兔组织活疫苗

【简　介】 本品系用猪瘟兔化弱毒株通过接种家兔或乳兔体组织培养后，收获感染家兔的脾脏及淋巴结或乳兔的肌肉及实质脏器，磨碎后加入适当稳定剂经冷冻真空干燥制成。

【特　点】 本品为淡红色或淡黄色疏松团块，易与瓶壁脱离，加入稀释液后即迅速溶解。注射疫苗后可能有少数猪发生体温升高、减食或停食等反应，经1～2天即恢复；可能有少数猪种出现变态反应，可根据医嘱注射肾上腺素等抗过敏药。断奶后无母源抗体的仔猪注射本品后4天，即可产生对猪瘟的免疫力，脾淋苗免疫期一般可持续18个月，乳兔苗可持续12个月。未断奶仔猪产生免疫力不够坚强，必须在断奶后再重复注射1次。

【适用范围】 用于预防猪瘟，大、小猪均可使用。

【使用方法】 按瓶签注明头份，每头份加入1毫升灭菌生理盐水，振摇溶解后，大、小猪均皮下或肌内注射1毫升。如疫苗有多余时，亦可注射2毫升。在猪瘟流行的地区，断奶后无母源抗体的仔猪，注射1次即可；有疫情威胁时，仔猪可在20日龄和60日龄各注射1次。

【保存、运输条件】 同猪瘟兔化弱毒细胞活疫苗。

【注意事项】 ①本品在使用前应仔细检查，如发现玻璃瓶破裂，没有瓶签或瓶签不清晰，疫苗中混有杂质等情况及已过有效期或未在规定条件下保存者，均不能使用。②本品随用随稀释，尽可能将稀释后的疫苗放在冷藏容器内。如气温在15℃以下，6小时用完，如气温在15℃～27℃则应3小时内用完。③其他注意事项参见猪瘟兔化弱毒细胞活疫苗。

3. 猪瘟兔化弱毒牛体反应活疫苗

【简　介】 本品是将猪瘟兔化弱毒通过无口蹄疫和牛粘膜病的健康牛体繁殖，收获感染牛体的含毒脏器乳化后，加适当稳定剂，经冷冻真空干燥制成。

【特　点】 本品呈海绵状疏松的微红色组织团块，稀释后易于溶解，呈均匀乳剂。注射4～7天后即可产生坚强的免疫力，对2月龄以上猪的免疫力可持续1年。注苗后，个别猪可能发生变态反应（特别是纯种猪）。发生变态反应，可用地塞米松或强力解毒散和肾上腺素进行治疗。

【适用范围】 仅用于健康猪接种，预防猪瘟，无治疗作用。大、小猪均可使用。

【使用方法】 按瓶签注明头份，每头份加入1毫升灭菌生理盐水，振摇溶解后，大、小猪均皮下或肌内注射1毫升。注射部位为股内、臀部或耳根部均可。

【保存、运输条件】 －20℃条件下避光保存，有效期为18个月；0℃～4℃条件下避光保存，有效期为6个月；8℃～15℃条件下避光保存，有效期为50天；15℃～20℃条件下避光保存，有效期为30天。

【注意事项】 ①注射疫苗前必须了解猪群情况，被注射猪群应营养良好，体格健壮。②发生猪瘟的疫区或疫群紧急接种时，已经感染的病猪注苗可能仍有发病或死亡，应不予以注射。③应注意有免疫抑制病猪场，如有蓝耳病等，将影响疫苗免疫效果。④疫苗在运输途中防止过热，并避免阳光照射和接近热源。⑤注射疫苗时一定按说明书要求或在当地兽医正确指导下使用。

4. 猪瘟-猪肺疫二联活疫苗

【简　介】 本品系用猪瘟兔化弱毒株，接种易感细胞培养，收获细胞培养物，与猪多杀性巴氏杆菌弱毒菌液，按规定比例配制，加适当稳定剂，经冷冻真空干燥而成。

【特　点】 本品为灰白色或淡褐色海绵状疏松团块，加稀释液即溶解成均匀的混悬液。猪瘟免疫持续期为12个月，猪肺疫免疫持续期为6个月。

【适用范围】 用于预防猪瘟、猪肺疫。大、小猪均可使用。体弱或疑似病猪不应注射。

【使用方法】 按瓶签规定头份，每头份加入1毫升20%铝胶生理盐水稀释液进行稀释，不论猪只大小，一律肌内注射 1 毫升。

【保存、运输条件】 －15℃保存，有效期为 12 个月；0℃～8℃保存，有效期为 6 个月；20℃保存，有效期为 10 天。

【注意事项】 ①本品在使用前应仔细检查，如发现疫苗瓶破裂，没有瓶签或瓶签不清晰，疫苗中混有杂质等情况及已过有效期或未在规定条件下保存者，均不能使用。稀释用的铝胶盐水，静置后如有上清液混浊或下部氢氧化铝变色、含杂质、长霉菌等也不能使用。②未断奶或刚断奶的仔猪可以注射。但必须在断奶两个月左右，再注苗 1 次，以增强其免疫力。怀孕母猪可以注射本苗，但临产猪最好不用，以免引起机械性流产。③本疫苗免疫前 1 周和注射后 10 天内均不应喂含有抗菌成分的饲料和添加剂，或注射任何抗菌药物（如抗生素及磺胺等），注苗后有反应并用抗生素治疗的猪，应在康复后 2 周再用二联苗免疫注射 1 次。④其他注意事项参见猪瘟兔化弱毒细胞活疫苗。

5. 猪瘟-猪丹毒二联活疫苗

【简　介】 本品系用细胞培养的猪瘟兔化弱毒液和在特定培养基中培养的猪丹毒弱毒（如 G_4T_{10}株）菌液混合后，加入适当稳定剂，经冷冻真空干燥制成。

【特　点】 为淡黄色或淡红色疏松团块，加稀释液后即溶解成均匀的混悬液。断奶后无母源抗体的仔猪注射本品后，对猪瘟、猪丹毒能产生较强的免疫力，猪瘟免疫力可持续 12 个月，猪丹毒约 6 个月；对未断奶或刚断奶仔猪可以注射 1 次，以增强免疫力。本品注射后，可能少数猪出现减食、停食、精神差或有体温升高等反应，在正常情况下 1～2 天即可恢复；可能少数猪种出现变态反应，可根据医嘱注射肾上腺素等抗过敏药。

【适用范围】 用于预防猪瘟和猪丹毒。适于 2 月龄以上的猪。

【使用方法】 按瓶签注明头份，每头份加入 1 毫升生理盐水或铝胶盐水稀释液（铝胶盐水使用时必须充分摇匀），振摇溶解后，2 月龄以上的猪一律肌内注射 1 毫升。

【保存、运输条件】 －15℃保存，有效期 12 个月；0℃～8℃，有效期 6 个月；－15℃已保存一段时间后，如移入 0℃～8℃，保存期按－15℃所余保存时间减半计算，如保存环境为 25℃以下，应从接到疫苗时算起在 10 天内用完，气温在 25℃以上时，应采取用冰瓶领取疫苗，随领随用。

【注意事项】 同猪瘟-猪肺疫二联活疫苗。

6. 猪瘟-猪丹毒-猪肺疫三联活疫苗

【简　介】 本品系用细胞培养的猪瘟兔化弱毒液、在特定培养基中培养的猪丹毒弱毒（G_4T_{10}株）菌液和猪肺疫弱毒（EO_{630}株）菌液混合后，加入适当稳定剂，经冷冻真空干燥制成。

【特　点】 为淡黄色或淡红色疏松团块，加稀释液后即溶解成均匀的混悬液。断奶后无母源抗体的仔猪注射本品后，对猪瘟、猪丹毒和猪肺疫能产生较强的免疫力，猪瘟可持续 12 个月，猪丹毒和猪肺疫约 6 个月；对未断奶或刚断奶仔猪可以注射 1 次，必须在有经验的兽医指导下进行，断奶后 2 个月必须再注射 1 次，以增强免疫力。应注意不同的厂家所用的菌株也有所不同。本品注射后，一般没有不良反应，但亦可能有少数猪出现减食、停食、精神差或有体温升高等反应，在正常情况下 1～2 天即可恢复；可能少数猪种出现变态反应，可根据医嘱注射肾上腺素等抗过敏药。

【适用范围】 用于预防猪瘟、猪丹毒和猪肺疫。适于 2 月龄以上的猪。

【使用方法】 按瓶签注明头份，每头份加入 1 毫升生理盐水或铝胶盐水稀释液（铝胶盐水使用时必须充分摇匀），振摇溶解后，2 月龄以上的猪肌内注射 1 毫升。

【保存、运输条件及注意事项】 同猪瘟-猪肺疫二联活疫苗。

二、猪丹毒疫苗

猪丹毒（Swine erysipelas，SE），俗称打火印，是由猪丹毒杆菌引起猪的一种急性、热性、败血性传染病。其临床特征：急性型呈败血症变化，亚急性型在皮肤上出现紫色疹块，慢性型则发生心内膜炎和关节炎。

(一)猪丹毒的危害

本病广泛流行于世界各地，是严重危害养猪业的重要传染病之一，曾把它与猪瘟、猪肺疫并列为猪的三大传染病，对养猪业危害颇大。主要引起猪只的急性败血症，若动物耐过则可能变成慢性病，引起皮肤疹块、心内膜炎和关节炎。我国最早发生于四川，1946年后，其他各省都有相应报道，20世纪50～60年代，其发病率为60%～70%，死亡率在20%左右。患有急性猪丹毒的猪，高热不退，食欲废绝，病死率可高达80%～90%，给我国养猪业造成巨大的经济损失。

(二)猪丹毒诊断要点

1. 流行特点 本病一般呈散发或地方流行，发生无明显的季节性，但夏、秋季多发，冬、春寒冷季节较少。猪丹毒杆菌主要感染对象是猪，鸡、火鸡、绵羊、牛、鸽、鹦鹉、鼠、鱼和人类等都可受此杆菌感染，但较少发生。猪最易感染，人感染本病称为类丹毒。带菌猪和病猪是主要的传染源，经消化道和破损的皮肤传播。本病可能由于母源抗体存在的原因，3月龄以下猪很少发生，以3～12月龄架子猪发病率最高。

2. 临床症状及病理变化 潜伏期为1～7天(平均3～5天)，由于猪体抵抗力与猪丹毒杆菌毒力的强弱不同，病程的长短不一，临床上一般可分为急性型、亚急性型和慢性型三种。我国流行的猪丹毒以急性型和亚急性型为主，慢性型较少。

(1)急性型(败血型) 此型最常见，见于流行初期，常有1～2头或数头猪无任何临床症状而突然死亡，其他猪相继发病，大多数病例有明显症状。病猪体温高达42℃～43℃，高热不退，食欲减少或废绝，或有呕吐、喜卧，行走时步态僵硬或跛行，粪便干硬呈栗状，附有粘液，小猪后期可能下痢。部分病猪可在皮肤上出现大小和形状不一的紫红斑，指压红色消失。可视粘膜发绀，呼吸困难，站立不稳。如不治疗，经过2～3天，体温迅速下降而死亡，致死率可达80%～90%。哺乳仔猪和刚断奶小猪发生猪丹毒时，往往有神经症状，抽搐。病程不超过1天。急性死亡的病猪呈败血症变化，可见耳根、颈下和胸前皮肤上有弥漫性充血，常称大红袍，呈弥漫性蓝紫色。全身淋巴结肿胀、充血，切面多汁，常见小点状出血。脾脏充血、肿大，呈樱桃红色，被膜紧张，边缘钝圆，质地柔软，切面隆起，脾髓易于刮下。肾脏淤血、肿大，肾皮质和实质密布针尖大的出血点。肺淤血、水肿；常见出血点。胃和十二指肠有卡他性出血性溃疡。心冠脂肪充血，并有出血点，个别的心房有出血点，心脏扩张，心肌浑浊易碎。消化道粘膜呈急性浆液性或出血性炎症变化，胃和十二指肠最严重。

(2)亚急性型(疹块型)　败血症症状轻微，以皮肤出现疹块为特征。病初食欲减退，精神不振，不愿走动，体温一般不超过42℃，病后2～3天，猪皮肤上出现深红色或黑紫色、大小不等、形状不一的疹块，界限明显，以后中央坏死，形成痂皮。常呈良性经过，1～2周康复。死亡猪内脏变化与急性型相同。

(3)慢性型　多由前两型转变而来。主要症状为浆液性纤维素性关节炎、疣状心内膜炎和皮肤坏死3种。皮肤坏死一般单独发生，而浆液性纤维素性关节炎和疣状心内膜炎往往在一头病猪身上同时存在。病猪食欲无明显变化，体温正常，但逐渐消瘦，全身衰弱，生长发育不良。浆液性纤维素性关节炎常发生于腕关节和跗关节，呈多发性。受害关节肿胀、疼痛、僵硬、步态强拘，甚至发生跛行。关节腔内有多量浆液性、纤维素性炎性渗出物，滑膜充血，水肿。病程长者，关节表面有绒毛样增生，关节囊肥厚。疣状心内膜炎表现呼吸困难，心跳加快，听诊有心内杂音。强迫快速行走时，可突然倒地死亡。皮肤坏死常发生于背、肩、耳及尾部。局部皮肤变黑，干硬如皮革样，逐渐与新生组织分离，最后脱落，遗留一片无毛而色淡的瘢痕。

（三）猪丹毒防制措施

一是加强饲养管理，搞好环境卫生，对猪圈定期用10％～20％生石灰喷洒消毒。不随便从外地买猪，防止病菌带入，要坚持自繁自养的方针。

二是发现病猪立即封锁疫点，及时隔离治疗，对病猪尸体要焚烧或深埋，对污染场地及用具彻底消毒。与病猪同群的未发病猪，用青霉素等进行药物预防，疫情扑灭和停药后，进行1次大消毒，并注射菌苗，巩固防疫效果。对慢性病猪及早淘汰，以减少经济损失，防止带菌传播。

三是每年要定期注射猪丹毒菌苗。

四是发病后要早确诊、早隔离、早治疗。在发病后24～36小时内治疗，有显著疗效。首选药物为青霉素。抗猪丹毒血清可用于治疗。血清与青霉素同时应用疗效更好。

（四）免疫失败的原因

免疫失败是本病防制中不可忽视的问题，出现这种现象的主要原因有以下几方面：

一是疫苗的管理不当。疫苗在贮运和保存过程中未严格按照生物制品的贮运和保存的要求执行或疫苗失空，致使疫苗效价降低或失效，达不到应有的免疫效力。

二是接种剂量不足。由于疫苗在接种过程中打“飞针”或接种手法不熟练，导致疫苗的接种剂量不足，使猪体不能产生足够的保护抗体，造成免疫失败。

三是猪体自身免疫应答能力低。由于经营者饲养管理不善，猪舍环境卫生较差，舍内通风不良等因素造成猪群健康水平低下，导致猪体自身对疫苗的免疫应答能力低下。

四是疫苗接种的近期内使用抗生素等抗感染药物影响了疫苗的免疫效果。

（五）防制用疫苗

防制猪丹毒的疫苗有弱毒单苗、弱毒联苗、灭活单苗和灭活联苗等4种。目前生产的猪丹毒弱毒苗主要有GC_{42}弱毒苗和G_4T_{10}弱毒苗，以GC_{42}弱毒苗最常用。猪丹毒灭活疫苗免疫效力的高低，除与制苗用菌株的免疫原性有关外，也与培养基的质量及佐剂的性质有关。

1. 猪丹毒活疫苗（GC_{42}）

【简　介】 本品是以猪丹毒GC_{42}弱毒菌种在肉肝胃膜消化汤中培养后，加明胶蔗糖保护剂，冷冻真空干燥制成。GC_{42}弱毒菌株是中国农科院哈尔滨兽医研究所在原培育的G370菌株的基础上，继续通过雏鸡传代而成的。

【特　点】 本品为淡褐色海绵状疏松团块，加入稀释液后迅速溶解成均匀的混悬液。注射或口服均可，但有些厂家生产的略有不同，标签注明限于口服的不得注射。

【适用范围】 用于预防仔猪丹毒，供断奶后的仔猪使用，免疫期为6个月。

【使用方法】 ①注射法：按瓶签注明的头份，每头份加入1毫升20%铝胶盐水稀释液（铝胶盐水使用时必须充分摇匀），振摇溶解后，每头猪皮下注射1毫升。②口服法：按瓶签注明的头份，临用前用冷开水稀释成每头5～10毫升，均匀地拌入少量新鲜凉饲料中，让猪自行采食。或将每头份疫苗稀释于5～10毫升冷开水中给猪灌服。

【保存、运输条件】 −15℃保存，不超过12个月；2℃～8℃不超过9个月，25℃～30℃阴暗处不超过10天。本品在运输和使用时，必须放在装有冰块的冷藏容器内，气温在10℃以下可用普通包装运送。切忌阳光照射和高温。

【注意事项】 ①本品在使用前应仔细检查，如发现疫苗瓶破裂，没有瓶签或瓶签不清楚，苗中混有杂质等情况及已过有效期或未在规定条件下保存者，都不能使用。②注射前应了解当地确无疫病流行，被注射的猪一定要健康，对体质瘦弱、患有其他疾病猪及出生仔猪不应注射。③弱猪及怀孕2个月以上妊娠猪不宜注射，1个月以上哺乳猪在注射3个月后应补针。④注射前、后1周内，均不应喂饲或注射任何抗菌类药物，以免影响免疫效果，否则要重新免疫。应避免与其他疫苗同时免疫。⑤本品随用随稀释，稀释后的疫苗应放冷暗处，每次吸取疫苗前应振摇均匀，并限4小时内用完。⑥注射器、针头等用具，用前须经消毒，注射部位应消毒，每注射1头猪须换1个针头。⑦本品系活疫苗，在操作时应注意防止活菌的散布，用过的器具、空瓶和胶塞等应及时消毒。

2. 猪丹毒活疫苗(G_4T_{10})

【简　介】 本品是以猪丹毒 G_4T_{10} 弱毒菌种的培养物，加入适当稳定剂，冷冻真空干燥制成。G_4T_{10} 弱毒菌株是江苏省农科院和南京兽医生物药品厂协作研究，以G370菌株为基础菌，通过含0.01%锥黄素的血琼脂传代培养40代，再提高锥黄素浓度为0.04%，传10代培育而成。

【特　点】 本品为灰白色或淡褐色海绵状疏松团块，加入稀释液后迅速溶解成均匀的混悬液。健康猪注射本品后7天左右即可产生较强的免疫力，免疫期为6个月。

【适用范围】 用于预防仔猪丹毒，供断奶后的仔猪使用。

【使用方法】 按瓶签注明的头份，每头份加入1毫升20%铝胶盐水稀释液(铝胶盐水使用时必须充分摇匀)，振摇溶解后，每头猪皮下或肌内注射1毫升。

【保存、运输条件】 同猪丹毒活疫苗(GC_{42})。

【注意事项】 ①在猪丹毒流行的猪场和地区，首免后间隔2个月左右应加强免疫1次。②其他注意事项同猪丹毒活疫苗

(GC_{42})。

3. 猪瘟-猪丹毒二联活疫苗 参见猪瘟防制用疫苗项。

4. 猪丹毒-猪肺疫二联灭活疫苗

【简　介】 本品系用免疫原性良好的B型猪丹毒杆菌和猪源B型多杀性巴氏杆菌，分别接种于适宜的培养基中培养，培养物经甲醛溶液灭活，加氢氧化铝胶浓缩，按适当比例混合制成。

【特　点】 为灰褐色均匀混悬液，久置后发生灰褐色沉淀，上层为橙黄色透明液体，振摇后能均匀分散。免疫期为6个月。

【适用范围】 用于预防猪丹毒和猪肺疫。大、小健康猪均可使用。

【使用方法】 皮下注射或肌内注射。体重10千克以上断奶猪5毫升，未断奶仔猪3毫升(间隔45天再注3毫升)。

【保存、运输条件】 2℃～15℃保存，有效期为18个月；在28℃以下保存，有效期为9个月。

【注意事项】 ①疫苗用前应摇匀，并限4小时内用完，剩余疫苗不宜保留。注射局部有时产生可触摸到的硬肿，短期内可消退。②本品在使用前应仔细检查，如发现冻结、破乳、没有瓶签或瓶签不清楚，苗中混有杂质等情况及已过有效期或未在规定条件下保存者，都不能使用。③为了减少局部反应，菌苗使用前由冰箱取出后，温度应平衡至室温，并充分摇匀。④注意注射器、针头等用具以及注射部位的消毒，每注射1头猪须换1个针头。用过的器具、空瓶和胶塞等应及时煮沸消毒处理。

5. 猪瘟-猪丹毒-猪肺疫三联活疫苗 参见猪瘟防制用疫苗项。

三、猪O型口蹄疫高效灭活疫苗

口蹄疫(Foot and mouth disease，FMD)是一种急性、热性、接触性传染病，以牛、羊、猪等偶蹄兽最为易感，人也可感染(感染性较低)，是一种人畜共患病。猪口蹄疫的特征是蹄冠、趾间、蹄踵皮肤发生水疱和烂斑，部分病猪口腔粘膜和鼻盘处有同样变化。口蹄疫病毒可分 O、A、C、Asia Ⅰ型(亚洲Ⅰ型)、SAT_1(南非Ⅰ型)、SAT_2(南非Ⅱ型)、SAT_3(南非Ⅲ型)等 7 个不同的血清型和 60 多个亚型。各型间没有交叉保护。国际兽疫局将口蹄疫列为 A 类疫病之首。本病传染性极强，发病率几乎达 100%。

(一)猪口蹄疫的危害

口蹄疫流行历史很久，在世界分布也很广，是世界上最重要的动物疫病之一。本病传播速度快、发病率高、传播途径复杂，病原多型易变等特点，因而不易根除。随着商品经济的发展，家畜及畜产品流通领域的扩大，人类活动频繁，致使口蹄疫的发生次数和疫点增加。一般来说，成年偶蹄动物感染口蹄疫病毒后的死亡率不超过 5%，但新生幼畜发生口蹄疫，死亡率高达 80%。虽然患病成年畜死亡率不高，但其传染性极强，传播迅速，感染牛、猪、羊后可使其生产性能下降，严重危害畜牧业的发展和肉产品的生产和供应。因此，各国均将口蹄疫列为主要检疫对象。可见，口蹄疫对畜牧业生产、国际贸易以及人民生活危害性、破坏性极大。

(二)猪口蹄疫诊断要点

1. 流行特点 本病为偶蹄动物的传染病，通常是牛、羊先发病，而后感染猪。传染源为病畜和带毒动物。本病的流行无明显的季节性，但以秋末冬春为常发季节。病猪肉及其制品的调运、饲喂未煮沸的泔水、被污染的饲养管理用具和运输工具等均可成为本病的传染源。健康猪主要通过消化道、皮肤或粘膜接触病毒污染物而感染发病。猪口蹄疫流行迅猛，在较短的时间内可使全群猪发病。并很快地传播到周围猪场或地区，发病率很高，但病死率一般在 5%以下。该病的流行呈现周期性和跳跃式传播。

2. 临床症状及病理变化 以蹄部发生水疱和糜烂为主要特

征。病初体温升高至40℃～41℃，精神沉郁，减食或不食。蹄冠、趾间、蹄踵等部位出现发红、微热，触摸时表现敏感，不久患部形成米粒大、蚕豆大的水疱，水疱破裂后形成出血性烂斑，10天左右恢复，如有细菌感染，常使炎症向深部发展。病猪表现卧地不起，强迫行走时，严重跛行，蹄部流血。鼻盘、口腔粘膜、哺乳母猪的乳房等处也可见到水疱和烂斑。吃奶仔猪很少见到水疱和烂斑，常因急性胃肠炎和心肌炎而突然死亡，病死率可达60%～80%。除口腔及蹄部外，剖检也可见咽喉、气管、食管和前胃粘膜有烂斑和溃疡，前胃和大、小肠粘膜可见出血性炎症。未成年动物急性死亡时，心包膜有弥散性出血点，心肌松软，似煮熟状，切面呈灰白色或淡黄色斑点或条纹，称做虎斑心。

（三）猪口蹄疫防制措施

1. 平时的预防措施

（1）*加强检疫和普查工作*　经常检疫和定期普查相结合，分工协作，做好猪产地检疫、屠宰检疫、农贸市场检疫和运输检疫，同时每年冬季重点普查1次，了解和发现疫情，以便及时采取相应措施。

（2）*及时接种疫苗*　容易传播口蹄疫的地区，如国境边界地区、城市郊区等，要注射口蹄疫疫苗。值得注意的是，所用疫苗的病毒血清型必须与该地区流行的口蹄疫病毒血清型相一致，否则不能预防和控制口蹄疫的发生和流行。

（3）*加强防疫措施*　严禁从疫区买猪及其肉制品，不得用未经煮沸的洗肉水、泔水喂猪。严格执行卫生防疫制度，保持圈舍的清洁、卫生；粪便及时清除；定期用2%火碱对全场及用具进行消毒。

2. 流行时的防制措施

一是一旦怀疑口蹄疫流行，应立即上报，迅速确诊，并对疫点采取封锁措施，防止疫情扩散蔓延。

二是在兽医人员的严格监督下，对疫区内的病畜扑杀和尸体无害化处理。

三是疫点周围及疫点内尚未感染的猪、牛、羊，应立即注射口蹄疫疫苗。顺序是先注射疫区外围的牲畜，后注射疫区内的牲畜。

四是对疫点（包括猪圈、运动场、用具、垫料等）用2%火碱溶液进行彻底消毒，在口蹄疫流行期间，每隔2～3天消毒1次。酸和碱对口蹄疫病毒的作用很强，所以1%～2%火碱、30%热草木灰水、1%～2%甲醛溶液等均是口蹄疫病毒的良好消毒剂。

五是疫点内最后1头病猪痊愈或死亡后14天，如再未发生口蹄疫，经过大消毒后，可申报解除封锁。但痊愈猪仍需隔离4个月，方可出售。

3. 免疫程序 中国农科院兰州兽医研究所李树春（2002）介绍。

（1）正常生产条件下的免疫程序

种公猪、后备公猪、后备母猪：每年接种高效苗3次，每次间隔4个月，耳后肌内注射疫苗2毫升/头。

种母猪（经产母猪）：配种时接种高效苗2毫升/头，分娩前1个月再次接种高效苗3毫升/头，以确保产后乳汁内的母源抗体水平达到1∶1 024以上，使吮乳仔猪免遭口蹄疫强毒感染。

断奶仔猪：断奶后10～15天首免，耳后肌内注射高效苗2毫升/头。

架子猪：80～90日龄二免，耳后肌内注射高效苗3毫升/头。

肉猪：出栏前25～30天三免，耳后肌内注射高效苗4毫升/头，预防运输途中感染。

每种疫苗都有其特定的免疫程序，按照合理免疫程序使用疫苗，有助于充分发挥疫苗的预防效能，提高免疫动物的抗病力。

（2）紧急情况下的免疫程序

当猪场发生疫情或周围环境出现口蹄疫疫情，严重威胁猪场安全的紧急情况下，应采取的免疫程序如下：

全场各年龄段猪群紧急接种口蹄疫高效苗，25千克体重以上的猪群耳后肌内注射 5 毫升/头,25 千克以下的猪群注射 3 毫升/头。先接种健康猪舍内的猪群,后接种可疑猪舍内的猪群。间隔 15 天,各年龄段猪群加强免疫 1 次,接种剂量与第一次剂量相同或增加 1 毫升/头。

吮乳仔猪肌内或皮下接种康复猪全血(发病 21 天以上,60 天以内的康复猪全血)4～5 毫升/头或康复血清 2～2.5 毫升/头,以防吮乳仔猪感染死亡。

如果猪场不幸发生口蹄疫,来不及接种疫苗,因油佐剂苗产生免疫力最快也得需要 14 天,所以,最好还是将发生疫情的猪舍内尚未出现临床症状的猪群,全部接种康复猪全血10～15 毫升/头,或康复猪血清 5～8 毫升/头,接种后 12 小时即可起到被动免疫作用,并可维持 20 天。能否及时控制疫情,要看猪场隔离、消毒措施做得怎样,也要考虑猪舍被口蹄疫强毒污染的程度。如果发现疫情早又能立即扑杀病猪及同栏猪,彻底对疫点(发病栏舍)和疫区(猪场环境)消毒,疫情是可以迅速得到控制的。

接种口蹄疫疫苗的最终目的是预防易感染动物发生口蹄疫。按照合理免疫程序实施免疫接种,严格执行消毒、隔离综防措施、杜绝外界疫源的传入,是可以确保猪场安全的。

(四)免疫失败的原因

口蹄疫免疫的成败首先取决于疫苗的质量、制苗毒株与流行毒株的差异程度和正确的免疫程序。而且,免疫又涉及免疫动物群体特异性抗体水平以及猪场实际免疫效果的观察等方面。抗体水平的监测是了解动物群体免疫动态的主要途径,也是猪场制定口蹄疫免疫程序的重要依据。如果不能定期对本场猪群的抗体水平进行监测,就不能制定符合本场实际的免疫程序,就会引起免疫失败。另外,虽然口蹄疫 O 型高效苗所含有效抗原量要比普通苗高 3～5 倍,然而接种 1 次,免疫猪仍不可能产生强的抗病力,如果间隔 30～40 天第二次接种,抗体水平就会迅速上升,若多次接种,每次间隔 3～4 个月，抗体水平更高且维持时间长。如果猪场不按此程序免疫，受威胁猪场就很可能会发生疫情。

（五）防制用疫苗

我国自 20 世纪 60 年代起，研制出多种口蹄疫疫苗，在不同时期对防治本病均起到了不同程度的作用。就使用范围和适用性而论，猪口蹄疫已不再使用活疫苗，而选用猪 O 型口蹄疫细胞毒二乙烯亚胺灭活油佐剂疫苗。经验证明，该疫苗安全性好，免疫效力达 90%以上，注苗后第十天产生免疫力，免疫持续期可达 9 个月。该苗不足之处是抗强毒攻击的保护力稍低（只能保护约 20 个猪的最小感染量），适用于一般防疫，对疫区内密集饲养猪群抗感染效果相对差一些。为弥补这方面的不足，现已研制出浓缩型灭活苗，由于单位体积中抗原量加大了 5～10 倍，因而能抵抗 500 个猪最小感染量的攻击。

猪 O 型口蹄疫高效灭活疫苗

【简　介】 本品系 O 型口蹄疫猪源强毒用细胞培养，经特殊工艺和二乙烯亚胺灭活，加精制白油和乳化剂配制而成的双相油乳疫苗。也有使用法国 SEPPLC 公司的 MONTANIDELSA206 佐剂制备的所谓新型双相油乳剂疫苗。

【特　点】 本品为乳白色或淡红色液体，略带粘滞性的均匀乳状液。注射疫苗后 25 天产生免疫力，免疫期 6 个月。本品注射有一定的副反应：①注射局部出现肿胀，体温升高，减食或停食 1～2 天，多随时间的延长逐渐减轻直至消失；②少数牲畜因品种、个体状况出现急性变态反应，可用肾上腺素等药物治疗；③临出栏前免疫的牲畜，屠宰时可能发现吸收不良现象，应将其剔除。

【适用范围】 大、小健康猪均可使用，预防猪 O 型口蹄疫。患病、瘦弱、怀孕后期的母畜（临产前 1 个月）、吮乳猪禁用。

【使用方法】 耳根后深层肌内注射。重点防疫用量：体重 80 千克以上猪，每头肌内注射 3 毫升；体重 30～80 千克猪，每头肌内注射2毫升；体重10～30千克猪，每头肌内注射1毫升；一般防疫用量：大、小猪每头均注射1毫升。

【保存、运输条件】 2℃～8℃避光保存，不可冻结。

【注意事项】 ①免疫前应了解接种动物品种、健康状况、免疫史及病史。②检查疫苗外包装是否清洁完好，标签是否完整，包括疫苗名称、批准文号、生产批号、出厂日期、保存期、使用方法以及生产厂家；瓶盖是否松动，疫苗瓶是否有裂损。③疫苗为均匀乳状液，贮存后，在乳液面上层可析出少量油，底部可浸出少量抗原液，轻轻振摇恢复均匀乳状液后使用，但不可剧烈振摇，防止气泡产生。如遇破乳或超过规定量的分层（水相析出按规程规定不能超过1/10），则不能使用。④首次使用本疫苗的地区，应选择一定数量家畜（约30头）进行小范围试用观察，无不良反应后，方可扩大接种面，接种后应加强对动物的饲养管理并注意观察。⑤对临宰动物进行接种时最好规定剂量分点注射。⑥怀孕母畜免疫时注意保定，注射时动作应轻柔以免影响胎儿，防止因粗暴的抓逮而导致的流产。⑦疫苗必需注入深层肌肉内，切不可注入脂肪层或皮下。⑧每瓶疫苗启用后，如果瓶内剩余疫苗，可用蜡封闭瓶盖针孔，于2℃～8℃贮存，超过24小时不可再用。

四、猪传染性胸膜肺炎油乳剂灭活疫苗

猪传染性胸膜肺炎（Porcine contagious pleuropneumonia），又称猪嗜血杆菌胸膜肺炎或猪副溶血嗜血杆菌病。它是由胸膜肺炎放线杆菌引起的呼吸系统的一种严重的接触性传染病，临床上以急性出血性纤维素性胸膜肺炎和慢性纤维素性坏死性胸膜肺炎为特征。猪胸膜肺炎放线杆菌在世界范围内已有12个血清型，各国流行的血清型不同，我国主要有2型，3型，4型，5型，7型和8型6个血清型菌株。以7型为主，占总数的80%以上，4型次之。由于各血清型间无交叉保护性或保护性很弱，因此，给免疫防制带来

很大的困难。

（一）猪传染性胸膜肺炎的危害

猪传染性胸膜肺炎多呈最急性和急性病程而突然死亡，发病率和死亡率可达 80%～100%。慢性病例常呈良性经过，表现为消瘦，感染猪生长速度降低，饲料消耗增大。耐过猪成为带菌的传染源，也易与其他呼吸道病同时发生混合感染，发病率和死亡率在 20%以上。本病自 1957 年发现以来，已在世界广泛流行，并呈逐年增长趋势。本病近二十年来在欧美很多国家广泛流行，亚洲的日本、韩国、泰国等国家均有发生，给养猪业造成较大的经济损失，是影响现代养猪业的五大疫病之一。

（二）猪传染性胸膜肺炎诊断要点

1. 流行特点 胸膜肺炎放线杆菌是呼吸道寄生菌，对猪有高度宿主特异性。各种年龄猪均易感，但以 2～5 月龄、体重在 30～60 千克的断奶猪和架子猪发病率最高。本病的发生有明显的季节性，多在 4～5 月份和 9～11 月份。饲养环境突变、饲养密度过大、猪舍通风不良、气候骤变及长途运输等都可诱发本病。传染源为带菌猪，主要由空气经呼吸道感染和猪与猪接触而传播。在急性暴发期，疾病可从一个猪舍跳至另一个猪舍，可能由于气雾的长距离传送或人的衣物间接传播作用所致。初次发病猪群的发病率达到 60%～80%，病死率在 60%以上。经过一段时间以后，逐渐缓和，发病率和病死率明显减少。

2. 临床症状及病理变化 急性病猪精神沉郁、废食，体温升高至 41℃～42℃，不愿卧地，呼吸异常困难，常呆立或呈犬坐式，张口伸舌、咳喘，并有腹式呼吸，严重者从口鼻流出泡沫样分泌物。先是耳、鼻及四肢皮肤，继而全身皮肤发绀。如不及时治疗，常于 1～2 天内窒息死亡。若病初症状比较缓和，能耐过 4 天以上者，症状逐渐减轻，之后自行康复或转为亚急性和慢性型。慢性则表现生长缓慢，此时体温不高或略有升高、食欲不振，呈阵咳或间歇性咳嗽。若混合感染巴氏杆菌或支原体，或有应激时，则症状加重，猪全身肌肉苍白，心跳加快，病程恶化而突然死亡，病死率明显增加。剖检可见气管和支气管充满带血泡沫样分泌物，胸腔有血样渗出液，肺部充血、水肿，呈暗红色，与周围健康组织界限分明，硬度增加，切面似肝，间质充满血色胶冻样液体。肺炎灶常覆有纤维素。病程较长的病例，肺炎灶常有硬结或坏死，肺叶上可出现灰白色的坏死灶，并与胸壁、心脏等粘连，胸膜明显增厚。

（三）猪传染性胸膜肺炎防制措施

一是加强饲养管理，注意通风换气，保持舍内空气清新。减少各种应激因素的影响，保持猪群足够均衡的营养水平。采用全进全出饲养方式，栏舍严格消毒，搞好环境卫生。常用的消毒药有火碱、百毒杀、过氧乙酸、2010 等。空闲圈舍在清洗干净后，用火焰消毒或熏蒸消毒，空栏 1 周才重新使用。

二是加强检疫，防止由外地引入慢性、隐性猪和带菌猪。引种时，应隔离并进行血清学检查，确为阴性猪方可引入。

三是免疫接种。无论人工或自然感染均可诱导免疫应答。由于免疫母猪通过初乳传递的母源抗体可保护 5～9 周龄内仔猪免受感染，所以，仔猪首免不应早于 6～8 周龄，首免后间隔 2 周再免疫 1 次。种猪在引入时或 6 月龄免疫，隔 3 周再免，每次 2～4 毫升。抗体在免疫后 4～6 周达到高峰，可维持数月。

由于胸膜肺炎放线杆菌不同血清型不能有效的交叉保护，所以用分离的地方菌株制备成灭活菌苗免疫，有较好的预防效果。目前国内以血清 7 型菌制成的灭活苗，对断奶后仔猪进行免疫，有良好的免疫效果。

四是发现病猪及时隔离处理、及时治疗，新霉素、四环素、泰乐菌素、青霉素、增效新诺明等疗效较好。发病后早期治疗，用药剂量可适当增大。抗生素虽可降低死亡率，但经治疗的病猪常仍为带菌者。注意要保持足够的剂量和足够长的疗程。菌株易产生耐药性，因而不可长期使用同一种药物，这点尤其是在饲料中添加抗生素时要注意。

五是本病净化的办法。最好是将抗体阳性率高的猪群全部扑杀，再从血清学阴性猪场引入新猪。对于阳性率较低的种猪群，可在仔猪断奶后清除血清学阳性母猪，并在以后不断对猪群进行血清学检查，发现阳性猪及时淘汰。某些本病严重流行的地区，通过血清学检查清除带菌猪，结合饲料中经常性添加抗生素，能有效防制本病。据此在净化过程中，应给猪群饲喂添加药物的饲料以防发生新的感染。对新引进的抗体阴性猪隔离饲养 2 周后，再检查抗体，如仍为阴性时，才可转入健康猪群中。

(四)免疫失败的原因

由于胸膜肺炎放线杆菌的广泛存在且不同地区的血清型不同，不同血清型之间交叉免疫保护作用很弱。如果注射的疫苗与本地区流行型不一致，则会造成免疫失败。

由于本病在国内规模化猪场的感染率日益增高，而且此病的暴发与猪生活环境有很大关系，猪场在接种疫苗时可能猪群早已感染。如果在不了解情况时，仍按健康场免疫程序免疫，可能引起免疫失败。

另外，猪传染性胸膜肺炎与猪瘟等其他传染病的混合感染日趋严重，也是造成本病免疫失败的原因之一。

(五)防制用疫苗

在免疫预防时应选择血清型和流行菌相匹配的疫苗。目前最适合我国主要流行血清型的多价苗，有广泛的应用价值。

猪传染性胸膜肺炎油乳剂灭活疫苗

【简　介】 本品系用抗原性良好的几种血清型猪胸膜肺炎放线杆菌，经适宜培养基培养，收获菌液，经灭活、浓缩后，加矿物油佐剂配制而成。

【特 点】 呈乳白色悬液状，为油包水型。久置后可有少许抗原下沉，振荡后为均质。

【适用范围】 适用于各种健康猪的免疫。主要预防猪传染性胸膜肺炎。

【使用方法】 用前充分摇匀，新生仔猪在2月龄时免疫接种1次，2周后加强免疫1次，可预防胸膜肺炎的急性暴发，减少死亡，接种剂量为2毫升/头；怀孕母猪产前1个月注射2毫升；种公猪每年注射两次，每次2毫升。颈部皮下或肌内注射均可。

【保存、运输条件】 2℃～8℃保存，有效期为12个月。本品在运输和使用时，必须放在装有冰块的冷藏容器内。切忌阳光照射和高温。

【注意事项】 ①为了减少局部反应，菌苗使用前由冰箱取出，平衡至室温，充分摇匀，并限4小时内用完，剩余疫苗不宜保留。注射局部有时产生可触摸到的硬肿，短期内可消退。②本品在使用前应仔细检查，如发现冻结、破乳、没有瓶签或瓶签不清楚，苗中混有杂质等情况及已过有效期或未在规定条件下保存者，都不能使用。③本品注射前应了解当地确无疫病流行，被注射的猪一定要健康，对体质瘦弱、患有其他疾病者及初生仔猪不应注射。④注射器、针头等用具、注射部位应消毒，每注射1头猪须换1个针头。用过的器具、空瓶和胶塞等应及时煮沸消毒处理。⑤一般情况下，本疫苗对各种猪只均安全，不引起妊娠母猪流产、死胎和畸形胎等。个别猪注射后可能出现变态反应，可用抗过敏药物对症治疗。

五、猪传染性萎缩性鼻炎

二联油乳剂灭活菌苗

猪传染性萎缩性鼻炎(Porcine infectious atrophic rhinitis)是猪的一种细菌性、接触性慢性传染病。以鼻炎、鼻梁变形和鼻甲骨萎缩和生长迟缓为特征。病原主要是支气管败血波氏杆菌Ⅰ相菌及多杀性巴氏杆菌毒素源性菌株联合感染。

(一)猪传染性萎缩性鼻炎的危害

本病是一种慢性、接触性传染病。随着养猪生产的工业化和集约化程度的提高,发病率有增加趋势,病死率虽低,但此病普遍发生在集约化养猪场中。其主要危害是影响仔猪的生长发育,导致增重迟滞,出栏时间延长和饲料转化率降低,给生产者造成很大的经济损失。目前世界各国均有发生,我国过去没有本病的发病史,但近年来由于从国外引进种猪而带进了本病,给养殖业造成了一定的经济损失。

(二)猪传染性萎缩性鼻炎诊断要点

1. 流行特点 任何年龄猪都可感染,但感染后只引起数周龄以内仔猪的严重鼻甲骨萎缩;年龄较大猪感染后,发生卡他性鼻炎、咽炎和轻度的鼻甲骨萎缩。病猪和带菌猪是本病的传染源,可经飞沫传播,也可直接接触传播,且传染性极强。该病的流行往往是由于引进种猪时,由病猪或无症状的带菌猪引入到无病的猪群中,造成传播的。猪的品种对本病的易感性有一定的差异,长白猪较易感。饲养管理不良,猪舍潮湿,猪舍卫生条件差,饲养密度过高,饲料中缺乏蛋白质、无机盐和维生素时,可促进本病的发生。

2. 临床症状及病理变化 猪只因被感染时的日龄不同,临床表现各异。仔猪发病初期,可见有鼻炎症状,到6~8周龄时最为显著,这种鼻炎症状最早可见于1周龄仔猪。表现为打喷嚏、鼾声和少量浆液性或脓性分泌物。特别是在饲喂干粉料和运动时喷嚏比较明显。病猪由于经常打喷嚏而损伤鼻粘膜的血管,因此,有时猪喷出的鼻液中带有血丝或发生不同程度的流鼻血。病猪受到刺激时常摇头甩鼻、拱地、搔抓或磨擦鼻部;由于鼻泪管的阻塞,在鼻眶下方形成半月形灰色或黑色的泪斑;多为吸气性呼吸困难。继鼻炎后，可出现面部变形或歪斜。面部变形表现在病猪鼻短，上下门齿错开，不能正常咬合。面部歪斜表现为两侧鼻孔大小不一，鼻子歪向一侧（俗称歪鼻子病）。由于额窦受害，生长受阻，两眼间的宽度狭窄和头部轮廓变形。体温一般正常，生长停滞，饲料转化率较低。少数猪出现脑炎或肺炎症状。最有特征的病变是鼻腔软骨和骨组织的软化和萎缩，主要是鼻甲骨，尤其是鼻甲骨的下卷曲最常见。如沿第一、二臼齿间的连线锯成横断面，即可看到鼻甲骨的形状和变化。鼻甲骨萎缩时，卷曲变小而钝直甚至消失，使鼻腔变成一个鼻道，鼻中隔弯曲，两侧鼻孔大小不一。严重的鼻甲骨完全消失；有时鼻腔内有渗出物，周围的骨骼可能变薄。鼻粘膜常有粘脓性或干酪样分泌物。

（三）猪传染性萎缩性鼻炎防制措施

一是要加强饲养管理，降低饲养密度，保持通风透光，做好清洁卫生工作。管理上做到全进全出。同时，发现有症状的猪及时隔离，呈僵猪的做扑杀处理。对有症状的公猪应及时淘汰。对患病严重的仔猪彻底淘汰，根据仔猪档案查找它的父母是否带菌，如确认亦予以淘汰。

二是引进种猪时，要了解种猪场的疫情，并对引进的种猪隔离观察 1 个月以上。严格检疫，杜绝引入本病，淘汰病猪，建立清净猪群。

三是药物预防。用含 0.02%泰灭净的饲料饲喂分娩前 2 周的母猪直到产后 4 周断奶时为止，并用同样的饲料给 4 周龄断奶仔猪继续饲喂直到仔猪 12 周龄，对预防本病有良好效果。

四是做好免疫接种。由哈尔滨兽医研究所研制的猪传染性萎缩性鼻炎油佐剂二联灭活苗，对预防本病的发生有良好的效果。

五是一旦发生本病，可根据本场的情况采取相应措施。若发病猪很少，可及时淘汰，根除传染源；若发病猪相当多，已散播到全群，最好采取全进全出的措施，将患病猪群全部育肥后屠宰，经彻底消毒后，重新引进种猪；如不能做到，只有对全群猪实行药物治疗和预防，连续喂药5周以上，以促进康复。

六是治疗，支气管败血波氏杆菌对抗生素和磺胺类药物敏感，但不能彻底清除呼吸道内的细菌，停药后部分或相当多的猪复发。

（四）免疫失败的原因

猪传染性萎缩性鼻炎是近些年来在国内广泛流行的一种严重传染病，已越来越引起人们的注意。从多起发病的调查来看，主要是由于引进种猪而带入病菌，造成清净场的疫病发生。另外，在已经免疫的常规猪场，疫苗的失效，疫苗使用不合理，发生疫病不能及时确诊，猪群的饲养管理差造成猪体免疫应答能力低下等原因都会造成猪群的免疫失败。

（五）防制用疫苗

我国于1992年就已制成支气管败血波氏杆菌Ⅰ相菌油佐剂灭活菌苗。妊娠母猪在预产期前2个月及1个月各皮下注射1次，剂量分别为1毫升和2毫升，第二胎预产期前1个月加强免疫1次，剂量为2.5毫升。对非免疫母猪所生的仔猪，在1周龄及3～4周龄各皮下注射1次，有加速清除鼻腔细菌的效果，若能配合滴鼻免疫，可明显提高鼻腔的抗感染力。此外，还用支气管败血波氏杆菌Ⅰ相菌和D型多杀性巴氏杆菌制成了二联油佐剂灭活菌苗，在妊娠母猪产前1个月注射1次，可使下一代仔猪的鼻甲骨萎缩率减少92%～97%。免疫母猪所生仔猪在4周龄和8周龄各注射1次，未免疫母猪所生仔猪在1周龄、4周龄和8周龄各注射1次，可产生坚强的免疫力，此种二联苗较多用。

猪传染性萎缩性鼻炎二联油乳剂灭活菌苗

【简　介】 本品系用有良好免疫原性的支气管败血波氏杆菌Ⅰ相菌株和D型多杀性巴氏杆菌菌株，分别在适宜的培养基培养后，经灭活、浓缩后按比例配制，再加油佐剂乳化制成。

【特　点】 本品为乳白色乳剂，为油包水型。久置后可有少许抗原下沉，上部有清亮的油层析出，振荡后为均质。本菌苗皮下接种后对各类猪只均安全，不发生发热等不良反应，不引起妊娠母猪发生流产、死胎和畸胎等。

【适用范围】 用于各种健康猪群的免疫接种，预防猪传染性萎缩性鼻炎。体质瘦弱、患有其他疾病猪及初生仔猪不应注射。

【使用方法】 经过基础免疫（颈部皮下注射1毫升）的妊娠母猪，均于每次产仔前1个月颈部皮下注射油乳剂灭活菌苗2毫升。所产仔猪在1周龄用稀释的菌苗滴鼻免疫，每侧鼻孔0.25毫升；在1月龄加强免疫1次，每侧鼻孔滴0.5毫升，同时颈部皮下注射油乳剂灭活菌苗0.2毫升；或于3～4周龄注射0.5毫升，在转群或出售前2周再加强免疫1次。种公猪每年免疫2次。

【保存、运输条件】 2℃～8℃保存，有效期12个月；25℃～31℃保存，有效期1个月。本品在运输和使用时，必须放在装有冰块的冷藏容器内。

【注意事项】 ①防止菌苗冻结，菌苗使用前由冰箱取出，平衡至室温，充分摇匀后使用。②油乳剂灭活菌苗如出现破乳、变色、凝集块、不易摇散等情况，均不能用。③在注射部位有时可能触摸到的皮下硬肿，短期内可消退。④注射器、针头等用具，用前须经消毒，在注射部位应涂以5%碘酊消毒，每注射1头猪须换1个针头。用过的器具、空瓶和胶塞等应及时煮沸消毒处理。

六、猪日本乙型脑炎疫苗

日本乙型脑炎（Japanese B encephalitis，JBE），又叫流行性乙型脑炎，是由日本脑炎病毒引起的一种人畜共患传染病。猪是日本脑炎病毒在自然界最重要的增殖动物。由于病毒感染可导致死胎和其他繁殖障碍，所以对怀孕母猪有重要影响。公猪感染后有急性炎症反应。本病具有明显的季节性和一定地理分布特点。

(一)猪日本乙型脑炎的危害

流行性乙型脑炎(以下简称乙脑)的病原体 1934 年在日本首次发现,故名日本乙型脑炎。我国 1940 年从脑炎死亡病人的脑组织中分离出乙脑病毒,证实本病的存在。本病的地理分布局限于东亚。病猪主要表现妊娠母猪流产、产死胎,公猪睾丸肿大,少数猪有神经症状,给养猪业造成巨大的经济损失。人感染后,临床上急性发病,有高热、意识障碍、惊厥、强直性痉挛和脑膜刺激症等,重型患者病后往往留有后遗症。由于本病可感染人,所以除了具有经济影响外,还具有重要的公共卫生意义。猪的感染和人的感染之间的相关性是显然的,有迹象表明,猪在集结病毒方面扮演着重要角色。

(二)猪日本乙型脑炎诊断要点

1. 流行特点 本病是自然疫源性疫病,马、牛、羊、猪、鸡等多种动物和人均可感染本病毒,但多为隐性感染,特别是牛和羊。病畜和病人以及隐性感染的人、畜在病毒血症阶段都可成为传染源,其中猪是最主要的传染源。本病主要通过蚊虫的叮咬经皮肤传播,蚊不仅是传染媒介,也是病毒的贮存宿主。所以,本病有明显的季节性,80%的病例发生在天气炎热的7～9 月份。但由于地理环境与气候不同,华南地区的流行高峰在 6～7 月份,华北地区在 7～8 月份,而东北地区则在 8～9 月份,均与蚊虫密度曲线相一致。流行环节是猪-蚊-猪。病毒也可以通过妊娠母猪的胎盘侵害胎儿。本病的发生有一定的年龄关系,与性成熟的时期基本符合,多在出生后 6 个月或 6 个月前发生。本病有一定的地区性,常在低洼地区呈散在性发生,或呈地方性流行。本病的流行特点是感染率高,发病率较低,病死率也低,死亡常由并发症引起。

2. 临床症状及病理变化 人工感染潜伏期一般为 3～4 天。猪常突然发病,体温高达 40℃～41℃,持续几天至十几天以上,呈稽留热。病猪精神委顿，嗜眠喜卧，食欲减少，眼结膜充血潮红，粪便干燥呈球形，表面常附有灰黄色或灰白色的粘液。个别猪后肢轻度麻痹，行走不稳，有的因后肢关节肿大、疼痛而出现跛行。有的病猪视力障碍或表现兴奋，横冲乱撞。

妊娠母猪患病时，主要表现是流产、早产或延时分娩，胎儿多是死胎，大小不等或为木乃伊胎儿，死亡不久的胎儿，全身水肿。同一窝仔猪的大小和病变有显著差别，并常混合存在。有的仔猪生后几天内发生痉挛而死亡，有的仔猪却发育良好。流产后母猪症状很快减轻，体温和食欲逐渐恢复正常，到达预产期不见腹部和乳房膨大，也不见泌乳。母猪流产后不影响下一次配种。

患病公猪除一般症状外，病初高热后常发生睾丸肿胀，多呈一侧，肿胀程度不等。初期肿胀有热痛感，数天后炎症消退，睾丸萎缩变硬，性欲减退，精液带毒，易失去配种能力。

病变主要发生在脑、脊髓、睾丸和子宫。脑和脊髓膜充血，脑脊髓液增多。睾丸不同程度肿大，睾丸实质充血、出血和坏死。公猪睾丸萎缩后，实质大部分结缔组织化。子宫内膜充血、水肿、粘膜表面覆盖粘液性分泌物，刮去分泌物可见粘膜糜烂和点状出血，粘膜下层和肌层水肿，胎盘呈炎性反应。流产胎儿可见脑水肿、脑膜充血。胸腔和腹腔积液及皮下血样浸润。胎儿木乃伊化。肝、脾等实质器官有多发性坏死灶。生后存活的仔猪常伴有抽搐等神经症状。

（三）猪日本乙型脑炎防制措施

本病主导性防制措施是防蚊灭蚊和免疫接种。

一是对病猪要早发现、早隔离。猪圈及用具要加强消毒。死胎、胎盘和阴道分泌物都必须进行无害化处理。

二是彻底消灭蚊蝇及吸血昆虫。

三是在 3～4 月份，最迟不宜超过 5 月中旬，蚊虫繁殖期到来之前，用乙型脑炎弱毒疫苗 1 毫升(1 头份)，肌内注射，进行免疫接种。对初产母猪第一年以 2 周间隔接种 2 次，以后每年接种 1

次。疫情较重的猪场可用进口疫苗接种，以防本病发生。

四是本病无有效的治疗方法，一旦确诊最好淘汰。为了防止继发感染，有全身症状的患猪可采用以下方法：安乃近注射液10～20毫升，肌内注射，每天2次，至体温下降为止；磺胺嘧啶钠注射液20毫升，肌内注射，每天2次，连用3天；盐酸吗啉双胍注射液10～20毫升，肌内注射，每天1～2次，连用3天。公猪睾丸炎，可进行冷敷，同时用磺胺嘧啶钠注射消炎，安乃近或安痛定降体温。

（四）免疫失败的原因

1. 种猪早期隐性感染乙型脑炎病毒 如每年1～3月份出生的仔猪留做种用，在6月龄前受蚊子叮咬，易受乙脑病毒侵袭，但由于体内尚有抗体，抵抗力较强，因而后备种猪早期即处于隐性感染状态，6月龄时接种乙型脑炎疫苗，效果往往欠佳。

2. 母源抗体的干扰作用 留做种用的仔猪体内，母源抗体可维持4个月左右，而一般常规免疫都是在4月下旬至5月上旬。如果此时种猪尚未达到4月龄即进行接种免疫，种猪体内的抗体和抗原就会发生中和反应，致使免疫失败。

3. 免疫接种次数的影响 一般认为对后备种猪在配种前接种1次即可。实际上，猪对该病有较大的易感性，加上传染的必然性及干扰免疫效果的因素等，1次免疫很难收到良好效果。所以，对初配母猪必须进行2次免疫接种，经产母猪应每年接种1次。

4. 免疫接种时间的影响 因本病流行具有严格的季节性。所以，后备种猪每年的4月下旬至5月上旬为最佳免疫接种期。

5. 免疫接种操作方法的影响 由于乙脑病毒对碘很敏感，故在注射部位禁止用碘酊消毒，否则，免疫效果不佳。

（五）防制用疫苗

乙脑病毒可产生坚强持久免疫力，并且乙脑病毒抗原变异不明显，这为乙脑疫苗用于预防提供了良好基础。目前应用的乙脑疫苗有弱毒活苗和灭活苗两种。根据制苗原材料的不同,日本乙脑灭活疫苗可分为以下 3 种:鼠脑灭活苗,鸡胚灭活苗和仓鼠肾细胞灭活苗。

1. 日本乙型脑炎弱毒活疫苗

【简　介】 本品系采用日本乙型脑炎病毒弱毒株经仓鼠肾细胞培养,加入适当稳定剂,经冷冻真空干燥制成。

【特　点】 本品为淡黄色海绵状疏松团块,加入稀释液后迅速溶解成均匀的混悬液。健康猪注射本品约 7 天左右对猪乙型脑炎即可产生较强的免疫力,免疫 1 次,免疫期为 12 个月;第二年加强免疫后,免疫期为 36 个月。

【适用范围】 用于预防乙型脑炎。被注射的猪应健康,对体质瘦弱、患有其他疾病猪及初生仔猪不应注射。

【使用方法】 在本病流行前 1～2 个月,按瓶签注明的头份,用专用稀释液稀释,动物不分大小,一律每头猪皮下或肌内注射 2 毫升。疫苗稀释后须在半小时内用完。

【保存、运输条件】 －15℃以下保存,有效期为 18 个月;2℃～8℃下保存,有效期为 6 个月。应保存于低温冷暗处。本品在运输和使用时,必须放在装有冰块的冷藏容器内,气温在 10℃以下可用普通包装运送。切忌阳光照射和高温。

【注意事项】 ①本疫苗一经开瓶启用,放于冷暗处,再次取用疫苗前应摇匀,并限 4 小时内用完,剩余疫苗不宜保留。②本疫苗须用专用稀释液稀释,严禁用蒸馏水和生理盐水稀释。③本品在使用前应仔细检查,如发现玻璃瓶破裂,没有瓶签或瓶签不清楚,苗中混有杂质等情况及已过有效期或未在规定条件下保存者,都不能使用。④注射器、针头等用具、注射部位应消毒,禁止用碘酊消毒,每注射 1 头猪须换 1 个针头。⑤本品系活疫苗,在操作时应注意防止活菌的散布,用过的器具、空瓶和胶塞等应及时消毒。

2. 日本乙型脑炎灭活疫苗

【简　介】 本品系用日本乙型脑炎病毒接种鼠脑、鸡胚或经仓鼠肾细胞培养,加入适当灭活剂处理制成。

【特　点】 本品为红色液体。皮下接种后对各类猪只均安全,不发生发热等不良反应,不引起妊娠母猪发生流产、死胎和畸形胎等。免疫1次,免疫期为12个月;第二年加强免疫一次,免疫期为36个月。

【适用范围】 预防犬、猪等家畜乙型脑炎。被注射的猪应健康,对体质瘦弱、患有其他疾病者及初生仔猪不应注射。

【使用方法】 本病流行前1～2个月,犬、猪等一律皮下注射1毫升。

【保存、运输条件】 2℃～8℃下保存,有效期为12个月。本品在运输和使用时,必须放在装有冰块的冷藏容器内。切忌阳光照射和高温。

【注意事项】 ①防止菌苗冻结,菌苗使用前由冰箱取出,平衡至室温,使用前充分摇匀。②油乳剂灭活菌苗破乳、变色,发现凝集块,不易摇散等,均应废弃不用。③在注射部位有时可能触摸到的皮下硬肿,一般不影响外观,短期内可消退。④注射器、针头等用具,用前须消毒,在注射部位应消毒,每注射1头猪须更换1个针头。用过的器具、空瓶和胶塞等应及时煮沸消毒处理。

七、猪地方流行性肺炎疫苗

猪地方流行性肺炎(Swine enzootic pneumonia),又称猪支原体肺炎或猪霉形体肺炎,在我国又有猪气喘病之称。是猪的一种慢性、接触性高发病率的呼吸道病。其病原体是猪肺炎支原体。主要临床症状是咳嗽、气喘。

(一)猪地方流行性肺炎的危害

本病是一种世界性的传染病,发病率高。我国许多地区都有发生,绝大多数猪场都有本病的存在。一旦发病,想彻底根除很难。有猪肺炎支原体的猪场会发生重复感染。尤其是在猪密度高的地区。发病率一般在50%左右，虽然本病的死亡率不高，但在饲养管理不良，有继发感染时会造成严重死亡。患猪生长发育缓慢，患病猪的饲料报酬明显下降，生长率降低12%，饲料利用率降低20%；治疗费用显著增加，同时患猪的抗病能力与免疫功能受损，极易发生继发感染。因此，本病所造成的直接和间接的经济损失是巨大的。特别是在集约化高密度饲养的条件下，传播更迅速，经济损失更严重。

（二）猪地方流行性肺炎诊断要点

1. 流行特点　自然病例仅见于猪。不同品种、年龄的猪均能感染，尤以哺乳仔猪和幼猪最易感，其次是妊娠后期及哺乳母猪。成年猪多呈慢性感染。以杜洛克、长白猪、大约克夏猪及以大长、长大为主的杂交猪对猪气喘病敏感性较低，仅表现轻度咳嗽，而对中国地方品种猪，尤以繁殖率高著称的太湖猪系列如二花脸、梅山猪、姜曲海等极易感，仔猪最早9日龄即可表现明显症状。

本病一年四季均可发生，但在寒冷、多雨、潮湿或气候骤变时较为多见。饲养密度大，饲养管理和卫生条件不良，常促使本病的发生和流行，加重病情，也是影响本病发病率和死亡率的重要因素。病猪和隐性感染猪是其传染源，主要通过鼻腔接触和空气传播，猪群密集、通风不良等有利于本病的传播。其发病率一般在50%左右，但死亡率不高。如有继发感染，可使致死率明显增加。

在新疫区暴发的初期，怀孕后期母猪症状较重，病死率较高；老疫区则哺乳仔猪和断奶仔猪多发，病死率较高，母猪和成年猪多呈慢性和隐性。引起本病的病原可以在猪群的小母猪、小公猪肺脏中存在几个月。下一代小猪群的感染可能从母猪传递给哺乳仔猪，造成连续不断的呼吸道疾病。

本病原常与多种细菌、病毒及环境因素协同作用，引起猪呼吸道复合征，多因子包括猪瘟、猪流感、伪狂犬病、猪繁殖与呼吸道综合征、猪圆环病毒感染、克雷伯氏杆菌感染、副嗜血杆菌感染、断奶后多系统衰弱综合征、猪胸膜肺炎放线杆菌感染、猪多杀性巴氏杆菌感染、萎缩性鼻炎和猪霍乱等。近年来，本病常与猪繁殖与呼吸道综合征混合感染，使致病性进一步提高，并可破坏猪群的免疫功能，也易导致猪瘟免疫的失败。

2. 临床症状及病理变化 猪气喘病的主要症状是咳嗽和气喘。潜伏期一般为10～16天。分为急性型、慢性型和隐性型3种。最常见为慢性型和隐性型。

(1)急性型 主要见于新疫区和新感染的猪群，以仔猪、妊娠母猪和哺乳仔猪多发。发病率可达100%。病猪气喘，腹式呼吸或两前肢张开，呈犬坐姿势，时发痉挛性阵咳，呼吸次数每分钟可达70～130次。病猪不愿走动。有继发感染时体温升高。食欲大减或废绝，日渐消瘦。病程约1周，病猪常因窒息而死，死亡率可高达60%。

(2)慢性型 多见于老疫区的架子猪、育肥猪和后备母猪。病猪主要表现为长期咳嗽，清晨进食前后及剧烈运动时最明显，严重的可发生痉挛性咳嗽。随着饲养条件和气候的改变，症状时而缓和，时而严重。病猪体温不高，但消瘦，发育不良，被毛粗乱。病程长达2个月，有的在半年以上，病死率不高。此类病猪最易发生继发性感染，是夏季造成猪群急性死亡的主要诱因。

(3)隐性型 病猪在良好的饲养管理条件下无明显症状，或偶见个别猪咳嗽，生长发育一般正常，体况较好，只有当剖杀或用X线检查时，可发现肺部不同程度的肺炎特征。隐性型猪气喘病在老疫区的病猪中占有相当大的比例。因其作为平行散毒和垂直传播的隐性传染源，是影响疫苗防疫效果的主要因素。

猪气喘病的病变主要局限于肺脏和肺部淋巴结及纵隔淋巴结。肺明显膨大，有不同程度的气肿和水肿。病变由肺的心叶开始，逐渐扩展到尖叶、中间叶及膈叶的前下部。两侧肺和心叶、尖叶及膈叶前下部有融合性支气管炎病变，其特点是两侧病变对称，与正常肺组织界限明显，病变部呈灰红色或灰黄色，硬度增加，外观像胰脏。切面多汁，平滑，组织致密似肉样，气管和小支气管内有多量粘液性泡沫样的分泌物。病程较长，则可见病变部位坚韧度增加，呈灰黄色或灰白色。肺门淋巴结和纵隔淋巴结明显肿大、质硬，断面呈黄白色，淋巴滤泡明显增生。如继发细菌感染，可引起肺和胸膜的纤维素性、化脓性和坏死性病变。其他器官无明显变化。

（三）猪地方流行性肺炎防制措施

预防和消灭本病主要在于坚持采取综合防制措施。单纯地依赖疫苗的作用，是一种片面的观点，疫苗也只能在综合性防制的配合下，才能充分发挥作用。

1. 认真贯彻自繁自养的原则 防止从外地购进病猪，这是预防本病的关键措施。许多教训证明，很多的健康猪发生气喘病，主要是从外地买进慢性或隐性病猪引起的。

2. 平时注意加强饲养管理 喂给优质饲料，猪圈保持清洁、干燥、通风、勤起勤垫，防寒保暖，避免过于拥挤，定期做好消毒工作。

3. 预防接种 健康猪只用猪气喘病弱毒疫苗和灭活疫苗进行免疫预防，仔猪在 15 日龄首免弱毒疫苗，30 天后再接种灭活疫苗，效果较好。繁殖母猪在配种前 1 周，种公猪在每年 4 月份和 10 月份进行预防接种。

4. 发病时的控制措施 发病场要采取早期发现，严格隔离，加强饲管，对症治疗，淘汰病猪，更新猪群的办法。

一是早期发现，严格隔离病猪，是做好控制本病的重要环节。种猪场应淘汰病猪。

二是加强对病猪的饲养管理。将病猪按大小、强弱及习性分开饲养。饲喂时要细心照料，少给勤添，定时、定量、定温。病猪舍及管理用具定期消毒。

三是治疗病猪。各地对猪气喘病采用过多种中西药物治疗，所用药物多是对症治疗，只能减轻症状，促进炎性吸收，防止继发感染和增强猪只体质。目前认为，早期应用土霉素、卡那霉素治疗有一定效果。为防止继发感染，也可用其他抗生素或磺胺药及时对症治疗。

四是培育健康猪群，关键在于严格隔离饲养和坚决执行各项卫生防疫制度。母猪在严格隔离条件下单圈饲养，观察后代有无气喘病。如能做到"母猪不见面，小猪不串圈"，连续观察2～3窝后代，到断奶时证明没有发生气喘病者，可认为该母猪是健康的。从仔猪中进行选育，逐渐扩大健康猪群。只要能够按照以上要求去做，结合较好的饲养管理条件，经过2～3年细致的观察和工作，是能够培育出无气喘病猪群的。

（四）免疫失败的原因

该病在我国分布广泛，几乎存在于每个猪场。发病率一般在50%左右。由于猪气喘病受外界环境的影响较大，所以，在进行免疫预防的同时，必须采取相应的综合防制措施，做好小气候环境的控制，才能有效地发挥疫苗的免疫效果。

另外，猪气喘病疫苗的保护率都不太理想，而且免疫时需要注射到胸腔，注射不确实也会造成免疫失败。

（五）防制用疫苗

为了控制和消灭本病，许多国家的兽医工作者对疫苗做了长时间的大量研究，已成功研制了猪气喘病灭活疫苗和弱毒疫苗，为预防本病起到了重要作用。

1. 猪气喘病活疫苗

【简　介】 本品采用猪肺炎支原体兔化弱毒株经组织培养后，加入适当稳定剂，冷冻真空干燥制成。

【特　点】 本疫苗用于预防猪气喘病。本品为淡红色海绵状疏松团块，加入稀释液后迅速溶解成均匀的混悬液。健康猪注射本品约 7 天，对猪气喘病即可产生较强的免疫力，免疫期为 6 个月。接种方法为胸腔内注射，肌内注射无效。疫苗注射后，个别猪出现变态反应，可用肾上腺素等脱敏药物抢救。

【适用范围】 大、小仔猪及怀孕两个月以内妊娠母猪均可使用。被注射的猪应健康，对体质瘦弱、患有其他疾病猪及出生仔猪不应注射。

【使用方法】 按瓶签注明的头份，每头份加 5 毫升灭菌生理盐水（冬天或从冰箱取出时应预先升温至 25℃～28℃）的比例稀释溶解，从猪右侧胸腔倒数第六肋至肩胛骨后缘3～6 厘米处进针，穿透胸壁将疫苗注入胸腔内。每头猪注射 5 毫升。

【保存、运输条件】 －15℃保存，不超过 1 年；2℃～8℃保存，不超过 30 天。本疫苗应保存于低温冷暗处。本品在运输和使用时，必须放在装有冰块的冷藏容器内。严禁阳光照射和高温。

【注意事项】 ①本品在使用前应仔细检查，如发现玻璃瓶破裂，没有瓶签或瓶签不清楚，苗中混有杂质等情况及已过有效期或未在规定条件下保存者，都不能使用。②本品注射前 15 天及注射后 2 个月内禁用土霉素、卡那霉素等药物及含以上药物的配合饲料。③本品随用随稀释，稀释后的疫苗应放冷暗处，每次吸取疫苗前应振摇均匀，并限 4 小时内用完。④注射器、针头等用具、注射部位应消毒，每注射 1 头猪须换 1 个针头。⑤本品系活疫苗，在操作时应注意防止活菌的散布，用过的器具、空瓶和胶塞等应及时消毒。

2. 猪气喘病灭活疫苗

【简　介】 本品系用猪肺炎支原体毒株，在适宜培养基中培养，经灭活后，加佐剂精制而成。

【特　点】 外观为淡棕色悬浮液，静置后有灰色沉淀。接种疫苗后 21 天可产生坚强免疫力，免疫持续期为 4～6 个月。

【适用范围】 用于预防猪气喘病，可显著降低发病率和死亡率。大小仔猪及怀孕两个月以内妊娠母猪均可使用，对体质瘦弱、患有其他疾病者及出生仔猪不应注射。

【使用方法】 用前充分摇匀，采用胸腔内注射，每头注射5毫升。

【保存、运输条件】 2℃～8℃阴暗处保存期为12个月；25℃～30℃阴暗处保存期为6个月。

【注意事项】 ①本品禁止冷冻。疫苗启封后，应置于冷暗处存放，并限4小时用完。②本品在使用前应仔细检查，如发现疫苗瓶破裂，没有瓶签或瓶签不清楚，疫苗液变色、霉变，混有杂物等均不得使用。已过有效期或未在规定条件下保存者，也都不能使用。③接种疫苗后21天方产生坚强免疫力，必要时，可在接种疫苗的同时应用敏感抗生素控制该病。④注射器、针头等用具，用前须经消毒，在注射部位应涂以5%碘酊消毒，每注射1头猪须换1个针头。用过的器具、空疫苗瓶和胶塞等应及时煮沸消毒处理。

八、猪链球菌病菌苗

猪链球菌病(Swine streptococcosis)是由几种主要链球菌引起的猪的多种传染病症的总称。其病原体为多种溶血性链球菌，各种链球菌都呈链状排列，是革兰氏阳性球菌。本菌抵抗力不强，对干燥、湿热均较敏感，常用消毒药都易将其杀死。本菌的致病力取决于其产生毒素和酶的能力。急性型常为出血性败血症和脑膜脑炎，慢性型则以关节炎、心内膜炎及组织化脓性炎症为特征。而E群链球菌引起的淋巴结脓肿最为常见、流行最广。C群引起败血性链球菌病，危害最大，发病率和死亡率高。

(一)猪链球菌病的危害

本病分布很广，发病率较高，败血症型和脑膜炎型的病死率较高，对养猪业的发展有较大的威胁。可感染多种年龄猪，个别流行地区可出现人感染。本病主要能造成仔猪的大批死亡；患病康复猪发育不良，生长受阻，降低饲料转化率；兽药费用增加。近几年，国内不少地方出现了来势猛、传染快、病程短、死亡率高的败血型链球菌病，给养猪业造成了很大损失。

（二）猪链球菌病诊断要点

1. 流行特点 链球菌广泛分布于自然界，人和多种动物都有易感性，猪的易感性较高。猪链球菌病的病型较复杂，其流行情况也无特征。病猪和带菌猪是主要传染源。新生仔猪感染多为母猪传染所致。伤口（如新生仔猪脐带伤口）和呼吸道是本病的主要传播途径。猪只不分品种、年龄、性别均易感染，短期内死亡率可占急性发病猪的 50%。其中新生仔猪、哺乳仔猪的发病率和死亡率最高，架子猪次之，成年猪发病较少。本病无明显季节性，但以 5～11 月份发生较多。常呈地方性流行，多表现为急性败血型，短期内波及全群，发病率和死亡率均高。本病传入后，往往在猪群中陆续地出现。新疫区流行期为 2～3 周，高峰期 1 周左右。猪淋巴结脓肿主要发生于 6～8 周龄，乃至 4 月龄的猪，传播缓慢，有的发病率可达 90%，猪群内可连年发病。

2. 临床症状及病理变化 本病潜伏期一般为 1～3 天。根据临床表现和病程长短大致可分为 4 型。

（1）败血症型 在流行初期常有最急性病例，往往头天晚上未见任何症状，翌日晨已死亡；或者停食 1～2 顿，体温 40.5℃～42℃，精神委顿，腹下有紫红斑，也往往死亡。急性病例，常见精神沉郁，呈稽留热，减食或不食，眼结膜潮红，流泪，有浆液性鼻液，呼吸浅表而快。少数病猪在病的后期，于耳尖、四肢下端、腹下有紫红色或出血性红斑，病程 1～4 天，死亡率 90%。部分患猪出现多发性关节炎，跛行或不能站立。有的病猪表现神经症状。病死猪血液凝固不良，胸、腹下和四肢皮肤出现紫斑或出血斑。剖检见全身淋巴结肿大、出血，粘膜、浆膜、皮下均有出血斑点。胸、腹腔积液增多，浑浊，含絮状纤维素。各器官充血、出血。多数脾脏肿大、质脆，呈暗红色，脾包膜上有纤维素沉着。

(2)脑膜脑炎型　多见于哺乳和断奶仔猪。病初体温升高，不食，便秘，有浆液性或粘液性鼻液。继而出现神经症状、运动失调、转圈、空嚼、磨牙、仰卧、直至后躯麻痹、侧卧于地、四肢做游泳状划动，甚至昏迷不醒。部分猪出现多发性关节炎，关节肿大或头、颈、背部出现水肿，指压凹陷。若不及时治疗，往往急性死亡，病程1～5天。剖检见脑膜充血、出血，严重者溢血，少数脑膜下积液。脑脊髓液混浊、增多，脑实质有化脓性炎症变化。脑脊髓白质和灰质有小点出血。部分猪在头、颈、背部皮下，肠系膜、胆囊壁有胶冻样水肿。

(3)关节炎型　由败血型和脑膜脑炎型转变而来，或者从发病起即呈现关节炎症状。表现关节肿胀、疼痛、有跛行，甚至不能起立。精神和食欲时好时坏，衰弱死亡或逐渐恢复，病程2～3周。剖检可见关节充血，滑液浑浊，严重者关节软骨坏死，关节周围组织有多发性化脓灶。

(4)化脓性淋巴结炎(淋巴结脓肿)型　俗称豆渣疱、粉疱。多见于颌下淋巴结，其次是咽部和颈部淋巴结。受害淋巴结肿胀，坚硬，有热有痛，可影响采食、咀嚼、吞咽和呼吸。至化脓成熟，肿胀中央变软，皮肤坏死，自行破溃流脓，脓汁排尽后，肉芽增生，最后自行愈合。病程一般为3～5周。本型常见于架子猪。

值得注意的是，上述4型很少单独发生，多数为混合存在或先后发生。

(三)猪链球菌病防制措施

一是加强饲养管理，坚持严格的隔离、消毒等防疫措施。

二是严格检疫，严禁病猪和病猪肉在市场上交易。

三是消除感染的因素。猪圈和饲槽上的尖锐物体，如钉头、铁片、碎玻璃、尖石头等能引起外伤的物体，一律清除。新生的仔猪，应立即无菌结扎脐带，并用碘酊消毒。

四是免疫接种。可用猪败血性链球菌病活疫苗或链球菌二价氢氧化铝灭活苗等，对猪群进行免疫预防接种。

五是发生本病，应及时诊断，及早隔离，治疗病猪，猪舍、栏、用具用百病消喷洒消毒。舍外用2%火碱水消毒。对未发病猪进行紧急预防注射。饲料中可每吨添加400克土霉素，连喂4天进行药物预防。对发病猪按不同病型进行相应治疗。对淋巴结脓肿，涂鱼石脂软膏，加快成熟变软，待脓肿成熟后，及时切开，排除脓汁，用3%双氧水，或0.1%高锰酸钾液冲洗后，涂以碘酊。对败血症型及脑膜脑炎型，应早期大剂量使用抗生素或磺胺类药物。

六是消除传染源。发病后，带菌母猪尽可能淘汰。急宰猪或宰后发现可疑病变的肉尸，经高温处理后方可食用。

七是猪场发生本病后，如果暂时买不到菌苗，可用药物预防，以控制本病的发生。每吨饲料中加入四环素125克，连喂4～6周。

（四）免疫失败的原因

由于引起猪链球菌病的病原菌株型很多，而且发病对象广泛，易形成交叉感染，给防治工作带来极大困难。疫苗菌株与流行菌株型不同，极易造成免疫失败。再者，注射链球菌活疫苗前后曾使用抗生素，也大大降低疫苗的免疫效果，或者免疫程序不合理也会造成免疫失败，在免疫接种时必须加以注意。

（五）防制用疫苗

早期多采用铝胶灭活疫苗接种临产前母猪或仔猪预防本病，曾获得一定效力，但保护力不高。近年来，主要进行弱毒疫苗和矿物油佐剂苗的研究，目前生产中应用的疫苗主要有猪败血性链球菌病活疫苗和猪链球菌双价氢氧化铝灭活苗。

1. 猪败血性链球菌病活疫苗

【简　介】 本品系用猪链球菌弱毒菌株，接种适宜的培养基培养，将其培养菌液加适当稳定剂，经冷冻真空干燥制成。

【特　点】 本品为灰白色或淡棕色海绵状疏松团块，加入稀释液后迅速溶解成均匀的混悬液。健康猪注射本品约7天左右对猪链球菌病即可产生较强的免疫力，免疫期为6个月。

【适用范围】 本疫苗用于预防C群链球菌引起的猪败血性链球菌病。适用于健康猪，对体质瘦弱、患有其他疾病者及初生仔猪不应注射。

【使用方法】 按瓶签注明的头份，每头份加入1毫升20%铝胶盐水稀释液（铝胶盐水使用时必须充分摇匀），振摇溶解后，每头猪皮下注射1毫升或灌服4毫升。

【保存、运输条件】 －15℃以下保存，有效期为18个月；0℃～8℃保存，有效期为12个月；15℃～20℃保存，有效期为30天。本疫苗应保存于低温冷暗处。在运输和使用时，必须放在装有冰块的冷藏容器内。切忌阳光照射和高温。

【注意事项】 ①本品在使用前应仔细检查，如发现疫苗瓶破裂，没有瓶签或瓶签不清楚，苗中混有杂质等情况及已过有效期或未在规定条件下保存者，都不能使用。②本疫苗一经开瓶启用，放于冷暗处，再次取用疫苗前应摇匀，并限4小时内用完，剩余疫苗不宜保留。③本疫苗口服时拌入凉饲料中饲喂，确保每头猪都能吃到口服菌苗，禁用热食、酒糟、泔水发酵饲料拌苗。口服前猪只应停食、停水3～4小时。④用本苗前、后1周内，均不应喂饲或注射任何抗菌类药物，以免影响免疫效果，否则要重新免疫。⑤注射器、针头等用具、注射部位应消毒，每注射1头猪须换1个针头。本品系活疫苗，在操作时应注意防止活菌的散布，用过的器具、空瓶和胶塞等应及时消毒。

2. 猪链球菌病双价氢氧化铝灭活苗

【简　介】 本品系用猪源C群链球菌强毒和2型猪链球菌强毒，分别在适宜培养基中培养，经灭活后混合精制而成。

【特　点】 外观为淡棕红色混浊悬浮液，静置后有灰色沉淀。接种疫苗21天后，产生坚强免疫力，免疫持续期为4～6个月。

【适用范围】 用于预防同型猪C群链球菌病和2型猪链球菌病，可显著降低发病率和死亡率。适用于健康猪，对体质瘦弱、患有其他疾病者及出生仔猪不应注射。

【使用方法】 应用前充分摇匀，种猪于配种前，每头肌内注射5毫升；种母猪于产仔前20～30天肌内注射5毫升，所产的仔猪在30日龄和40日龄各肌内注射3毫升，必要时，5月龄可再肌内注射5毫升。

【保存、运输条件】 2℃～8℃阴暗处保存期为12个月；25℃～30℃阴暗处保存期为6个月。

【注意事项】 ①本品禁止冷冻，疫苗启封后，应置于冷暗处存放，并限4小时用完。②本品在使用前应仔细检查，如发现疫苗瓶破裂，没有瓶签或瓶签不清楚，疫苗液变色、霉变，混有杂物等均不得使用。已过有效期或未在规定条件下保存者，也都不能使用。③因接种疫苗21天后才产生坚强免疫力，必要时，可在接种疫苗的同时应用敏感抗生素控制该病。④注射器、针头等用具，用前须经消毒，在注射部位应涂以5%碘酊消毒，每注射1头猪须换1个针头。用过的器具、空疫苗瓶和胶塞等应及时煮沸消毒处理。

九、猪巴氏杆菌病疫苗

猪巴氏杆菌病(Swine pasteurellosis)，又称猪出血性败血症或猪肺疫，俗称肿脖瘟、锁喉风，是由多杀性巴氏杆菌引起的猪的一种急性和慢性型传染病。巴氏杆菌用荚膜抗血清做交叉间接血凝试验，可将其分成A、B、C、D、E 5种荚膜血清型。如用盐酸去荚膜，以菌体与菌体抗血清做交叉凝集试验，则可分出16个菌体血清型。本菌的血清型以菌体血清型和荚膜血清型合并表示构成。其中荚膜型A型、B型和D型菌株、菌体型3型和5型是本病的病原菌。我国从各地病猪分离的菌株主要是B型，其次是A型。其特征是最急性型呈败血症和咽喉炎；急性型呈纤维素性胸膜肺炎；慢性型较少见，主要表现为慢性肺炎。

（一）猪巴氏杆菌病的危害

本病分布很广，世界各国均有发生，虽发病率不高，但常继发于其他传染病。有人认为，巴氏杆菌病是由于饲养管理失调、环境改变、寄生虫侵袭和其他细菌诱发复合感染而发病。本病在我国也是猪的一种常见传染病，若防制措施不当，死亡率很高，有时可达95%以上，造成的损失巨大，特别是在密集饲养的条件下更是如此。患病猪发育不良，生长受阻，饲料转化率降低。

（二）猪巴氏杆菌病诊断要点

1. 流行特点 不同年龄、性别和品种的猪都可感染，小猪和中猪易感性较大。但有母源抗体的小猪，在断乳时50%有抵抗力。本病无明显的季节性，一年四季均可发生，但是以秋末、春初，气候剧变、潮湿、闷热、多雨时期多发。尤其饲养管理不良、营养差、寄生虫病、长途运输等诱因作用可促使本病发生。该病常为散发，有时可呈地方流行性。在我国北方多散发性或继发；南方多呈地方流行性或流行性。病猪、带菌猪及其他感染动物是本病的传染源。病猪排出的分泌物和排泄物中含大量病菌，污染饲料、饮水、用具和外界环境，经消化道传播；或者由咳嗽、喷嚏排菌，通过飞沫经呼吸道传播；也可经吸血昆虫传染及经皮肤、粘膜伤口发生传染。健康带菌猪在环境变化，应激因素情况下引起猪抵抗力下降，也可发生内源性感染。本病常与猪瘟、气喘病混合感染或继发。

2. 临床症状及病理变化 潜伏期一般为1～5天。根据病程发展经过，可分为最急性型、急性型和慢性型3个病型。

（1）*最急性型* 多见于流行初期，病猪常突然发病死亡。有的体温升高到41℃～42℃，食欲废绝，精神沉郁，寒颤，呼吸困难，心跳加快，卧地不起。白猪在耳根、颈、腹等部皮肤可见明显的红斑。咽喉部肿大、坚硬，有热痛，严重者向上可延及耳根，向后可达到胸前。病猪呼吸极度困难，张口喘气，有时发出喘鸣声，口鼻流出泡沫，可视粘膜发绀。严重者呈犬坐式张口呼吸，终因窒息死亡。病程1～2天。病死率可达100%。剖检见全身皮下、粘膜、浆膜、心冠脂肪出血，喉头粘膜出血肿胀，全身淋巴结肿大，呈浆液性、出血性炎症，切面红色。肺充血、水肿。脾脏有出血，但不肿大。胃肠粘膜有出血性炎症变化。肾及膀胱可能有出血点。咽喉部及其周围结缔组织出血性浆液浸润，切开颈部皮肤时，可见大量胶冻样淡黄或灰黄色纤维素性浆液。

(2)急性型　是本病常见的病型，主要症状为败血症和急性胸膜肺炎。体温升高达41℃左右。病初为干性短咳，后变为湿性痛咳，鼻孔流出浆液性或粘液性分泌物，呼吸困难呈犬坐式，可视粘膜发绀，口角有白沫。触诊胸部有痛感，听诊有啰音和摩擦音。初期便秘，粪表面被覆有粘液，有时带血，后转为腹泻。皮肤淤血或有小出血点。多因窒息而死，病程4～6天，不死者常转为慢性型。剖检见肺有不同程度的肝变区，切面呈大理石状、水肿和气肿、出血，病变主要在尖叶、心叶和膈叶前缘。肺脏的坏死结节为粟粒样大小弥漫性坏死，多发生在肺膈叶。胸腔和心包积有多量淡红色的混浊液体。胸膜和心包膜粗糙，上附纤维素，有的心包和胸膜粘连。气管、支气管内含有大量泡沫状粘液，粘膜充血或出血。

(3)慢性型　主要表现为慢性肺炎和慢性胃肠炎症状，病猪持续咳嗽，呼吸困难，鼻流少量粘脓性分泌物。有的关节肿胀、跛行。皮肤出现痂样湿疹。慢性胃肠炎表现为食欲不振，持续性或间歇性腹泻，一般慢性进行性营养不良，极度消瘦，被毛粗乱，行动无力，2周以上衰竭而死，病死率60%～70%，不死者成为僵猪。剖检见肺肝变区变大，并有黄色或灰色坏死灶，周围形成增生的结缔组织，内含干酪样物质，有的形成空洞。心包和胸腔内积液，胸膜有纤维素沉着，肋膜增厚，病肺与肋胸膜粘连，胸腔有大量纤维素状物沉积。病程迁延的病例，由于肺脏各部肺炎变化的程度不一致，有代偿性肺气肿以及残存的无炎症区，因而肺表面表现凹凸不平，色调和硬度也不一致。

(三)猪巴氏杆菌病防制措施

一是改善猪的饲养管理和卫生条件，尽量减少环境条件的改变，消除降低猪体抵抗力的一切不良因素。合理配制饲料，力求饲料多样化，并注意青绿多汁饲料的充分供应和清洁卫生。

二是坚持自繁自养的原则，如需要引进种猪时，必须要经过严格检疫，隔离饲养14天，观察确认健康后，方可合圈饲养。

三是病死猪应深埋或高温处理。急宰病猪的内脏、血水应就地焚烧或深埋，肉进行无害化处理(如高温)后再用。

四是一旦发现病猪，应迅速进行全群(窝)检疫，并采取隔离、消毒甚至调换圈、栏等措施，对健康群或疑似传染群及时用药预防。对发病群和受威胁猪群用猪肺疫单苗做紧急接种。

五是免疫接种，这是预防本病的有效措施，对常发病地区，每年春、秋两季用猪瘟、猪丹毒、猪肺疫的二联或三联苗或猪肺疫氢氧化铝菌苗进行预防注射。种猪配种前免疫，仔猪45～60日龄免疫。

六是对病猪可用青霉素、链霉素、磺胺类药物治疗。病初及时用药效果较好。用抗猪肺疫血清，配合抗生素或磺胺药治疗，疗效更好。用多价血清进行紧急预防注射，小猪10～20毫升、中猪20～30毫升、大猪30～50毫升；内服磺胺噻唑片或注射青霉素或硫酸链霉素(也可两者合用)。慢性型猪肺疫的治疗效果不佳。

(四)免疫失败的原因

近些年来，虽然对猪肺疫的防制工作取得了很大成绩，但仍时有发生。免疫失败是本病防制中不可忽视的问题，出现这种现象的主要原因有：

一是疫苗的管理不当。疫苗在贮运和保存过程中未严格按照生物制品的贮运和保存条件的要求执行或疫苗失空，致使疫苗效价降低或失效，达不到应有的免疫效力。

二是猪体自身免疫应答能力低。由于经营者饲养管理不善，猪舍环境卫生较差，舍内通风不良等因素造成猪群健康水平低下，导致猪体自身对疫苗的免疫应答能力低下。或者，疫苗接种的近期内使用抗生素等抗感染药物影响了疫苗的免疫效果。

三是对本病的预防大多使用猪瘟、猪丹毒和猪肺疫的二联或三联苗，在疫情不稳定地区往往起不到应有的免疫效果，最好使用猪肺疫单苗再加强免疫1次。

（五）防制用疫苗

目前用于预防本病的疫苗有单苗（弱毒菌苗、灭活菌苗）和联苗（二联活苗、灭活联苗）两类。弱毒菌苗的菌株主要有EO_{630}株、C20株、TA53株、679-230株等。猪肺疫内蒙系（679-230）弱毒活菌苗是内蒙古兽医生物药厂用多杀性巴氏杆菌强毒菌株，经高温培养选育成的弱毒菌株；猪肺疫C20弱毒菌苗是黑龙江兽药一厂培育成功的。这两种疫苗只能口服，不能注射。猪肺疫EO_{630}株弱毒活菌苗，用于猪皮下或肌内注射。

1. 猪肺疫活疫苗

【简　介】 本品系采用猪肺疫弱毒菌株，接种适宜培养基，将培养物加入适当稳定剂经冷冻真空干燥制成。

【特　点】 本品为淡黄色疏松团块，加入稀释液后，即溶解成均匀的混悬液。注射本品后可能有少数猪出现减食或体温升高等不良反应，一般2～4天后即可自行恢复。个别猪只可能出现过敏反应，必要时采取脱敏措施。EO_{630}株、C20菌株免疫持续期为6个月；679-230株免疫持续期为10个月；TA53株免疫持续期暂定为1年。

【适用范围】 本疫苗用于预防猪肺疫。适用于健康猪，对体质瘦弱、患有其他疾病的猪及出生仔猪不应注射。断奶后半个月以上的健康猪，注射本品约7天，即可产生较强的免疫力。

【使用方法】 679-230 株、C20 菌株疫苗是用冷开水稀释，混于少量的饲料内，使其自服，不论大小猪只，一律口服 1 头份。EO_{630}株、TA53 株疫苗按瓶签注明的头份，加入 20%铝胶生理盐水稀释，2 月龄以上的猪皮下或肌内注射 1 毫升(含 1 头份)。

【保存、运输条件】 －15℃保存，有效期为 1 年；2℃～8℃保存，有效期为 6 个月；25℃～30℃阴暗处保存不超过 10 天。本品在运输和使用时，必须放在装有冰块的冷藏容器内。切忌阳光照射和高温。

【注意事项】 ①本品在使用前应仔细检查，如发现疫苗瓶破裂，没有瓶签或瓶签不清楚，苗中混有杂质等情况及已过有效期或未在规定条件下保存者，都不能使用。稀释用的铝胶盐水，静置后如有上清液浑浊或下部氢氧化铝变色、含杂质、长霉菌等也都不能使用。②在注射前 1 周以及注射后 10 天内，均不应喂饲或注射任何抗菌类药物，以免影响免疫效果，否则要重新免疫。注苗后有反应，经治疗，在康复 2 周后应再免疫注射 1 次。③应随用随稀释，稀释后的疫苗应放冷暗处，每次吸取疫苗前应振摇均匀，并限 4 小时内用完。④注射器、针头等用具，用前须经消毒，在注射部位应涂以 5%碘酊消毒，每注射 1 头猪须换 1 个针头。⑤本品系活疫苗，在操作时应注意防止活菌的散布，用过的器具都必须消毒。

2. 猪多杀性巴氏杆菌病灭活疫苗

【简　介】 本品是用免疫原性良好的荚膜 B 型多杀性巴氏杆菌培养液经甲醛灭活，加氢氧化铝胶制成。

【特　点】 本品静置后上部为橙黄色透明液体，下部为灰白色沉淀，经充分振摇呈均匀混浊状液体。免疫期 6 个月。本品的有效期根据用兔做效力检验保护率的不同而有所不同。用兔效检保护 2/4 的疫苗，2℃～15℃冷暗处保存，有效期为 1 年；16℃～28℃保存，有效期为 9 个月。用兔效检保护3/4以上的疫苗，2℃～15℃保存，有效期为 18 个月；16℃～28℃保存，有效期为 1 年。

【适用范围】 用于预防猪肺疫。适用于健康猪，对体质瘦弱、患有其他疾病者及初生仔猪不应注射。

【使用方法】 断奶后的猪不论大小均皮下或肌内注射5毫升(部位可选耳根后)，菌苗在吸入注射器前充分振摇，以免菌体分布不匀影响效力。在每次注射前，将注射器内之菌苗摇匀。

【保存、运输条件】 2℃～15℃保存，有效期为12个月。本品在运输和使用时，必须放在装有冰块的冷藏容器内。切忌阳光照射和高温。

【注意事项】 ①注意避免冻结，菌苗使用前由冰箱取出，温度平衡至室温，充分摇匀。②油乳剂灭活菌苗破乳、变色、发现凝集块，不易摇散等情况，均不能使用。③注射器、针头等用具，用前须经消毒，在注射部位应涂以5%碘酊消毒，每注射1头猪须换1个针头。用过的器具、空瓶和胶塞等应及时煮沸消毒处理。④菌苗注射后，在注射局部可出现蚕豆大至核桃大硬结，但对猪的健康没有影响。

3. 猪瘟-猪肺疫二联活疫苗 参见猪瘟防制用疫苗项。

4. 猪丹毒-猪肺疫二联灭活疫苗 参见猪丹毒防制用疫苗项。

5. 猪瘟-猪丹毒-猪肺疫三联活疫苗 参见猪瘟防制用疫苗项。

十、仔猪副伤寒活疫苗

猪副伤寒(Swine paratyphoid)是由沙门氏菌属细菌引起的仔猪的一种较常见的消化道传染病。由于它主要侵害2～4月龄仔猪，也称仔猪副伤寒。急性型呈败血症变化。慢性型在大肠发生弥漫性纤维素性坏死性肠炎变化，表现慢性下痢，有时发生卡他性或干酪性肺炎。其主要病原体是猪霍乱沙门氏菌和猪伤寒沙门氏菌。

(一)猪副伤寒的危害

仔猪副伤寒是一种以严重下痢为主要症状的消化道传染病。本病在我国各地的猪场都有发生，特别是在饲养卫生条件不好的猪场常发，患病猪发育不良，生长受阻，降低饲料转化率，给养猪业造成很大损失。由沙门氏菌所致的疾病，流行于世界各地。许多沙门氏菌，是人畜的共同病原，在公共卫生上具有重要意义。

(二)猪副伤寒诊断要点

1. 流行特点 多发生在饲养卫生条件不好的2～4月龄仔猪中，1月龄内和6月龄以上的猪较少发病。常呈地方性流行或散发，流行缓慢；传染源是病猪和带菌猪，其传染方式有两种：一种是由于病猪及带菌猪排出的病原体污染了饲料、饮水及土壤等，健康猪吃了被污染的食物而感染发病；另一种是病原体平时存在于健康猪体内，但不表现症状，当饲养管理不当，寒冷潮湿，气候突变，断乳过早，有其他传染病或寄生虫病侵袭等，使猪的体质减弱，抵抗力降低时，病原体即乘机繁殖而致病。无明显季节性，环境恶劣和饲养管理不善可以促进本病的发生。

2. 临床症状及病理变化

(1)急性型(败血型) 急性型以败血症病症为主，通常是由猪霍乱沙门氏菌引起。多见于断奶前后的仔猪，偶尔在大猪和成年猪也有发生。体温升高至41℃～42℃，精神不振，食欲废绝。先便秘，后开始下痢，粪便恶臭带血。有腹痛和尖叫症状。耳根、后躯及下腹出现紫红色斑点，而后呈紫色。最后呼吸困难，体温下降，出现咳嗽、痉挛，于4～10天内死亡，死亡率很高。剖检见心内膜、心外膜、膀胱、咽喉及胃粘膜出血；脾脏显著肿大、边缘钝，切面呈蓝红色，触压时感觉绵软，类似橡皮，可以看到肿大的淋巴滤泡；肝肿大，有针尖大至粟粒大灰白色坏死灶；胆囊粘膜坏死；肾也有不同程度的肿大、充血和出血。盲肠、结肠粘膜、肠系膜淋巴结肿大，肢体末梢淤血呈青紫色。

（2）慢性型（结肠炎型） 慢性仔猪副伤寒临床上多见，症状与慢性猪瘟相似。主要症状为反复下痢。病猪体温高达40℃以上，精神委顿，食欲低下，畏寒，常聚在一处，眼有脓性分泌物。病初便秘、后下痢，粪便淡黄色或灰绿色，混有血液、粘液或纤维絮片，恶臭。由于下痢失水，猪体很快消瘦。发病久的猪由于长期卧地，皮肤呈污红色，皮肤出现弥漫性湿疹，在腹部可见干涸的绿豆大小的痂块，揭开痂皮见浅表溃疡。可伴发肺炎，出现咳嗽和呼吸症状。病程2～3周或更长，转归死亡或预后不良，病死率25%～50%。耐过者，往往成为僵猪。病变主要在盲肠和大结肠，特征病变为坏死性肠炎。盲肠、结肠或回肠后端，肠壁淋巴小结先肿胀隆起，以后发生坏死和溃疡，表面被覆有灰黄色或淡绿色麸皮样物质，剥开见底部红色，边缘有不规则的溃疡面。以后许多小病灶逐渐扩大融合在一起，形成弥漫性坏死，肠壁增厚。肝、脾及肠系膜淋巴结肿大，常见到针尖大至粟粒大的灰白色坏死灶，呈干酪样，这是猪副伤寒的特征性病变。肺病变部增大呈灰红色，有的呈干酪样变，其切面有灰黄色的小结节，若继发巴氏杆菌或化脓感染则发展成肝变区或化脓灶。

（三）猪副伤寒防制措施

本病是由于仔猪的饲养管理和卫生条件不良促进发生和传播的。因此，预防本病的根本措施是认真贯彻“预防为主”的方针。首先应该改善饲养管理和卫生条件，增强仔猪抵抗力，用具和食槽经常刷洗，圈舍要清洁，经常保持干燥，勤换垫草，及时清除粪便。仔猪提前补料，防止乱吃脏物。断乳仔猪根据体质强弱，分槽饲喂。给以优质而易消化的多样化饲料，防止突然更换饲料。

对1月龄以上或断奶仔猪，用仔猪副伤寒冻干弱毒菌苗预防。在本病常发地区，仔猪可采用15～20日龄首免，间隔3～4周再免疫1次。如果已发病，则可用猪副伤寒弱毒疫苗紧急预防，剂量加倍。口服时，按瓶签说明，服前用冷开水将疫苗稀释成每头份5～10毫升，掺入料中喂服。

发病后，应隔离病猪，及时用磺胺类药物治疗。结合改善饲养管理及卫生条件，才能收到满意效果。根据疫情的具体情况，必要时，对假定健康猪可在饲料中加入抗生素进行预防。耐过猪不能用做种用，予以淘汰。

对未发病的猪，在每吨饲料中添加金霉素100克，或磺胺二甲氧嘧啶100克，进行药物预防。

（四）免疫失败的原因

首先是由于沙门氏菌在自然界中分布广泛，健康动物带菌又普遍，当饲养管理不当，寒冷潮湿，气候突变等不良因素影响时，特别是仔猪抵抗力降低时更容易发病，这也给预防本病带来很大困难。其次，如果注射副伤寒活疫苗前后曾使用抗生素，也大大降低疫苗的免疫效果。再者，经营者不根据本地区或本场疫病流行特点，合理制定免疫程序，而片面套用其他猪场的程序也易造成免疫失败。

（五）防制用疫苗

国外很早就使用猪霍乱沙门氏菌灭活疫苗，但对灭活疫苗的使用价值存在两种截然不同的观点，一种认为有效，另一种认为无效。国内不少学者认为效果极不理想或无效。目前国内对本病的预防主要应用猪霍乱沙门氏菌弱毒菌苗。

仔猪副伤寒活疫苗

【简　介】 本品系采用免疫原性良好的猪霍乱沙门氏菌弱毒菌株C_{500}的培养物，加入适当稳定剂经冷冻真空干燥制成。

【特　点】 本品为灰白色或淡黄色疏松团块，加入稀释液后，即溶解成均匀的混悬液。注射或口服均可使用，但标签注明限于口服者不得注射。注射法免疫时，对有些猪反应较大，有的仔猪注射半小时后会引起体温升高、发抖、呕吐和减食等症状。一般1～2天后可自行恢复。重者可根据医嘱注射肾上腺素，口服法免疫则无上述反应或反应轻微。

【适用范围】 本疫苗用于预防仔猪副伤寒，用口服法或注射法免疫具有同样的预防效果。本品适用于1月龄以上哺乳或断奶健康仔猪。

【使用方法】 ①注射法。每头份加入1毫升20%铝胶盐水稀释液（铝胶盐水使用时必须充分摇匀），振摇溶解后，于耳后肌内注射1毫升。②口服法。按瓶签注明的头份，临用前用冷开水稀释成每头份5～10毫升，灌服或均匀地拌入少量新鲜凉饲料中，让猪自行采食。③对经常发生仔猪副伤寒的猪场和地区，为了加强免疫力，可在断奶前后各免疫1次，间隔3～4周。

【保存、运输条件】 －15℃保存，有效期为1年；2℃～8℃保存不超过9个月；25℃～30℃阴暗处保存不超过10天。

【注意事项】 ①注射前1周以及注射后10天内，均不应喂饲或注射任何抗菌类药物，以免影响免疫效果，否则要重新免疫。②应随用随稀释，稀释后的疫苗应放冷暗处，每次吸取疫苗前应振摇均匀，并限4小时内用完。③注射器、针头等用具、注射部位应消毒，每注射1头猪须换1个针头。本品系活疫苗，在操作时应注意防止活菌的散布，用过的器具都必须消毒。④口服时最好在喂食前服，以使每头猪都能吃到口服菌苗，禁用热食、酒糟、泔水、发酵饲料拌苗。

十一、伪狂犬病疫苗

伪狂犬病（Pseudorabies）是由伪狂犬病毒引起的猪和其他动物共患的一种急性传染病，本病以发热、奇痒（猪除外）和脑脊髓炎为特征。家畜中以猪发生较多，但犬也可感染发病。猪场猪群暴发本病时，犬常先于猪或与猪同时发病。由于本病与狂犬病有类似症状，所以以往认为与狂犬病是同一种疾病，后匈牙利学者阿乌杰斯基证明本病与狂犬病不是同一种疾病，故又称阿氏病。

（一）伪狂犬病的危害

未获得自然免疫保护的猪群第一次暴发伪狂犬病，1 周内便可传播至全群动物，导致 90%以上的哺乳仔猪死亡。猪只中危害最严重的是哺乳仔猪，发病后死亡率极高，哺乳仔猪一般表现为神经症状和腹泻。成年猪一般为隐性感染，妊娠母猪发生流产、死胎及呼吸症状。

（二）伪狂犬病诊断要点

1. 流行特点 本病一年四季都可发生，但以冬春季节和产仔旺季多发。往往是分娩高峰的母猪舍首先发病，发病率可达 100%，其发病和死亡都有一个高峰（于分娩高峰滞后 5 天），以后逐渐减少。病猪、带毒猪和带毒的鼠类为本病的重要传染源。病毒随鼻分泌物、唾液、乳汁和尿中排出，易感猪主要通过直接接触和间接接触发生感染。本病可经消化道、呼吸道、皮肤、粘膜、生殖道感染，还可垂直传播，感染发病的泌乳母猪可经乳汁传给哺乳仔猪发病。常散发或呈地方流行性。

2. 临床症状与病理变化 临床症状随着年龄的不同而有很大的差异。本病潜伏期一般为 3～6 天。发病仔猪出现神经症状，剧痒难忍而狂暴不安，体表肌肉痉挛，眼球震颤，向上翻，运动障碍。有间歇性的抽搐，严重的出现角弓反张，高热，最后昏迷死亡，病程 36～48 小时。耐过的仔猪往往发育不良，成为僵猪。母猪多呈一过性和亚临床性，孕猪出现流产、死胎。流产发生率为 50%。

由于病毒的泛嗜性，使病理变化呈现多样性，在诊断上具有参考价值的变化是鼻腔卡他性或化脓出血性炎症，扁桃体水肿并伴以咽炎和喉头水肿，勺状软骨和会厌皱襞呈浆液性浸润，并常有纤维素性坏死性假膜覆盖。肺水肿、上呼吸道内含有大量泡沫样水肿液，喉粘膜和浆膜可见点状和斑状出血。淋巴结特别是肠淋巴结和颌下淋巴结充血、肿大、间有出血，心肌松软、心内膜有斑状出血。肾点状出血性炎症变化，胃底部可见大面积出血。小肠粘膜充血、水肿，粘膜形成皱褶并有稀薄粘液附着，大肠呈斑块状出血，脑膜充血及脑脊髓液增多。

（三）伪狂犬病防制措施

本病尚无有效药物治疗。因此，应以防为主，采用综合措施预防本病的发生。疫苗免疫是防制本病的有效方法，种公猪每年春秋两季各免疫1次，经产母猪在产前1个月免疫，后备母猪则在配种前免疫。肉用仔猪可在断奶前进行免疫，间隔5～6周再进行第二次免疫，机体产生的抗体可以保护猪只直到上市。

当暴发伪狂犬病时，仔猪可用高免血清进行紧急治疗和预防，母猪可进行疫苗紧急接种，另外也可用高免血清对母猪进行被动免疫，这样可以对其所产仔猪提供免疫保护。

要彻底根除本病，须反复检疫，淘汰阳性猪。同时应做好消毒、灭鼠等工作，防止疾病传播。安排好猪群的全进全出工作。引进种猪时，须隔离观察一段时间，确认无病方可混群饲养。

（四）防制用疫苗

伪狂犬病疫苗有弱毒活苗、灭活苗、基因缺失苗3类。弱毒活苗虽能预防临床症状的产生，然而疫苗的免疫原性随致弱程度而有所下降，同时弱毒活苗也存在返强的危险。因此，灭活苗仍为安全有效的首选疫苗。特别是针对混合感染，利用多联疫苗效果更好。基因工程疫苗因其安全、高效，受到广大用户的欢迎。但在目前应用的疫苗当中，尚无一种能阻止潜伏感染的疫苗，有的甚至还能引起潜伏感染。目前，人们正致力于新型疫苗的开发，有人用纯化的糖蛋白抗原可以有效地免疫仔猪，并且攻毒后也无潜伏感染，但这仅在试验阶段。

1. 伪狂犬病基因缺失疫苗

【简　介】 本品由伪狂犬病毒弱毒自然双基因缺失株接种鸡胚成纤维细胞，培养增殖后，加适当稳定剂，冷冻真空干燥制成。

【特　点】 本品为淡黄色疏松海绵状团块，加稀释液后迅速溶解为均匀的混悬液。该疫苗为 gE 和 gI 基因缺失疫苗。

【适用范围】 本品主要供伪狂犬病疫区、疫点及受威胁区的动物使用，能有效地预防和控制猪、牛及绵羊等伪狂犬病的暴发和流行。还可用于紧急预防接种。接种后第六天可产生坚强免疫力，免疫期可达 1 年。

【使用方法】 使用时，每瓶疫苗用灭菌磷酸盐缓冲液或生理盐水 40 毫升稀释。稀释后按下列免疫途径及剂量接种动物。①乳猪：股内侧肌内接种每头 0.5 毫升。②断奶仔猪：股内侧肌内或臀肌内接种每头 1 毫升。③成年猪：臀肌内接种每头 2 毫升。生产母猪于每次配种前接种为宜，其所产乳猪可通过吮吸初乳获得被动免疫可不接种疫苗，待断奶后仔猪需再次接种每头 1 毫升。④牛：2～4 月龄犊牛臀肌内接种每头 1 毫升，断奶后再次接种每头 2 毫升。5～12 月龄以内接种每头 2 毫升，12 月龄以上接种每头 3 毫升。⑤绵羊：4 月龄以上才可臀肌内接种本疫苗每头 1 毫升。

【保存、运输条件】 −15℃以下避光保存，有效期为 18 个月。

【注意事项】 ①疫苗稀释前如发现潮解变性时应废弃。稀释后的疫苗应放在冷暗处保存，限 10 天用完。②注射器材及注射部位必须彻底消毒，每接种 1 个动物换 1 个针头。③正在患病、瘦弱及刚阉割的动物不宜接种。④应在当地兽医正确指导下使用。

2. 伪狂犬病活疫苗

【简　介】 本品系用伪狂犬病弱毒株经细胞培养，加适当稳定剂冷冻真空干燥而成。

【特　点】 本品为乳白色疏松团块，加稀释液后迅速溶解。呈均匀的悬浮液。

【适用范围】 用于健康猪、牛、绵羊。以预防伪狂犬病，注苗后

6 天产生免疫力，免疫期 1 年。本疫苗用于疫区及受到疫病威胁的地区。在疫区、疫点内除已发病的家畜外，对无临床表现的家畜等可进行紧急预防。

【使用方法】 按瓶签注明头份，每头份加入 1 毫升灭菌生理盐水，溶解成均匀悬浮液，肌内注射。猪：妊娠母猪及成年猪注 2 毫升；仔猪及架子猪注 1 毫升；乳猪第一次注 0.5 毫升，断乳后再注 1 毫升。牛：1 岁以上注 3 毫升；5～12 月龄注 2 毫升；2～4 月龄注 1 毫升，断乳后，再注射 2 毫升。绵羊：4 月龄以上注 1 毫升。妊娠母猪产前 1 个月注苗为宜，其所生仔猪母源抗体可持续 3～4 周，此后乳猪或断奶猪仍需注射疫苗。未经本疫苗免疫的母猪，其所生乳猪可在生后一同注苗，并在断乳后再注苗 1 次。

【保存、运输条件】 －15℃以下保存期为 18 个月；2℃～8℃保存为 9 个月；10℃～30℃阴暗处保存不超过 1 个月。

【注意事项】 ①本品应冷藏运输与保存。②注射用具必须彻底消毒。稀释后的疫苗限当天用完。

3. 伪狂犬病灭活疫苗

【简　介】 本品系用伪狂犬病病毒强毒株接种于鸡胚成纤维细胞培养，将细胞培养物经甲醛溶液灭活后制成。

【特　点】 本品为淡红色混悬液。久置后，下层有淡乳白色沉淀。

【适用范围】 用于预防牛、羊伪狂犬病。免疫期，牛为 1 年；山羊为 10 个月。

【使用方法】 颈部皮下注射。成年牛 10 毫升；犊牛 8 毫升；山羊 5 毫升。

【保存、运输条件】 2℃～8℃保存，有效期为 2 年。

【注意事项】 ①使用本疫苗前恢复至室温、摇匀。②注射局部应严格消毒。③屠宰前 3 周的猪不得进行本疫苗接种。④注射疫苗有时个别猪会出现局部肿胀，可在短时间内消失。⑤应在当地兽医正确指导下使用。

4. 伪狂犬病-猪细小病毒病二联活疫苗　参见猪细小病毒病防制用疫苗项。

十二、猪细小病毒病疫苗

猪细小病毒病(Porcine parvovrius disease)是由细小病毒科细小病毒属成员猪细小病毒引起的以胚胎和胎儿感染及死亡，而母体本身无明显症状的一种母猪繁殖障碍性传染病。

(一)猪细小病毒病的危害

血清学调查表明，抗体阳性率为 40%～47%，是造成母猪繁殖障碍的主要原因之一，目前世界各地的猪群中普遍存在本病。在发达的养猪地区，呈地方流行性，几乎没有母猪免于感染的。但本病对在怀孕前没有产生免疫力的后备母猪的危害很大，可以使胚胎和早期胎儿死亡，发生繁殖障碍的危险性极大。

(二)猪细小病毒病诊断要点

1. 流行特点　本病常见于初产母猪。一般呈地方性流行，本病的发生与季节似有密切关系，每年 4～10 月份母猪产仔和交配后的一段时间多发。一旦发生后，持续多年，病毒主要侵害新生仔猪、胚胎。妊娠母猪早期感染时，其胚胎、弱仔死亡率高达 80%～100%，猪在感染细小病毒后 1～6 天左右产生病毒血症，并于 3～7 天开始经粪便排毒，以后规则地进行排毒，污染环境，感染 1 周以后，可测出血凝抑制抗体，20 天以内抗体滴度可达 1∶15 000，且能持续数年。在阳性猪群中约有 30%～55%的带毒猪。

猪细小病毒感染病猪是本病的主要传染源。感染的母猪所产的死胎、弱仔、仔猪及子宫分泌物均含有高滴度的病毒。垂直感染的仔猪带毒可达 9 周以上，某些具有免疫耐受性的仔猪可能终身带毒和排毒。被感染公猪的精细胞、精索、附睾、副性腺中都可带毒，在交配时很容易传染给易感母猪。急性感染期猪的分泌物和排泄物中，病毒的感染力可持续几个月，病猪污染过的猪舍，在空舍4个半月后仍可感染猪。

本病可经胎盘和交配垂直感染。公猪、育肥猪、母猪主要通过被污染的饲料、环境、呼吸道、消化道感染。另外，鼠类可以机械性地传播本病，除猪易感外，野猪可能易感。

2. 临床症状与病理变化 感染的初始阶段，可能会出现减食、倦怠、呕吐或腹泻，因时间短暂和症状轻微不易被察觉。因此，受感染的猪通常都表现为亚临床症状。主要症状表现为母源性繁殖失能。感染母猪发情不正常，久配不孕。妊娠母猪感染因胎龄不同，而临床反应也有差异。妊娠初期感染时，因死亡胎儿被吸收，而产仔数量减少；中、后期感染可出现流产和正常产，产出的异常仔约占30%，异常仔即表现为死胎、弱胎和木乃伊胎儿等。娩出后存活的异常仔猪不能起立、衰弱，很快死亡。发生繁殖障碍的母猪除出现流产、死胎、弱仔、木乃伊及发情而不孕等现象外，大部分无其他明显临床症状，个别母猪有体温升高、后躯运动不灵活或瘫痪、关节肿大或体表有圆形肿胀等现象。

妊娠初期（1～70日龄）是细小病毒增殖的最佳时期，在此阶段一旦感染细小病毒，则病毒集中在胎盘和胎儿中增殖，故胎儿出现死亡、木乃伊化、骨质溶解、腐败、黑化等病理变化、母猪流产。肉眼可见母猪有轻度子宫内膜炎变化，胎盘部分钙化，胎儿在子宫内有被吸收和被溶解的现象。大多数死胎、死仔或弱仔皮肤和皮下充血或水肿，胸、腹腔积有淡红或淡黄色渗出液。肝、肺、肾有时肿大脆弱或萎缩发暗。个别死仔、死胎皮肤出血，弱仔生后10小时先在耳尖，后在颈、胸、腹部及四肢末端内侧出现淤血、出血斑，半天内皮肤全部变紫而死亡。

（三）猪细小病毒病防制措施

猪细小病毒引起的繁殖障碍尚无有效方法治疗，惟一的防制措施是使用疫苗免疫。在接种疫苗前应进行抗体检查，以配种前抗体阴性猪为对象，对在春季或夏季配种的初产母猪，进行预防接种，可预防大部分猪繁殖失能。如为清净地区，不论初产母猪或经产母猪均应进行预防接种。在接种疫苗前，摸清本地区细小病毒病流行情况，以获得最佳的免疫效果。如流行期在 7～9 月份，预防接种以在 5～6 月份进行为宜。以 2 次接种间隔 1 周为好，也可间隔 4 周，因苗而异。

确保母猪怀孕前产生主动免疫的主要手段是疫苗免疫。灭活苗和致弱活疫苗都已研制成功，而且效果都较好。由于使用弱毒疫苗存在散毒的危险，所以，国内外灭活苗的应用最广泛。对血清学阴性的母猪和公猪同样要进行免疫，理论上应使用灭活苗而不用活毒苗，但在实际中很少有猪细小病毒病阴性猪群，所以也常用弱毒苗进行免疫。应在孕前几周进行免疫，以使怀孕期易感性高的母猪产生主动免疫，但最好是在干扰主动免疫的初乳抗体消失后进行。

除上述疫苗接种之外，平时应加强猪舍的卫生管理。对污染物、粪尿的处理，猪只的移动，人、车的进出，引进猪只等，都须严格按规定进行。特别是进入饲养妊娠母猪舍的饲料、饮水，应进行无害化处理，对饲养管理人员的衣着，以及饲养管理用具应进行彻底消毒。

（四）防制用疫苗

1. 猪细小病毒病活疫苗

【简　介】 本品系引进国外猪细小病毒弱毒株，经接种细胞培养，收获病毒液，加入适当稳定剂，冷冻真空干燥制成。

【特　点】 为黄白色海绵状疏松团块，易与瓶壁脱离，加稀释液后迅速溶解，无异物。

【适用范围】 用于健康母猪和种公猪的免疫接种。预防细小病毒病。

【使用方法】 后备母猪在6.5月龄时，进行肌内注射，每头猪肌内注射1毫升，免疫期为6个月。

【保存、运输条件】 －15℃保存，有效期为12个月。

【注意事项】 ①使用前应仔细检查包装，如发现瓶破、瓶口胶塞破损、瓶签不清及过期失效等现象时禁止使用。②体质瘦弱，有病，食欲不振者均不应注射。③免疫所用器具均应事先消毒。用过的空疫苗瓶及器具应及时消毒处理。每注射1头猪必须更换1次消毒过的针头。④应随用随稀释，并保证在2小时内用完。

2. 猪细小病毒病灭活疫苗

【简　介】 本品用猪细小病毒浙PK-Z株接种新生仔猪肾细胞，培养增殖，收获的病毒液经灭活后，再配以一定比例的氢氧化铝佐剂制成。

【特　点】 本品为粉红色或微粉红色悬液，长期贮存可呈微粉黄色，不影响使用。

【适用范围】 健康猪接种，预防猪细小病毒病。适用于初产母猪和种公猪的免疫接种。

【使用方法】 初产母猪于每次配种前2～4周，颈部肌内注射2毫升，种公猪于8月龄时首次免疫注射，以后每年注射1次，每次颈部肌内注射2毫升。

【保存、运输条件】 4℃～10℃条件下避光保存，有效期为1年。

【注意事项】 ①避免冻结，冻结后不得使用。②疫苗贮存后，氢氧化铝胶下沉，用前需充分摇匀。③本品若变成黄色不得使用。④本疫苗只对由细小病毒引起的母猪繁殖障碍有效，对其他原因引起的繁殖障碍没有预防作用。⑤应在当地兽医正确指导下使用。

3. 伪狂犬病-猪细小病毒病二联活疫苗

【简　介】 本品系引进国外猪伪狂犬病基因缺失弱毒株、猪细小病毒弱毒株分别接种适宜细胞培养，收获病毒培养液，经冷冻真空干燥制成。

【特　点】 为黄白色海绵状疏松团块，易与瓶壁脱离，加稀释液后迅速溶解，无异物。

【适用范围】 用于健康母猪、种公猪的免疫接种，预防猪伪狂犬病及细小病毒病。

【使用方法】 用专用稀释液稀释，每头猪肌内注射 1 头份（约 2 毫升），免疫期为 6 个月。

【保存、运输条件】 −15℃保存，有效期为 24 个月。瓶签注明耐热的产品，2℃～8℃保存，有效期为 24 个月。

【注意事项】 参见猪细小病毒病活疫苗。

十三、猪繁殖与呼吸综合征疫苗

猪繁殖与呼吸综合征（Porcine reproductive and respiratory syndrome，PRRS）是由猪繁殖与呼吸综合征病毒引起的猪的一种以母猪的繁殖障碍与生长猪及仔猪的严重的呼吸道疾病为特征的传染病。本病于 1987 年由美国首次报道，曾被称为猪神秘病（MSD）、猪生育和呼吸综合征（SIRS）、猪流行性流产和呼吸综合征（PEARS）、猪繁殖和呼吸综合征、猪蓝耳病等名称。1992 年在美国的明尼苏达州举行的关于本病的专题讨论会上，正式命名为“猪繁殖与呼吸综合征”，并得到国际兽疫局的认可。目前，本病已流行于世界上许多国家和地区，我国于 1996 年由郭宝清等首次在国内分离到猪繁殖与呼吸综合征病毒，从而确认了猪繁殖与呼吸综合征在我国猪群中的存在。

（一）猪繁殖与呼吸综合征的危害

我国于 1996 年在北京及周边地区首先暴发猪繁殖与呼吸综合征，随后迅速蔓延到全国各省、市、自治区。初次暴发该病猪场主要表现为母猪的急性繁殖障碍，最明显的表现是流产率极高，死胎、木乃伊胎、弱仔的发生明显增多。在本病暴发期间，发病母猪所产仔猪成活率不到10%。猪场一旦感染就很难根除，病毒往往会在猪群中无休止地循环传播，虽然母猪的急性繁殖障碍症状明显减轻，但由于规模化猪场仔猪的不断产生，敏感种猪的频繁引入，使本病表现为仔猪呼吸道疾病的继发感染显著增高，并伴有敏感种猪的散发性急性繁殖障碍的发生，因此，如不采取积极的防制措施，猪繁殖与呼吸综合征会长期影响猪场的生产。

(二)猪繁殖与呼吸综合征诊断要点

1. 流行特点 猪繁殖与呼吸综合征病毒只感染猪，各种年龄猪均易感。猪繁殖与呼吸综合征病毒携带者与敏感猪接触是猪繁殖与呼吸综合征的主要传播途径；空气传播是另一种主要传播途径，特别是短距离(3千米)内传播尤为严重。冬季气温降低、湿度高、风速大及紫外线照射强度下降等因素可加剧空气传播；人工授精也可传播本病。另外猪群规模、卫生条件、猪群密度也是影响流行的重要因素。急性期可持续数月，之后出现长期性呼吸道病。断乳前后发病的一个主要原因是继发感染。常与猪繁殖与呼吸综合征发生有关联的病毒有猪流感病毒、猪呼吸道冠状病毒、脑心肌炎病毒、副粘病毒等。猪繁殖与呼吸综合征发生过后细菌感染发病率升高，常见的细菌感染包括猪副嗜血杆菌、猪链球菌、霍乱沙门氏菌、胸膜肺炎放线杆菌、猪肺炎支原体和多杀性巴氏杆菌。猪繁殖与呼吸综合征导致猪健康状况不佳，可能持续整个育成期，表现对抗生素治疗和疫苗接种反应差，零星发生死亡。难以估计猪繁殖与呼吸综合征对育成猪的影响。Done 等报道，猪繁殖与呼吸综合征暴发期间和之后出生的仔猪肺部病变发病率从30%增加到70%，仔猪生产能力降低5%～20%，但大多数育成猪群可能感染而无临床症状。猪群一旦感染，可迅速传播至全群，2～3个月内血清阳性率可达85%～95%，随后可持续感染数月。

2. 临床症状与病理变化 潜伏期一般为14天。病程通常持续 3～4 周。感染本病的猪，临床症状不尽相同。但是，该病临床表现的共同点是所有发病猪食欲减退，母猪流产，仔猪出生后呼吸困难。死胎率和哺乳仔猪的死亡率均极高。公猪性欲减退，精液质量下降。初次暴发的地区往往呈急性经过，急性发病期过后，出现慢性和亚临床感染。

发病的繁殖猪群可出现各种症状。全身症状包括急性发病期厌食、发热、无乳症、昏睡、有时出现皮肤变蓝紫色，呼吸道症状有呼吸困难、咳嗽。这些症状不是所有的猪同时出现，而是有先后的。

剖检母猪可见肺水肿、肾盂肾炎和膀胱炎。母猪流产的死胎及出生后不久死亡的弱仔猪，可见头部水肿（特别是颌下、颈下和腋下，水肿部呈胶冻样），眼结膜水肿，鼻两侧皮下水肿并见有出血，之后内侧皮下水肿，并见有大面积出血性浸润。淋巴结肿大，斑状出血，扁桃体水肿并呈弥漫性出血。一侧肺尖叶或心叶有体积较大的暗红色肉变区，膈叶前部也散在大小不等的肉变区。感染的断奶仔猪，可见耳尖和耳边缘出现轻度发绀。肩前淋巴结、颌下淋巴结、肠淋巴结肿大。脾肿大，尤其脾头部肿大明显。肺表面散在花斑样出血。肝轻度肿大，质度脆弱，胆汁粘稠，油黄色。脑软膜充血，侧脑室见有点状出血。育肥猪和公猪除见有耳边缘和耳尖发绀外，在育肥猪还见有肺水肿、胸膜炎和肺炎的病理变化。

（三）猪繁殖与呼吸综合征防制措施

1. 非疫区和阴性场的疫苗免疫程序和综合防制措施

(1)*疫苗免疫*　在非疫区和阴性场，如果能确保无病毒侵袭的危险，原则上可不用疫苗免疫。但就我国流行现状而言，应用疫苗预防是最佳选择。在非疫区和阴性场，应使用灭活疫苗对全部母猪和公猪进行免疫，免疫程序为进行 2 次肌注，间隔 3 周，每头 4 毫升，以后每隔 5 个月免疫 1 次，每头 4 毫升。对哺乳猪、保育猪和育肥猪不进行疫苗免疫。

(2)综合防制措施

①种源控制　猪繁殖与呼吸综合征在我国之所以流行广泛，危害巨大与种猪频繁交换有直接关系。因此，必须严把种猪引进关，严禁从疫场引进种猪。种猪引进之前必须进行猪繁殖与呼吸综合征的检测，杜绝携带猪繁殖与呼吸综合征病毒的猪的引入。引进的种猪应在隔离观察期间进行猪繁殖与呼吸综合征灭活疫苗的基础免疫。

②环境控制　由于猪繁殖与呼吸综合征病毒具有高度的传染性，可通过粪、尿及腺体分泌物散播病毒，每周至少带猪消毒1～2次，实行全进全出制。各阶段猪转出后，彻底消毒所在栏舍，空置2周以上再引进新猪。场区一般每月消毒1次，在猪场周围4千米以内不应兴建其他养殖场。

③检测　对保育猪和育肥猪实行血清学检测，用以监测是否有野毒的侵入，一旦发现疑似猪立即隔离，送权威部门确诊。

2. 受威胁地区猪场的疫苗免疫程序和综合防制措施

(1)疫苗免疫　受威胁地区的猪场或存在病毒侵袭危险的猪场，应立即采取全群疫苗免疫策略。使用灭活疫苗对所有母猪和公猪进行接种，基础免疫之后，每隔5个月免疫1次。对3～18周龄猪可进行弱毒疫苗免疫。免疫程序为3～10周龄猪肌内接种弱毒疫苗1次，每头1毫升；10～18周龄猪肌内接种弱毒疫苗1次，每头2毫升。

(2)综合防制措施

①种源控制　应坚持自繁自养，在此期间，禁止种猪引进和猪只流动。等猪场所在地区的猪繁殖与呼吸综合征疫情平稳之后，再慎重引种，引进之前必须进行猪繁殖与呼吸综合征的检测，隔离观察期适当延长。

②环境控制　带猪消毒每周应增至4～6次，场区一般每2周消毒1次。严禁在猪场周围放牧牲畜。

③检测　当怀疑有本病发生时，应尽快确诊、全群检疫、隔离

病猪、加强猪舍和猪群的卫生消毒。

3. 暴发和流行地区猪场的疫苗免疫程序和综合防制措施

(1)疫苗免疫　暴发和流行的地区猪场，应立即采取紧急预防接种，使用灭活疫苗对全部母猪和公猪进行免疫，采用弱毒疫苗紧急预防接种时，可根据具体情况适当增加剂量。

(2)综合防制措施

①疫情监测　当怀疑有本病发生时，应尽快确诊。对发病母猪，特别是所产仔猪全部或大部分死亡的母猪，应推迟一个泌乳期配种，对其所产胎衣、胎盘及病死猪残体应立即焚烧，对受污染环境彻底消毒，对全群母猪采用灭活疫苗免疫接种，使全体母猪建立确切的免疫力。

对初生仔猪，最好人工喂乳或异源天然乳；对于弱仔可对症治疗，补给电解质等。新生仔猪在断奶后，采用弱毒疫苗或灭活疫苗进行免疫。

②继发感染疾病的药物控制　应采用特效药控制其他呼吸疾病的继发感染。

(四)防制用疫苗

目前疫苗免疫是预防猪繁殖与呼吸综合征的主要手段，猪繁殖与呼吸综合征灭活疫苗和弱毒疫苗在国外已经商品化。Plana(1995)报道应用西班牙毒株研制成功一种灭活疫苗，用于免疫母猪和公猪效果不错，该苗需进行两次(间隔 3 周)基础免疫，对怀孕母猪的攻毒试验表明，其免疫保护率可达 70%以上。

美国的 Gorcyca(1995)等研制的弱毒疫苗，可用于 3～18 周龄猪和后备母猪的免疫，在接种 7 天能产生保护性免疫，免疫期可达 16 周。弱毒疫苗接种后，病毒血症的持续时间较短，野外试验表明这种苗对猪繁殖与呼吸综合征流行地区的保育猪和哺乳猪有明显的保护作用。

郭宝清等于 1996 年首先分离到国内的流行毒株(CH-1a)。利用国内分离株(CH-1a)研制成功了猪繁殖与呼吸综合征灭活疫苗,免疫保护率在85%以上。哈尔滨兽医研究所采用国外引进的弱毒疫苗种毒成功研制了猪繁殖与呼吸综合征弱毒疫苗,各项指标均达到了国外同类产品的水平。

1. 猪繁殖与呼吸综合征活疫苗

【简　介】 本品采用国际标准致弱毒株,应用细胞悬浮培养技术增殖病毒,加适当稳定剂,冷冻真空干燥制成。

【特　点】 本品为海绵状疏松的乳白色块状物,易溶解,无沉淀产生。

【适用范围】 用于预防和控制猪繁殖与呼吸综合征的发生与蔓延。

【使用方法】 在耳后肌内注射免疫。用磷酸盐缓冲液或生理盐水稀释到25毫升,种猪、育成猪每头2毫升,仔猪每头1毫升。

【保存、运输条件】 −20℃条件下,避光保存或运输,有效期为1年。

【注意事项】 ①本疫苗使用前应稀释成均匀的液体。②注射局部应严格消毒。③稀释后应一次用完,注射用器具应做无菌处理。④应在当地兽医正确指导下使用。

2. 猪繁殖与呼吸综合征灭活疫苗

【简　介】 本品采用国内分离的流行毒株作为疫苗种毒,通过细胞悬浮培养技术增殖病毒,加油佐剂乳化制成。

【特　点】 本品为乳白色或淡粉红色均匀乳剂,属油包水型。

【适用范围】 用于预防和控制猪繁殖与呼吸综合征的发生与蔓延。适合3周龄以上的猪使用。

【使用方法】 公猪采精或配种前2～3个月;母猪配种前5～7天首免,皮下或肌内接种4毫升/头,间隔20天以同样剂量和途径加强免疫1次,以后每6个月免疫1次。

【保存、运输条件】 2℃～7℃条件下避光保存或运输,有效期为半年。

【注意事项】 ①使用本疫苗前恢复至室温，摇匀。②注射局部应严格消毒。③屠宰前 3 周的猪不得进行本疫苗接种。④注射本疫苗，有时个别猪会出现局部肿胀，可在短时间内消失。⑤应在当地兽医正确指导下使用。

十四、猪布氏杆菌病活菌苗

猪布氏杆菌病(Porcine brucellosis)，简称布病。是由布氏杆菌引起的，以猪全身感染从而导致繁殖障碍为主要特征的传染病，因为布病是一种严重的人畜共患病，一直被认为是一种特殊存在的传染病。布病主要特征是生殖系统发炎、流产、不孕、睾丸炎和关节炎。

（一）猪布氏杆菌病的危害

布病广泛分布于世界各地，我国至今仍有布病的存在，对畜牧业与人类健康均带来较大的危害。猪的布氏杆菌病是人感染发病的主要传染源之一。它引起的公共卫生危害要比其他牲畜的布氏杆菌病要大，因为猪种布氏杆菌(B. suis，亚种 1 和亚种 3)对人类具有很强的致病性。因此，猪布病的防制不仅具有重要的经济意义，而且更具有重要的公共卫生意义。

（二）猪布氏杆菌病诊断要点

1. 流行特点 病猪和带菌猪尤其是受感染的妊娠母猪是本病主要的传染源。病原菌可随感染动物的精液、乳汁、脓液，特别是流产胎儿、胎衣、羊水及子宫渗出物污染环境，通过污染饮水、饲料、用具和草场等媒介造成动物感染。消化道感染是本病主要的传播途径，也可通过结膜、阴道、皮肤感染。猪的习性和本病的一般特点决定了消化道是该病最常见的侵入门户。各种年龄的猪都可能吃到或喝到被本病原菌污染的物品。仔猪可经母乳感染。布氏杆菌病在猪是一种性病，当与感染的公猪交配时，或用污染了布氏杆菌的猪精液人工授精时，母猪会很快被感染。

2. 临床症状与病理变化 布氏杆菌感染母猪和公猪均表现较明显的临床症状。母猪多在妊娠的第三个月发生流产。流产母猪表现精神不振、食欲不佳，乳房、阴唇肿胀，有时排泄粘性脓样分泌物。子宫粘膜常出现灰黄色粟粒大结节或卵巢脓肿，导致不孕。正常分娩或早产时，可产生弱仔或死胎、木乃伊胎。病猪如发生脊椎炎时，可致后躯麻痹；发生关节炎、滑液囊炎时，则出现跛行。公猪出现一侧或两侧睾丸炎、附睾萎缩。病公猪性欲减退甚至消失，失去配种能力。

不管妊娠与否，发病母猪子宫均有明显病变。粘膜上散在分布着很多淡黄色的小结节。结节质地硬实，切开有少量干酪样物质渗出。小结节可相互融合成不规则的斑块，从而使子宫壁增厚、内膜狭窄，通常称其为粟粒性子宫布氏杆菌病。输卵管也有类似子宫结节病变，有时可引起输卵管阻塞。在子宫阔韧带上有时见散在扁平、红色、不规则的肉芽肿。流产或正产时胎儿的状态多不相同，有的已干尸化，有的死亡不久，有的是弱仔猪，可能还有正常仔猪。公猪布氏杆菌性睾丸炎结节中心为坏死灶，外围有一上皮样细胞区和浸润有白细胞的结缔组织包囊，附睾通常呈化脓性炎症。发生关节炎、滑膜炎时，表现为具有中央坏死灶的增生性结节，有的坏死灶可发生脓性液化。猪布氏杆菌还可引起椎骨的骨髓炎病变，表现为具有中央坏死灶的增生性结节，有的坏死灶可发生脓性液化，化脓性炎症的蔓延可引起化脓性脊髓炎或椎旁脓肿。

（三）猪布氏杆菌病防制措施

通常情况下抗生素治疗仅限于本病的菌血症期，停止治疗后，组织中仍存在布氏杆菌。尽管治疗对在从寄主中根除所有细菌方面尚无效果，但可以抑制布氏杆菌迅速繁殖，以此缓和临床症状和减少细菌的传播。

目前，在美国消灭布氏杆菌病是一项州、联邦和家畜行业共同的计划措施。当猪群发现或怀疑有布氏杆菌感染时，建议使用3个不同的措施。首先减少猪群的数量，这是目前长期使用的最有效、最经济的方法；其次是一项为挽救不可替换的世系而制定的措施，包括把成年猪送入市场屠宰而保留断奶猪作为繁殖种群，由于该措施总不成功，因此，需要考虑隔离和反复检测的措施；第三是淘汰血清学阳性反应的猪，以必要的次数重复检测该猪群。如果该猪群已经被感染，最后一项措施是极少成功的，但如果猪群只有个别阳性反应猪，或者阳性反应的猪是极少数，而且有理由怀疑布氏杆菌病存在，那么此措施是一个选择。

（四）防制用疫苗

疫苗作用的机制是细胞介导的免疫，体液免疫只起极小的作用或根本不起作用。通过疫苗刺激可产生明显的抵抗力，但免疫的持续性却非常有限。

猪布氏杆菌病活菌苗

【简　介】 本品系布氏杆菌猪型2号弱毒活菌培养物加适当稳定剂，真空冻干制成。

【特　点】 为白色或淡黄色疏松团块，加入稀释液，充分振摇，成均匀混悬液。羊口服，气雾或注射免疫期均为3年；牛口服免疫期为2年；猪口服或注射免疫期为1年。

【适用范围】 供预防山羊、绵羊、猪和牛的布氏杆菌病。

【使用方法】 ①口服法。本疫苗最适于口服用，口服时不受怀孕限制，可在配种前1～2个月进行，亦可在怀孕时期使用；猪服两次，每次200亿个活菌，间隔1个月。如畜群大，可按全群动物数计算所需菌苗量，将菌苗溶入饮水中，让全群饮服或拌入饲料中采食。如果畜群小，可逐头用注射器把苗注入口内，或将苗加入常水中用长颈瓶逐头灌服，或加入饲料中逐头喂服。②气雾法。孕畜不得使用。气雾法以室内接种最为可靠，露天气雾时，应在避风处或无风天进行，方法是把畜群赶入室内，关闭门窗，按牲畜数计算所需菌苗量。用常水将所需菌苗做适当稀释进行气雾免疫，让畜群在室内停留 20～30 分钟即可。③注射法。只限于非怀孕猪，孕畜注射可引起流产。猪皮下注射两次，每次 200 亿活菌，间隔 1 个月。

【保存、运输条件】 2℃～8℃保存，有效期为 12 个月。到期可统计活菌数，如不低于原菌数的 50%可按现存活苗重新计算免疫剂量，延长有效期 3 个月。

【注意事项】 ①本疫苗口服法最安全。②疫苗稀释后，要当天用完。③拌水饮服或灌服时，应注意不能用热水，以免烫死细菌，服苗动物在服苗的当天、前一天和后一天应停止饲喂发酵饲料和含抗生素的饲料。④本疫苗具有一定的残余毒力，使用时要注意个人防护，不要用手拌苗。稀释和接种菌苗的用具，用后须煮沸消毒。饮水免疫用的水，可以用日光消毒。做气雾免疫时，宜在密闭室内进行，避免群众在墙外围观，工作人员要戴胶皮手套和口罩，工作完毕后，必要时服用四环素。

十五、猪流行性感冒疫苗

猪流行性感冒(Swine influenza，SI)，简称猪流感。是由 A 型流感病毒引起的猪的一种急性、传染性呼吸道疾病。其特征为突然发生、咳嗽、呼吸困难、发热、衰竭及迅速康复。除少数病例，因严重的病毒性肺炎可导致死亡外，呼吸道的损伤一般发展很快，且迅速转归。本病的病程、病性及严重性随病毒毒株、猪的年龄和免疫状态的不同而不同。

(一)猪流行性感冒的危害

各年龄、性别和品种猪均能感染猪流感病毒，发病率高，恢复缓慢，阻碍增重，降低肉料比，直接影响猪群健康状态，是规模化养猪场普遍存在且难以根除的群发性疾病之一。一旦发病，迅速波及全群，但能很快恢复，病死率不足1%，仅有少数病例可因发生病毒性肺炎而死亡。由于流感可引起呼吸道细菌和病毒的继发或混合感染，使疫情更为复杂，死亡率增高，由此引起的经济损失无法估量。因此，猪流感对养猪业危害极大。猪的种间屏障相对较低，是禽、猪、人流感病毒惟一的共同易感宿主，是人流感病毒和禽流感病毒双重感染的“混合器”或活载体，一个细胞同时被两种流感病毒感染，导致基因重配的发生，从而产生抗原性改变的流感病毒重组株，引起新的大流行。1918年最大的一次世界性人类流感大流行就是由猪流感引起的。1976年美国入伍新兵中曾发生猪流感病毒(H_1N_1)引起的流感小暴发。我国对H_1N_1和H_3N_2在猪群和人群中状况进行了数年的血清学调查，并证实两者的HA阳性检出率呈平行关系。因此，猪流感还具有极其重要的公共卫生意义。

(二)猪流行性感冒诊断要点

1. 流行特点 病猪和带毒猪是本病的传染源，带毒猪可带毒6周至3个月之久。猪流感病毒可通过隐性感染或慢性感染的猪在猪群中长期保留，当外界因素改变引起猪体应激时，就可导致猪流感的暴发与流行。猪场一旦有猪流感的暴发与流行，该猪场就很难在猪群中清除本病。

呼吸道感染是本病的主要传播途径。病毒凭借飞沫和粉尘颗粒通过呼吸道感染猪体，也可通过猪体的直接接触感染。各种年龄、性别和品种的猪均易感。本病的流行有一定的季节性，多发生在早春和晚秋等气候剧变的季节。猪流感的潜伏期为2～7天，人工感染的潜伏期为1～2天。猪流感的发病非常典型，发病急，传播快，发病率高，几乎100%，死亡率低，不足1%，恢复得快，呈一过性。

此外，猪流感的发生与人流感的发生具有相关性，猪流感发病率高的地区，人流感的血清学检出率也相对较高，几乎每次在人流感病毒新变异株引起人流感暴发或流行的前后都有猪流感的发生和流行。已经证实人和猪的流感病毒可在人和猪宿主之间交叉感染和传播。猪流感病毒与人流感病毒的 AO 型、A1 型同属一个亚型(H_1N_1)。

2. 临床症状与病理变化 本病典型发病的猪少，临床症状轻微，大部分猪不表现明显的临床症状，个别病例表现持续咳嗽、消化不良、瘦弱、长期不愈，可拖延 1 个月以上，预后不良。母猪在怀孕 80 天感染时，可通过胎盘感染胎儿，造成流产。仔猪生后发育不良，且死亡率较高。

猪流感的病理变化以呼吸道病变最为明显。鼻、咽、喉部及气管粘膜出血，肿胀，表面覆盖有粘稠的液体，小支气管和细支气管内充满泡沫样渗出液，有时混有血液。胸腔蓄有大量混有纤维素的浆液，病变组织与健康组织界限明显，颜色呈暗红色或紫红色，触之似皮革的肺脏病变部位多发生于肺的尖叶、心叶、中间叶、膈叶的背部和基底部，与周围组织有明显不同，常伴有明显的苍白的气肿，并有许多出血点；肺的间质变宽，间叶与心叶受损最为严重，右肺比左肺严重，病变肺有分布广泛的膨胀不全区，常呈不规则分布。感染流行性感冒病猪的眼观变化与猪地方流行性肺炎的病变相似，但脾明显肿大，肠粘膜发生卡他性炎症，局部粘膜充血，胃大弯部充血严重。大肠有斑块状出血，并有轻微的卡他性渗出物。

（三）猪流行性感冒防制措施

猪流感尚无特异的疗法，重要的是精心护理，提供舒适避风的猪舍和清洁、干燥、无尘土的垫草。为避免其他的应激，在猪的急性发病期内不应移动或运输猪只。由于多数病猪发热，故应保持供给新鲜的洁净水。病期内食欲明显下降，但随症状的改善很快恢复。通常在饮水中使用祛痰药进行群体治疗。为控制并发或继发的细菌感染，用抗生素和其他抗微生物制剂进行治疗。金刚烷胺能有效地降低人工感染猪的热反应和减少病毒的排出。

（四）防制用疫苗

有人已经试验开发了灭活病毒疫苗。但接种后的抗体反应和抗感染的保护力变化相当大。在用温度敏感的 H_1N_1 株研究表明，未经免疫的人工感染猪达到市场体重所需的时间比免疫攻毒对照组多两周。在美国有一种预防猪流感疫苗获得批准，是一种含 H_1N_1 病毒的水包油疫苗，可保护断奶仔猪和种猪抵抗猪流感，是一种预防猪流感病毒引起的临床疾病的安全、有效的疫苗。有人将 Quil A 和铝胶联用作为猪预防流感病毒的有价值的免疫增强剂。在欧洲，普遍实施抗猪流感病毒的免疫接种，已有商品的全病毒灭活疫苗和经去污剂处理病毒制备的裂解产物疫苗。猪流感病毒疫苗可以肌内注射使用，血清中的 HI 抗体水平决定着保护力，建议间隔 3 周后进行第二次疫苗注射。在实验条件下，用 A/新泽西/1/76(H_1N_1)株或 A/Port chalmers/1/73(H_3N_2)株单价苗一次免疫育肥猪，攻毒后能产生临床保护，减少病毒在肺中的复制，1 个月后再用两次 H_1N_1 疫苗加强免疫产生完全的抗感染保护作用。

关于在野外进行猪流感免疫接种产生的经济效益报道不一。在商品育肥猪场，进入育肥猪舍后很快发生猪流感病毒感染，因此认为灭活免疫产生的免疫力太慢。而在比利时封闭的育肥猪场里，特别是在冬季感染更严重时，对育肥猪实施免疫接种被认为是有经济效益的。但注意在 10 周龄之前不要免疫接种，以避免母源抗体的干扰。在欧洲，一种皮内接种免疫育肥猪的疫苗最近已获执照。尽管这种免疫接种方法非常省力，但在野外使用的效力仍然有待证实。由于 H_1N_1 病毒在猪中广泛传播及其抗原保守性，因此，免疫接种应该是猪流感控制计划中的一种有效的方法。

十六、猪传染性胃肠炎疫苗

猪传染性胃肠炎（Transmissible gastroenteritis of pigs,

TGE)是猪的一种高度接触性传染性肠道疾病，以呕吐、严重腹泻和脱水为特征。病原为传染性胃肠炎病毒，属于冠状病毒科的冠状病毒属。

(一)猪传染性胃肠炎的危害

猪传染性胃肠炎呈流行性发生，传播迅速。猪传染性胃肠炎是仔猪发病和死亡的主要原因之一。新生仔猪死亡率高，目前没有有效而实用的治疗方法，应采取严格的生物安全措施。可买到的商品疫苗保护力不高，是本病造成巨大经济损失的主要原因。各类调查表明，在欧洲和北美洲有19%～54%抽检猪群TGEV抗体阳性。在美国阳性率亦达36%。最近，在欧洲许多国家，几乎100%猪群猪传染性胃肠炎病毒抗体阳性。这是由于猪传染性胃肠炎病毒的变异株——猪呼吸道冠状病毒(PRCV)所致。因此，猪传染性胃肠炎所造成的经济损失十分严重。

(二)猪传染性胃肠炎诊断要点

1. 流行特点 猪传染性胃肠炎仅引起猪发病，其他动物即使口服病毒也不发病，但能从口服病毒动物的粪便中分离到有繁殖力的病毒。犬有自然感染猪传染性胃肠炎的报道，其排泄物喂饲健康乳猪可引起发病。耐过犬的血清中含有猪传染性胃肠炎病毒的中和抗体，所以犬可以参与猪传染性胃肠炎的传播。病猪和带毒猪是重要的传染源，其排泄物、乳汁、呕吐物、呼出气体等均能排出病毒，通过消化道和呼吸道传播给易感猪。新疫区的发病，多数是由于引进带毒猪或通过人及其他动物为媒介而传播的。初次发病所有的猪都呈暴发性，1～2周内乳猪死亡率很高，中猪和母猪呈良性经过，并产生一定的免疫力。猪传染性胃肠炎全年均可发生，但有明显的季节性，以冬春季节发病较多。

2. 临床症状和病理变化 本病潜伏期很短，一般在24～36小时，也有延至2～3天。发病突然，部分乳猪先呕吐后腹泻，吐出白色凝乳块或带黄色粘液的胃内容物。腹泻开始稍粘稠，很快成为稀便，粪便呈黄色、灰黄褐色，淡黄水样，有腥臭味，肛门及会阴部呈红色，乳猪迅速脱水，喜呆立一隅，弓腰没有精神，有一过性体温升高，但不易测到。因母猪患病，少乳、停乳，造成营养严重失调，加之寒冷等因素，会加重仔猪的病情，甚至还会使仔猪全窝死掉。若母猪产前发病，痊愈后产仔，乳猪将免于发病和死亡；中猪、肥猪和母猪的临床症状较轻，表现减食，腹泻呈喷射状，偶有呕吐症状，一般经过 3～7 天康复，很少有死亡。

尸体因脱水而消瘦，眼窝下陷，皮毛不洁、灰暗粗乱，肛门周围红色或不洁、有黄绿色粪便，可视粘膜发绀。主要病变在胃和小肠。胃内充满凝乳块，胃底粘膜轻度充血。肠内充满黄色或灰白色较透明液体，肠壁菲薄透明，扩张无弹性，肠系膜淋巴结肿胀。心、肌肉和肾可能出现萎缩变性。空肠绒毛显著萎缩。

（三）猪传染性胃肠炎防制措施

防止猪传染性胃肠炎病毒侵入猪场，应从无猪传染性胃肠炎病毒猪场引进猪，并群前在猪场隔离 2～4 周。发病猪需在症状消失后 4 周，才能引入清洁猪场。

猪传染性胃肠炎病毒感染猪的粪便可被靴、鞋、衣服、车斗、饲料等携带，并可能成为其他猪场感染的来源。应尽量减少这种情况的发生。

当猪场发生猪传染性胃肠炎后，要立即隔离病猪，对猪舍、场地、用具进行严格消毒。封锁或限制人员来往，防止病毒传播蔓延。同时可对未发现感染妊娠母猪或青年母猪实施紧急预防接种，以保护即将分娩的仔猪。

为了控制或消除地方流行性猪传染性胃肠炎猪场的问题，可采取以下两种方法：第一，对怀孕期血清学阳性母猪，在怀孕晚期或刚产仔后，肌内注射或乳腺内注射猪传染性胃肠炎弱毒活苗以加强免疫，以提高乳中的抗体水平，为哺乳仔猪提供更长期的被动免疫保护，有助于减少死亡率。第二，改变管理制度，中断感染周期，消除易感猪，可以暂时改变产仔计划，暂时使用其他设施，使用较小的产房和哺乳房，以更好地实施全进全出管理制度。

（四）防制用疫苗

猪传染性胃肠炎是典型的局部感染，以局部体液免疫和全身的细胞免疫发挥抗感染作用。只有通过粘膜免疫才能产生具有抗感染作用的分泌型 IgA，而以 IgG 为主的循环抗体仅有诊断意义，抗感染能力很弱。因此，口服和鼻腔接种是最佳免疫途径。研究表明，虽然口服猪传染性胃肠炎弱毒活苗后，免疫接种猪的母源抗体降低或全部抑制其主动免疫的产生，哺乳仔猪被动循环抗体和肠内抗体滴度较高。

猪传染性胃肠炎疫苗免疫的主要目的是保护仔猪，所遵循的原则是乳汁免疫（被动免疫），主动免疫主要用于未接种猪传染性胃肠炎疫苗且受本病威胁的仔猪。目前，国内已研制出多种猪传染性胃肠炎疫苗。

1. 猪传染性胃肠炎-猪轮状病毒病二联活疫苗 参见猪轮状病毒病防制用疫苗项。

2. 猪传染性胃肠炎-猪流行性腹泻二联活疫苗

【简　介】 本品含猪传染性胃肠炎病毒弱毒华毒株病毒和猪流行性腹泻病毒弱毒 CV777 株病毒，每毫升病毒含量≥$10^{7.0}$ $TCID_{50}$。

【特　点】 为黄白色海绵状疏松团块，易与瓶壁脱离，加稀释液后迅速溶解，无异物。

【适用范围】 用于预防猪传染性胃肠炎及猪流行性腹泻。主动免疫接种后 7 天产生免疫力，免疫期为 6 个月。仔猪被动免疫的免疫期至断奶后 7 天。

【使用方法】 妊娠母猪于产仔前 20～30 天后海穴位（即尾根与肛门中间凹陷的小窝部位）接种，每头 1.5 毫升；其所生仔猪于断奶后 7～10 天接种疫苗，每头 0.5 毫升。未免疫母猪所产 3 日龄以内仔猪，每头 0.2 毫升；体重 25～50 千克育成猪，每头 1 毫升；体重 50 千克以上成年猪，每头 1.5 毫升。进针深度 3 日龄仔猪为 0.5 厘米，随猪龄增大而加深，成年猪为 4 厘米。

【保存、运输条件】 －20℃以下保存，有效期为 2 年；2℃～8℃保存，有效期为 1 年。

【注意事项】 ①运输过程中应防止高温和阳光照射。②妊娠母猪接种疫苗时要进行适当保定，以避免引起机械性流产。③疫苗稀释后，限 1 小时内用完。④接种时，针头保持与脊柱平行或稍偏上，以免将疫苗注入直肠内。

3. 猪传染性胃肠炎-猪流行性腹泻二联灭活疫苗

【简　介】 本品系用猪传染性胃肠炎、猪流行性腹泻病毒细胞培养液，经灭活后，加氢氧化铝胶浓缩制成。

【特　点】 本品为粉红色的均匀混悬液。静止后，上层为红色澄清液体，下层为淡灰色沉淀，使用前经振摇，即呈均匀悬液。

【适用范围】 用于预防猪传染性胃肠炎和猪流行性腹泻。供妊娠母猪的被动免疫用，以保护仔猪，也用于主动免疫保护不同年龄的猪，主动免疫接种后 2 周可产生免疫力，免疫持续期为 6 个月。

【使用方法】 接种途径为后海穴。妊娠母猪于产仔前20～30天接种 4 毫升。25 千克以下仔猪 1 毫升，25～50 千克育成猪 2 毫升，50 千克以上成年猪 4 毫升。

【保存、运输条件】 4℃～8℃条件下避光保存，有效期为 1 年。

【注意事项】 ①本疫苗对流行性腹泻病毒和传染性胃肠炎引起的腹泻有效，对其他原因引起的腹泻不起作用。②注意单一依靠疫苗不能控制混合感染引起的腹泻，应采取综合防制措施。③疫苗在运输过程中，应防止高温和阳光照射，在免疫接种前应充分振摇后，再行接种。④给妊娠母猪接种疫苗时要适当保定，以避免引起机械性流产。后海穴位即尾根与肛门中间凹陷的小窝部位，接种疫苗的进针深度按猪龄大小为0.5～4厘米，2日龄仔猪为0.5厘米，随猪龄增大则进针深度加大，成年猪为4厘米，进针时保持与直肠平行或稍偏上。避免疫苗注入直肠内。⑤应在当地兽医正确指导下使用。

十七、猪流行性腹泻疫苗

猪流行性腹泻(Porcine epidemic diarrhoea，PED)是由猪流行性腹泻病毒引起的一种猪接触性急性肠道传染病，以水泻、呕吐和脱水为特征。猪流行性腹泻病毒与猪传染性胃肠炎病毒同属冠状病毒属成员，两者在病毒粒子形态、临床症状及流行病学方面极为相似，难以区分，但无任何抗原交叉关系。

(一)猪流行性腹泻的危害

猪流行性腹泻于1976～1977年首先发现于比利时和英国的一些种猪场，在各种年龄的猪群中暴发了急性腹泻。据在我国调查，本病与猪传染性胃肠炎有30%～40%的混合感染。亚洲与欧洲的发病情况不同，近年来，发生了高死亡率腹泻。流行甚为严重，且无法从临床上与典型的急性猪传染性胃肠炎相区别。加上其影响生产性能等方面的降低，造成了严重的经济损失。

(二)猪流行性腹泻诊断要点

1. 流行特点 病毒存在于肠绒毛和肠系膜淋巴结中，随粪便排出后，污染饲料、饮水、衣服、鞋子、车辆及工具等而散播传染。病猪是主要传染源。感染途径是消化道。所有年龄的猪都可以感染发病，发病率达100%，尤以哺乳仔猪受害最严重，母猪发病率可达15%～90%。常年均可发生，但以冬春季节发病最为严重。随感染毒株的毒力和猪的敏感程度的不同，潜伏期长短不一，哺乳仔猪

8～36 小时，中猪和肥猪 1～3 天或更长。

2. 临床症状与病理变化 病猪表现呕吐，迅速腹泻脱水，腹泻粪便呈水样，黄色或灰黄色，体温基本正常，濒死前体温下降。呕吐多发生于吃食和吃奶之后。中猪、肥猪和母猪常呈精神委顿、厌食和持续 3～7 天的腹泻，恢复后生长发育不良。

病理变化多限于小肠，有的结肠、盲肠也有变化。肠管膨满扩张，肠壁透明，肠系膜充血，肠系膜淋巴结水肿。显微镜下观察可见肠绒毛萎缩变短，其绒毛与肠腺的比率从正常的7∶1下降到约3∶1。

（三）猪流行性腹泻防制措施

对于猪流行性腹泻尚无特别有效的治疗方法，发病猪场可以使用抗菌药物和消化药进行对症治疗。应让发生腹泻的猪自由饮水，以减少脱水的发生。另外，应停止喂料，尤其对于育肥猪能减轻腹泻症状。由于猪流行性腹泻传播相对较慢，可采取一些预防措施以防止病毒进入分娩舍而危害新生仔猪，这种方法有利于推迟仔猪的感染而减少死亡损失。将猪流行性腹泻病毒人为地扩散到妊娠母猪舍可激发母猪乳汁中迅速产生免疫力，因而可缩短本病的流行时间。这种人为感染的方法与猪传染性胃肠炎病毒的相似，即将腹泻仔猪的粪样或死亡猪只的肠内容物暴露于妊娠母猪舍内。对于种猪场，若发现暴发猪流行性腹泻后连续数窝的断奶仔猪中均存在猪流行性腹泻病毒，则可将仔猪断奶后立即移至别处至少饲养 4 周。同时暂停从外引进新猪。加强卫生管理，限制猪和人的流动，以预防猪流行性腹泻病毒侵入猪场。

（四）防制用疫苗

在亚洲，由于腹泻严重暴发，故进行了研制弱毒疫苗的尝试。1995 年报道适应细胞的 CV777 病毒株，其基因序列明显改变，对剖腹产新生仔猪的致病力很低。韩国毒株（KPEDV）在 Vero 细胞上传93代对新生仔猪的致病率降低，对妊娠母猪安全，因而建议该株细胞适应毒作为疫苗候选毒株。目前，接种疫苗是预防本病最有效而可靠的办法。我国研制的猪流行性腹泻氢氧化铝灭活疫苗、猪传染性胃肠炎-猪流行性腹泻二联活疫苗，其保护率85%以上，在预防猪流行性腹泻的发生中发挥重要作用。

1. 猪流行性腹泻氢氧化铝灭活疫苗

【简　介】 本品用猪流行性腹泻病毒国内分离的沪毒株人工感染仔猪，收获的组织捣碎后，经灭活，再配以氢氧化铝胶佐剂制成。

【特　点】 本品为乳白色或微土黄色的均匀混悬液。静置后上清透明、沉淀物为细腻的青色，用时充分振摇。其保护率可达85%以上。

【适用范围】 健康猪接种，用于预防猪流行性腹泻病毒引起的腹泻症。主要供妊娠母猪的被动免疫用，断奶仔猪及其他猪只可做主动免疫，免疫力产生期为2周，免疫期为6个月。

【使用方法】 接种途径均为后海穴位。被动免疫：于产前20～30天注射，每头3毫升。主动免疫：体重10千克以内的猪每头0.5毫升；10～25千克每头1毫升；25～50千克每头2毫升；50千克以上3毫升。启封后当天用完。

【保存、运输条件】 2℃～8℃条件下避光保存，有效期为1年。

【注意事项】 本疫苗只对猪流行性腹泻病毒引起的腹泻有效，对其他原因引起的腹泻不起作用。其他注意事项同猪传染性胃肠炎-猪流行性腹泻二联灭活疫苗。

2. 猪传染性胃肠炎-猪流行性腹泻二联活疫苗 参见猪传染性胃肠炎防制用疫苗项。

3. 猪传染性胃肠炎-猪流行性腹泻二联灭活疫苗 参见猪传染性胃肠炎防制用疫苗项。

十八、猪轮状病毒病疫苗

猪轮状病毒病(Porcine rotavirus disease)主要是由猪轮状病毒引起的一种幼龄猪急性消化道传染病，仔猪的主要症状为厌食、下痢、呕吐，中猪和大猪为亚临床症状或隐性感染。

(一)猪轮状病毒病的危害

轮状病毒在刚断奶仔猪的腹泻综合征中的作用还不清楚，一直认为轮状病毒是刚断奶仔猪严重腹泻的一个主要病因，引起的死亡率可达 10%～50%。但是，凡是断奶仔猪感染轮状病毒表现为严重腹泻的，都有传染性胃肠炎病毒或肠毒素型大肠杆菌的溶血性菌株混合感染。有人认为在断奶仔猪严重的腹泻综合征中，轮状病毒起辅助性作用，但可能具有潜在的重要作用。对断奶仔猪单独接种轮状病毒或溶血性大肠杆菌，只引起轻微的短暂的腹泻或者不出现临床症状，但是，对断奶仔猪先接种轮状病毒再接种溶血性大肠杆菌，可引起溶血性大肠杆菌明显移生，以及发生自然暴发疾病所具有的严重持续性腹泻。

(二)猪轮状病毒病诊断要点

1. 流行特点 轮状病毒主要存在于病猪及带毒猪的消化道，随粪便排到外界环境后，污染饲料、饮水、垫草及土壤等，经消化道途径使易感猪感染。排毒时间可持续数天，严重污染环境，加之轮状病毒对外界环境的抵抗力较强，在 18℃～20℃的粪便和污物中能存活 7～9 个月，使轮状病毒在成年猪、中猪、仔猪之间反复循环感染，长期存在于猪场。另外，人和其他动物也可散播传染。有些临床健康猪的粪便也可检出病毒。本病一年四季均可发生，但多发生于晚秋、冬季和早春。常呈地方性流行。各种年龄的猪都可感染，感染率最高可达 90%～100%，普通饲养猪群大多数成年猪都已感染而获得免疫。因此，发病猪多是8周龄以下的仔猪，日龄越小的仔猪，发病率和死亡率越高，发病率一般为10%～80%，病死率为3%～10%，5日龄内发病猪死亡率可达100%。

2. 临床症状与病理变化 潜伏期一般为12～24小时。病初精神沉郁，食欲不振，不愿走动，有些仔猪吃奶后发生呕吐，继而腹泻，粪便呈黄色、灰白色或黑色的水样或糊状。症状的轻重取决于发病猪的日龄、免疫状态和环境条件，缺乏母源抗体保护的新生仔猪症状最重，环境温度下降或与其他病原混合感染时，常使症状加重，病死率增高。10～21日龄仔猪的症状同白痢相似，故又称3周龄腹泻、乳痢。腹泻数天后死亡或康复。

病变主要限于消化道。胃弛缓，内充满凝乳块和乳汁。肠管菲薄、半透明，肠内容物为粘液性或水样、黄色、黄白色、灰黄色或灰黑色，小肠绒毛萎缩扁平，如用放大镜或解剖显微镜检查更清楚，小肠粘膜的这些变化主要出现在空肠、回肠。肠系膜淋巴结水肿，胆囊膨大。轮状病毒感染主要在小肠和盲肠的上皮细胞，所以，组织学检查病变主要局限在绒毛柱状上皮细胞。

（三）猪轮状病毒病防制措施

目前还没有可用于专门治疗猪轮状病毒病的特效药。依靠管理措施和抗生素来减少由猪轮状病毒和继发细菌感染引起的死亡。饲喂葡萄糖-甘氨酸的电解质流液，以最大限度地减少由猪轮状病毒引起的脱水和体重减轻，周围环境应保持良好，减少贼风和温度波动。在持续存在断奶后腹泻且死亡率又高的猪场，应考虑改换断奶用饲粮和断奶程序。按一定程序饲喂高能断奶饲料，可成功地降低发病率和死亡率。预防本病主要是加强饲养管理，采取综合防制措施，提高母猪抵抗力，做好母猪免疫，以使仔猪获得较好的被动免疫力。具体应注意以下几点：

一是通过清洁卫生和限制青年易感染猪与更可能排出病毒的老龄猪间的接触，降低病毒的负载。

二是应尽可能地减少产房和哺育室地板的粪便堆积，且要易于清洁。

三是应遵循全进全出的管理措施，不同批次猪群间的圈舍应彻底清扫、消毒，建议采用包括甲醛和以氯为主的消毒剂。

四是应尽可能缩短产仔间隔，以防止病毒堆积和感染以后产的小猪。

五是通过自然感染或疫苗免疫使母猪获得较高的免疫水平，从而使仔猪获得确切的被动免疫，当然这需要有足够的乳汁和有效哺乳做保证。重要的是应对泌乳期饮食、食物吸收量、母猪舒适状况以及产房设计给予足够的重视。

（四）防制用疫苗

母猪和哺乳猪免疫用的轮状病毒病疫苗主要有改良活毒苗和灭活苗两种。改良活毒苗可以口服或肌内注射。母猪采用灭活苗时肌内注射，哺乳猪用灭活苗时腹腔内注射。VP4 蛋白和病毒样的粒子具有免疫原性。重组蛋白和重组轮状病毒可能成为轮状病毒性胃肠炎新的具有发展前途的疫苗。

猪传染性胃肠炎-猪轮状病毒病二联活疫苗

【简　介】 本品用猪传染性胃肠炎疫苗株和猪轮状病毒 A 群两个主要血清型弱毒疫苗株，分别用适宜细胞培养，经适当配比并加入稳定剂后，冷冻真空干燥制成。

【特　点】 本品为浅黄白色、海绵状疏松团块，稀释溶解后呈淡粉红色均质液体。

【适用范围】 健康猪接种，预防猪传染性胃肠炎和猪轮状病毒引起的腹泻病。

【使用方法】 每瓶疫苗用注射用水或灭菌生理盐水稀释到 20 毫升。①经产母猪和后备母猪，分娩前 5～6 周和 1 周各肌内注射 1 毫升，免疫期为 4 个月。②仔猪，新生猪喂乳前，肌注每头 1 毫升，至少 30 分钟后喂乳，免疫期 1 年。仔猪断奶前 7～10 天，肌注每头2毫升，免疫期半年。③架子猪、育肥猪和种公猪，肌注疫苗每头1毫升，免疫期6个月。

【保存、运输条件】 5℃以下避光保存，有效期为1年。

【注意事项】 ①本品为弱毒活疫苗，在运输、保存、使用过程中要避免阳光、高温、消毒剂及其他化学药品的影响。②启封稀释后，当天尽快用完，不能久存，剩余的稀释疫苗消毒后废弃。③猪腹泻病病因十分复杂，疫苗免疫期间应做好类症鉴别诊断及细菌性、寄生虫性和猪流行性腹泻等腹泻病的控制。④应在当地兽医正确指导下使用。

十九、猪大肠杆菌病疫苗

猪大肠杆菌病(Porcine colibacillosis)是由致病性大肠杆菌感染引起的一类猪的传染病。由于猪生长期不同及病原菌血清型的差异，产生的疾病也不相同，包括仔猪黄痢、仔猪白痢和仔猪水肿病。

(一)猪大肠杆菌病的危害

猪大肠杆菌病是猪场中常见病，发病率、死亡率均比较高，而且严重影响仔猪成活，阻碍正常生长发育，对养猪业的发展造成严重威胁。仔猪发病急、发病率和死亡率高，有的全窝死亡，造成严重损失。仔猪白痢，发病率高达50%，虽然死亡率不是很高，但严重影响仔猪的生长发育。猪水肿病的发病率虽然不高但影响仔猪的发育。因此，猪大肠杆菌病给养猪业造成严重的损失。

(二)猪大肠杆菌病诊断要点

1. 流行特点

(1)仔猪黄痢 传染源为带菌母猪，其排出的粪便带有病原菌，散布于外界，以致污染了母猪的皮肤和乳头。仔猪通过吮乳或舐母猪的皮肤，导致感染。发生黄痢的仔猪可由粪便排出大量细菌，污染了外界环境、水、饲料及其用具，传染于其他猪只，形成了新的传染源。本病的流行没有季节性。一旦发生，会经久不断，随着时间的推移，发病率和死亡率有所下降，但不采取适当措施是不会自行停止的。

(2)仔猪白痢　多发于10～30日龄仔猪。30日龄以上的仔猪不发病或很少发病。当冬春气温剧变，阴雨连绵或保温不良，缺乏母乳时，发病较多。

(3)猪水肿病　呈地方流行性，常限于某些猪群，不广泛传播。在猪群中的发病率一般在10%～35%。主要发生于断奶仔猪，小至数日龄，大至4月龄。在同窝或同群中，体况好、生长快的仔猪易发生本病，一般多见于春季和秋季。发生过仔猪黄痢的猪一般不发生本病。传染源主要为带菌母猪和感染的仔猪，通过消化道感染。

2. 临床症状及病理变化

(1)仔猪黄痢　潜伏期短的可在出生后12小时内发病，长的1～3天。发病猪表现全身衰弱，很快死亡。1周龄以内幼猪排出稀软的糊状黄色粪便，糊于肛门周围及尾根部，排出的粪便带有凝乳小片。很快消瘦、脱水死亡，死亡率很高，甚至全窝死亡。如果在猪群中有既往病史，根据发病日龄、腹泻及排出粪便的性状、发病率及病死率均很高和急性死亡等特点，可以做出临床和流行病学诊断。

病理变化为肠道膨胀，肠内有大量黄色液状内容物及气体，肠粘膜为急性卡他性炎症变化，以十二指肠的病变最为明显，空、回肠次之，结肠几乎无变化。肠系膜淋巴结有弥漫性点状出血。肝、肾常有小的凝固性坏死灶。

(2)仔猪白痢　临床上表现为10～20日龄仔猪发生腹泻，而且排泄的粪便为乳白色或灰白色的浆状或糊状，粘腻腥臭。发病率在50%左右，死亡率低。病程短的2～3天，长的1周左右，能自行康复。病猪精神不振，行动迟缓、食欲减退、被毛逆立、无光泽，眼结膜苍白,逐渐消瘦。

病死猪尸体外表苍白、消瘦。剖检见到结肠内容物为浆状糊状或油膏状,呈乳白色或灰白色,粘腻,部分粘附于粘膜上,不易完全擦掉。肠粘膜有卡他性炎症变化,肠系膜淋巴结轻度肿胀。

(3)猪水肿病　乳猪断乳后 1～2 周的健康猪突然发病,其病程短则数小时,一般为 1～2 天,最长可达 7 天以上。精神沉郁,食欲减少,口吐白沫。呼吸加快而浅,后来慢而深;心跳疾速,体温无明显变化。常便秘,在发病前有 1～2 天的轻腹泻。病猪独卧一隅,肌肉震颤,时有抽搐,四肢做划水状运动。有的猪表现感觉过敏,触动时发出呻吟或者发出嘶哑的嚎叫。站立时背部拱起,发抖;如前肢发生麻痹,则站立不稳;后躯麻痹,则不能站立。行走时,四肢无力,共济失调。步态不稳,或盲目前进,或做圆圈运动。脸部、眼睑、结膜、齿龈水肿,有时水肿可波及到颈部及腹部皮下。

猪水肿病由于病程短,又多见于同群中生长发育较好的猪只,故营养状态一般良好。病猪皮肤贫血苍白,有时发红。常见眼睑水肿,水肿液为无色透明的胶冻状。有时于颞部、下颌间、后颈、股前及腹股沟等皮下也能见到水肿。鼻粘膜有散在出血点,鼻粘液增多。胃肠壁水肿是本病的特征性病变,水肿主要发生在幽门附近的胃大弯,严重的可扩展到食道部和整个胃底部。水肿部胃壁显著增厚,可达 1～2 厘米,浆膜平滑有光泽,剖开时自切口流出水肿液,切面上见到水肿液浸润于粘膜与肌膜之间,使胃壁粘膜与肌膜之间显著增宽,呈灰白色或黄白色透明的胶冻状。大结肠和盲肠也常见同样的水肿,小肠水肿发生率低且程度也轻。部分病猪不表现明显的胃壁水肿,而表现为急性胃肠炎变化,在临床上出现下痢,胃肠粘膜分泌的粘液显著增多,粘膜上有不同程度的出血斑或出血点。肠系膜明显水肿,主要是结肠袢水肿。全身淋巴结充血水肿,有时还有出血,以肠系膜淋巴结的水肿为最严重。部分病例在脑干部有脑软化灶,并有两侧对称发生倾向,呈灰黄色。心外膜及呼吸道粘膜等可见少数出血点,肺充血水肿,肾周围组织水肿。

(三)猪大肠杆菌病防制措施

肠道大肠杆菌感染的预防在于通过加强良好的卫生管理，保持适宜的环境条件，提供合理的免疫程序，减少致病性大肠杆菌在环境中的污染。由于大多数致病性大肠杆菌属于有限数量的血清群，所以在某些猪群可以消除肠道大肠杆菌的感染。肠道大肠杆菌的最重要预防措施之一是保持仔猪足够高的环境温度(未断奶仔猪温度为 30℃～34℃)，特别是对低于平均体重的仔猪。产房内的良好环境有利于减少仔猪与大肠杆菌的接触，在一定程度上，可通过仔猪自身防御体系得以控制。对每批妊娠母猪实行全进全出制，产房要彻底清扫、严格消毒，避免猪群中窝间感染，减少环境中大肠杆菌的繁殖。饲料要严格管理，以减少大肠杆菌定殖肠道。

对猪群要进行检疫，以控制不同大肠杆菌致病型和其他感染菌进入猪群。未接触过大肠杆菌菌毛抗原的猪群对此无任何免疫力。

(四)防制用疫苗

出生后第一周的初乳是仔猪免疫蛋白的主要来源。母源性免疫是控制新生仔猪肠毒素型大肠杆菌腹泻最有效的手段之一。最早的疫苗是将感染猪肠内容物在奶中培养后再饲喂给妊娠母猪，一般在产仔前 1 个月左右进行。这种方法较为有效，其免疫力可持续整个哺乳期，美国现仍在应用。在市场上常用的不经肠道给予的疫苗是灭活全细胞菌苗或纯化的菌毛苗，两种疫苗的效果相似。灭活苗多含有较为重要的血清型，并产生抗菌毛抗原 F4、F6 及 F41 的抗体。这种疫苗多在分娩前 6 周和 2 周前进行非消化道给予。重组 DNA 技术有助于大量生产纯化的菌毛抗原，用于母猪肠道外免疫。

1. 仔猪大肠杆菌病 K_{88}、K_{99} 双价基因工程活疫苗

【简　介】　本品由基因工程技术人工构建的非产肠毒素且

具有两种保护性抗原的 K_{88}、K_{99} 大肠杆菌菌株，接种在适宜的培养基进行发酵培养，收获检验合格的菌液加适当稳定剂，经冷冻真空干燥制成。

【特　点】 本品为灰白色或乳白色、疏松海绵状团块，易脱离瓶壁，加铝胶盐水后迅速溶解成均匀的混悬液。

【适用范围】 妊娠母猪接种，预防由产肠毒素大肠杆菌感染引起的仔猪黄痢。

【使用方法】 本品供被动免疫用，妊娠母猪在分娩前10～20天耳根部皮下接种1毫升。保护性抗体可通过初乳传递给哺乳仔猪。

【保存、运输条件】 －20℃条件下避光保存，有效期为18个月。

【注意事项】 ①为确保被动免疫效果，每头母猪注射部位要准确，剂量要确实，分娩后尽量让所生的小猪都能吃好吃足初乳。②失空的冻干苗应废弃；稀释后的疫苗限4小时内用完；剩余的疫苗及空瓶不得任意丢弃，须经消毒灭菌后方可废弃。③仔猪腹泻为多病因的综合征，遇有疫苗使用效果不佳时，需分析发病原因并采取相应措施。④应在当地兽医正确指导下使用。

2. 仔猪水肿病多价油乳剂灭活苗

【简　介】 本品采用抗原性良好的多株不同血清型大肠杆菌经培养灭活，超滤浓缩后加油乳剂制成。

【特　点】 呈乳白色液体，为油乳剂灭活苗。

【适用范围】 用于预防仔猪水肿病。

【使用方法】 仔猪断奶前14天，每头颈部肌内注射2毫升，用前充分振荡均匀。

【保存、运输条件】 2℃～8℃保存，勿冻结，有效期为12个月。

【注意事项】 ①所有准备接种猪必须健康。②针头，注射器、注射部位应消毒，每头猪均应更换针头。③未使用过本疫苗地区，在使用前，应少量试用，证明确实安全后才能大量使用。④使用前，发现疫苗瓶破裂、污染、过期等情况均不能使用。

3. 仔猪大肠杆菌病 K_{88}、K_{99} 双价基因工程灭活疫苗

【简　介】 本品系用基因工程技术人工构建的大肠杆菌 C600/PTK-8899 菌株，接种于适宜培养基培养，收获 K_{88}、K_{99} 两种纤毛抗原，甲醛溶液灭活后，经冷冻真空干燥制成。

【特　点】 本品为淡黄色海绵状疏松团块，易与瓶壁脱离，加稀释液后迅速溶解。

【适用范围】 用于预防仔猪黄痢。仔猪通过吮食初乳获得 K_{88}、K_{99} 母源抗体，被动获得抗大肠杆菌感染力。

【使用方法】 耳根部皮下注射。取疫苗 1 瓶加无菌水 1 毫升溶解，与 20%铝胶 2 毫升混匀，怀孕母猪在临产前 21 天左右注射 1 次即可。为了确保免疫效果，尽量使所有仔猪都吃足初乳。

【保存、运输条件】 2℃～8℃保存，有效期为 1 年。

【注意事项】 同仔猪大肠杆菌病 K_{88}、K_{99} 双价基因工程活疫苗。

4. 仔猪大肠杆菌病三价灭活疫苗

【简　介】 本品系用分别带有 K_{88}、K_{99}、987P 纤毛抗原的大肠杆菌，接种于适宜培养基培养，将培养物经甲醛溶液灭活后，加氢氧化铝胶制成。

【特　点】 本品静置后，上层为白色澄清液体，下层为乳白色沉淀物，振摇后呈均匀混悬液。

【适用范围】 预防仔猪黄痢。用于免疫妊娠母猪，新生仔猪通过吮吸母猪的初乳而获得被动免疫。

【使用方法】 肌内注射。妊娠母猪在产仔前 40 天和 15 天各注射 1 次，每次 5 毫升。

【保存、运输条件】 1℃～8℃保存，有效期为 1 年。

【注意事项】 同仔猪水肿病多价油乳剂灭活苗。

二十、仔猪梭菌性肠炎菌苗

猪梭菌性肠炎(Clostridial enteritis of piglets)是由C型魏氏梭菌引起的新生仔猪的一种高度致死性肠毒血症，1周龄以内猪最为多见，以出血性腹泻为主要特征，亦称为仔猪红痢。

(一)仔猪梭菌性肠炎的危害

感染猪可能出现死亡或发生出血性腹泻，后者在急性病例中多见，并导致迅速死亡，亚急性病例病死率一般较低。目前世界上大多数养猪地区均有本病报道，在某地区C型魏氏梭菌性肠炎可在较短时间内多次暴发。同时对哺乳仔猪及断奶仔猪也有一定危害。有临床症状的病猪常以死亡告终，在未免疫的母猪的后代受感染、死亡率可达100%。

(二)仔猪梭菌性肠炎诊断要点

1. 流行特点 本病的发生有明显的年龄特点，1～3日龄最为多发，1周龄以上的仔猪很少发生。在同一群猪中，各窝仔猪的发病率有所不同，发病率最高可达100%，病死率一般在20%～70%。C型魏氏梭菌在自然界中分布较广，可存在于土壤、饲料、污水、粪便以及人、畜的肠道中。病猪和带菌的人、畜是本病的传染源，特别是肠道带菌的母猪。仔猪生后很容易从被污染的乳头或周围环境食入病原菌的芽胞而被感染。本病除猪和绵羊易感外，还可感染马、牛、鸡、兔、骆驼和鹿等。

2. 临床症状与病理变化 本病临床症状随免疫状况和仔猪感染时间不同而不同，本病分为最急性型、急性型、亚急性型和慢性型4种。

(1)最急性型　在出生后12～36小时出现死亡。出生后10小时内正常，之后多数病例发生血痢，有变硬的血样粪便沾污会阴部。病猪逐渐衰弱，不愿走动，迅速进入濒死状态。有的受到母猪挤压死亡。直肠温度降至35℃，死前腹部皮肤变黑。有的仔猪可能不发生血痢，突然衰竭而死。

最急性型病例的仔猪，外观正常，不表现脱水，但腹部皮肤变为淡黑色，迫杀的危重病仔猪也有同样变化。切开腹壁可见水肿。小肠严重出血，腹腔内有血样液体。空肠的病变不一，有时波及回肠，有的病例从距幽门14厘米处开始直至盲肠均有病变；而有的病例仅侵害2～3厘米长的肠段。病变处呈淡红色或黑色，肠壁可能出现气肿，肠系膜淋巴结呈鲜红色。感染部位的肠内容物呈血样，在病变部肠末端，或在直肠也常见出血性内容物。粘膜广泛性出血，分辨不出绒毛。

(2)急性型　病例可在出现临床症状后存活2天，一般在3日龄死亡。在整个病程中，仔猪排出带有少量组织碎片和气泡的淡红褐色水样粪便，有特殊的腥臭味，后躯沾满稀粪。逐渐消瘦衰弱，最后死亡。有的病例发生呕吐，或发出尖叫，出现不自主运动。此病型在我国多见。

急性病例表现脱水或体况下降，有局灶性淡红色区。有的病例在距幽门30厘米处的一段约40厘米空肠明显气肿，肠壁通常增厚，肠内容物有时呈血样，经常含有一些坏死组织碎片。

(3)亚急性型　病例常出现持续性非出血性腹泻，通常在5～7日龄死亡。病初排出软而黄的粪便，随后变成清水样稀便，粪便中带有大量灰色组织碎片。病猪发病伊始仍较活跃，反应灵敏，食欲尚好，但逐渐消瘦，最后由于脱水而死。

亚急性病例表现瘦弱，受感染的小肠段可能互相粘连。肠壁增厚，易碎。粘膜表面覆盖一层紧密粘着的坏死膜，从浆膜表面观察似一条灰黄色的纵带。

(4)慢性型　病例为间歇性或持续性腹泻，持续1周或数周。粪便为灰黄色粘液状，肛门及尾部附着变干的稀粪。在10天甚至更长时间内，感染猪仍较活泼健壮，但生长受阻。最后转归死亡或因生长迟滞被淘汰。

慢性感染猪也有类似亚急性病例的病理变化，但从肠道的浆膜表面观察病变不明显，肠壁有局灶性增厚，有坏死膜粘附于局灶增厚区。这些病灶只有1～2厘米长。

（三）仔猪梭菌性肠炎防制措施

病猪一旦出现临床症状，几乎无治疗意义，因为此时肠道的损伤已相当严重，即使病原体已消除，病猪仍会死亡或出现生长停滞。所以对于病猪预防比治疗显得更为重要。最有效的方法是在暴发本病时对非免疫母猪产下的仔猪进行C型魏氏梭菌抗毒素被动免疫，可预防本病的发生。因本病可在仔猪出生后几个小时内发生，故对产下的仔猪应尽快地注射抗毒素，口服抗生素（如氨苄青霉素），这样可防止疾病的发展。在仔猪3日龄内应坚持天天治疗。近来的研究表明，C型魏氏梭菌对猪场中常使用的抗生素可产生抗药性。

对本病的预防有赖于免疫接种，即给母猪注射两次C型魏氏梭菌类毒素，第一次在配种时或在怀孕中期注射，第二次是在产前2～3周注射。确保乳猪吃到足量的初乳，乳猪就能得到保护。乳猪被动抗体水平与母猪分娩时的抗体水平有关。在母猪下胎分娩前约3周应加强免疫1次。类毒素对断奶猪也有保护作用。免疫后的怀孕母猪可以通过母源抗体给仔猪提供保护。

（四）防制用疫苗

1. CRT型仔猪腹泻混合菌苗

【简　介】 本品选用大肠杆菌、C型魏氏梭菌及其毒素、轮状病毒和传染性胃肠炎病毒等菌毒种，分别用适宜方法培养，经适当配比并加入稳定剂后，冷冻真空干燥制成。

【特　点】 本品为浅黄白色、海绵状疏松团块，稀释溶解后呈淡粉红色均质液体。

【适用范围】 预防大肠杆菌、C 型魏氏梭菌及其毒素、轮状病毒和传染性胃肠炎病毒引起的腹泻。

【使用方法】 首免：分娩前 6～7 周肌内注射 1 头份 2 毫升。二免：首免后 3～4 周，肌内注射 1 头份 2 毫升。

【保存、运输条件】 －20℃以下避光保存，有效期 1 年。

【注意事项】 ①本品为弱毒活疫苗，在运输、保存、使用过程中要避免阳光、高温、消毒剂等化学药品的影响。②启封稀释后当天尽快用完，不能久存，剩余的稀释疫苗消毒后废弃。③猪腹泻病因十分复杂，疫苗免疫期间应做好类症鉴别诊断及细菌性、寄生虫性和猪流行性腹泻等腹泻病的控制。④应在当地兽医正确指导下使用。

2. CR 型仔猪腹泻混合菌苗

【简　介】 本品选用大肠杆菌、C 型魏氏梭菌及其毒素和轮状病毒等菌毒种，分别用适宜方法培养，经适当配比并加入稳定剂后，冷冻真空干燥制成。

【特　点】 本品为浅黄白色、海绵状疏松团块，稀释溶解后呈淡粉红色均质液体。

【适用范围】 预防大肠杆菌、C 型魏氏梭菌及其毒素和轮状病毒引起的腹泻。

【使用方法】 首免：分娩前 6～7 周肌内注射 1 头份 2 毫升。二免：首免后 3～4 周，肌内注射 1 头份 2 毫升。

【保存、运输条件】 －20℃以下避光保存，有效期 1 年。

【注意事项】 同 CRT 型仔猪腹泻混合菌苗。

3. C 型仔猪腹泻混合菌苗

【简　介】 本品选用大肠杆菌、C 型魏氏梭菌及其毒素等菌毒种，分别用适宜方法培养，经适当配比并加入稳定剂后，冷冻真空干燥制成。

【特　点】 本品为浅黄白色、海绵状疏松团块，稀释溶解后呈淡粉红色均质液体。

【适用范围】 预防大肠杆菌、C型魏氏梭菌及其毒素引起的腹泻。

【使用方法】 首免：分娩前6～7周，皮下注射2毫升；二免：首免后3～4周，皮下注射2毫升。

【保存、运输条件】 －20℃以下避光保存，有效期1年。

【注意事项】 同CRT型仔猪腹泻混合菌苗。

4. 仔猪红痢灭活菌苗

【简　介】 本品系用免疫原性良好的C型魏氏梭菌，接种于适宜培养基培养，将培养物经甲醛溶液灭活脱毒后，加氢氧化铝胶制成。

【特　点】 本品静置后，上层为橙黄色澄清液体，下层为灰白色沉淀，振荡后呈均匀混悬液。

【适用范围】 预防仔猪红痢。用于免疫妊娠后期母猪，新生仔猪通过吮食初乳而获得被动免疫.

【使用方法】 肌内注射。母猪在分娩前30天和15天各注射1次(5～10毫升)。如前胎已用过本疫苗，可于分娩前15天左右注射1次即可，剂量为3～10毫升。

【保存、运输条件】 2℃～8℃下保存，有效期为18个月。

【注意事项】 同CRT型仔猪腹泻混合菌苗。

第四章 牛用疫苗

一、牛瘟疫苗

牛瘟(Rinderpest),又称烂肠瘟、胆胀瘟,是由牛瘟病毒引起的一种急性、败血性传染病。其临床特征是齿龈、舌、颊、软腭及消化道粘膜发炎、出血、糜烂和坏死。

(一)牛瘟的危害

本病是家畜最古老的传染病,也是对养牛业威胁最大的疫病之一。建国前牛瘟几乎遍布全国各地,并造成严重的经济损失。经过努力,我国在1955年消灭了牛瘟。目前,世界上仅有阿拉伯半岛地区、苏丹、肯尼亚、巴基斯坦等少数国家和地区有牛瘟发生,联合国粮农组织计划于2010年在全球消灭牛瘟。由于一些地区及某些邻国如阿富汗、巴基斯坦、东南亚等地尚有牛瘟流行,因此,我国要提高警惕,注意防范。

(二)牛瘟诊断要点

1. 流行特点 黄牛、水牛、牦牛等牛属动物均易感,其中奶牛、朝鲜牛及牦牛最易感,其次是水牛、犏牛、黄牛,其他家畜如羊、猪以及其他偶蹄兽也可感染,但常无临床症状。牛瘟的流行无明显的季节性,在牛群中常呈暴发式流行,病牛呈急性死亡。本病主要通过直接接触传播,但间接接触也可传播本病,病毒主要侵入途径为鼻、喉粘膜,易感牛群的发病率可高达90%～100%,死亡率高达90%以上。

2. 临床症状及病理变化 病牛体温急剧升高,有粘液性鼻汁，流涎，眼睑肿胀，流泪，发病初期上下唇、齿龈、软硬腭、舌、咽喉等处出现隆起的、苍白的、针尖大坏死斑点，后期形成伪膜或烂斑。病牛腹泻，粪便恶臭，并混有血液、粘液、粘膜及伪膜。剖检可见口腔、食道粘膜充血，有伪膜、烂斑，在瘤胃和瓣胃粘膜上也可见出血和烂斑，特别以幽门部粘膜明显，肠道粘膜出血，有伪膜、烂斑。胆囊显著肿大，充满胆汁。呼吸道粘膜潮红肿胀，出血，鼻腔、喉头和气管粘膜有伪膜，伪膜下有烂斑。

（三）牛瘟防制措施

牛瘟的主要防制措施是疫苗免疫。最早使用免疫血清与疫苗接种的方法防制本病，其后用灭活疫苗，虽然灭活疫苗安全，但其成本高，产量低，免疫期短，而今则用弱毒疫苗免疫。流行地区及其邻近的危险地区每年用弱毒疫苗免疫1次。我国使用的牛瘟兔化弱毒疫苗效力确实，使用安全，除朝鲜牛、牦牛外，一般牛均适用，注苗后14天至1年内有坚强的免疫力，效果良好。牛瘟山羊化兔化弱毒疫苗适用于蒙古牛、黄牛，每1～2年进行预防接种1次。牛瘟绵羊化兔化弱毒疫苗适用于奶牛、蒙古牛、牦牛、水牛、犏牛、朝鲜牛及黄牛，每1～2年预防注射1次。

在牛瘟非疫区必须进行严格的检疫，严禁从疫区引进反刍兽及其产品。在发生疫病时，要立刻封锁疫区，扑杀病畜及接触过的反刍动物和猪，对污染的厩舍与用具进行消毒，尸体进行烧毁或深埋处理。受威胁地区则进行预防接种，建立免疫带。

对牛瘟病牛的治疗，尚无有效药物。如在发热的最初几天内，静脉大剂量注射抗牛瘟血清，按1～2毫升/千克体重的剂量使用，常可收到治疗效果，但在病牛出现症状后，此疗法效果不佳。牛瘟康复后，可获得终生免疫。

（四）免疫失败的原因

本病免疫失败的原因主要是疫苗选用不当，所选疫苗不适用于免疫牛的品种。此外，免疫剂量不足，疫苗保存不当也可能造成免疫失败。

(五)防制用疫苗

目前应用最多的疫苗是弱毒疫苗，主要有牛瘟山羊化兔化弱毒疫苗、牛瘟绵羊化兔化弱毒疫苗、牛瘟兔化弱毒疫苗、牛瘟鸡胚化弱毒疫苗、牛瘟细胞培养弱毒疫苗等。牛瘟山羊化兔化弱毒疫苗、牛瘟绵羊化兔化弱毒疫苗、牛瘟兔化弱毒疫苗国内有厂家生产，应用较多。牛瘟鸡胚化弱毒疫苗株是美国学者用牛瘟兔化弱毒经静脉接种适应鸡胚，连续在鸡胚传代致弱，再将鸡胚化兔化弱毒接种鸡胚，采集检验合格的鸡胚脾脏等组织研磨，经冷冻真空干燥制成疫苗，其免疫效果理想，疫苗免疫期一般为1年，疫苗安全性也较为理想，免疫牛一般无不良反应，个别免疫牛仅出现轻微反应。牛瘟细胞培养弱毒疫苗是英国学者将东非Kabeie"O"毒株通过犊牛肾细胞传代减毒，培育成毒力稳定的细胞适应毒株，将该毒株接种犊牛肾细胞，待细胞产生典型病变后收毒，经冷冻真空干燥制成牛瘟细胞弱毒疫苗，用非洲绿猴肾细胞(Vero cell)测定疫苗效价，疫苗效价应不低于$10^{4.5}TCID_{50}$，免疫效果较好，免疫牛一般无不良反应。我国这两种疫苗很少使用。

1. 牛瘟兔化弱毒疫苗

【简　介】　本品系用牛瘟兔化弱毒经耳静脉接种体重1.5～2千克的健康家兔，采集检验合格家兔的淋巴结和脾脏组织，按淋巴结和脾脏组织1份，加心血9份的比例混合，用生理盐水制成100倍稀释液，并加入适量抗生素，经细铜网或3层灭菌纱布过滤后，加适当稳定剂，定量分装，然后冷冻真空干燥，每头份疫苗不少于0.1克组织。

【特　点】　成品疫苗为暗红色、海绵状疏松团块，易与瓶壁脱离，加稀释液可完全溶解。免疫效果比较理想，牛注射疫苗14天后产生免疫力，免疫期1年，但疫苗安全性不高，对某些品种牛可能有轻微反应。

【适用范围】 除牦牛、朝鲜牛外，其他品种的牛均适用本疫苗。

【使用方法】 注射前按注明头份，用生理盐水稀释为每头份1毫升，不分年龄、体重、性别，一律皮下或肌内注射1毫升。

【保存、运输条件】 －15℃以下保存，有效期为10个月；2℃～8℃下保存，有效期为4个月。疫苗应冷藏运输。

【注意事项】 ①牦牛、朝鲜牛不宜使用。②个别地区易感性强的牛种应先做小区试验，证明疫苗安全有效后，方可在该地区推广应用。③临产前1个月的孕牛和分娩后尚未恢复健康的母牛不宜注射。

2. 牛瘟山羊化（绵羊化）兔化弱毒疫苗

【简　介】 本品系用牛瘟山羊化兔化弱毒或绵羊化兔化弱毒，分别经耳静脉接种1～3岁健康山羊或绵羊，10毫升/只，采集检验合格的羊淋巴结和脾脏组织，研碎后加适当稳定剂制成乳剂，经细铜网或3层灭菌纱布过滤，弃去残渣，最终按实际组织量的3倍，补足稳定剂，同时加入适量的抗生素，摇匀，在2℃～8℃作用一定时间后，定量分装，每头份含毒组织不少于0.025克。然后经冷冻真空干燥制成。

【特　点】 疫苗为暗红色或浅红色、海绵状疏松团块，易与瓶壁脱离，加稀释液后，如疫苗用蔗糖脱脂乳做稳定剂，应在5分钟内溶解成均匀悬液；如疫苗用血液做稳定剂，应在10～20分钟内完全溶解。免疫效果比较理想，疫苗免疫期均为1年，但疫苗安全性不理想，有的免疫牛出现不良反应。

【适用范围】 山羊化兔化弱毒疫苗用于预防蒙古黄牛牛瘟；绵羊化兔化弱毒疫苗用于预防牦牛、犏牛、朝鲜牛和一般黄牛的牛瘟。

【使用方法】 注射前按说明书要求，用生理盐水稀释为每头份1毫升。根据各地情况，每1～2年注射1次。

【保存、运输条件】 －15℃以下保存，有效期为10个月；2℃～8℃下保存，有效期为4个月。疫苗应冷藏运输。

【注意事项】 ①应根据牛的品种严格选用疫苗。②山羊化兔化弱毒疫苗与绵羊化兔化弱毒疫苗应区别使用，严防互相混淆。③临产前1个月的孕牛、分娩后尚未恢复健康的母牛、可疑病牛、瘦弱牛及未满6个月的牦牛、犏牛不宜注射。④牦牛注射后，多有体温反应（50%左右有高热反应），个别牛在数天内可能表现为精神委顿、减食、便干或便软现象，但无口腔溃烂等牛瘟症状。泌乳牦牛、犏牛注苗后3～10天内可能发生泌乳量减少或暂时性无乳，一般注苗后10～15天可恢复。⑤使用绵羊化兔化弱毒疫苗时，在有易感性牛种的地区，应根据当地牛种感染性及效力试验结果，证明安全有效后，方可推广应用。⑥在使用和运输中应注意冷藏保存，避免阳光直射。

二、牛传染性胸膜肺炎活疫苗

牛传染性胸膜肺炎（Bovine contagious pleuropneumonia），又称牛肺疫，是由丝菌霉形体引起的一种呈地方性流行的接触性传染病。本病多呈亚急性或慢性经过，其特征是发热，呼吸困难，浆液性、纤维素性胸膜炎和纤维素性肺炎。

（一）牛传染性胸膜肺炎的危害

本病最早发现于17世纪的德国和瑞士，20世纪初传入亚洲国家，并在亚洲、非洲地区广泛流行。我国最早于1910年在内蒙古西林河上游一带发现本病，其后曾在我国北方和西藏等地区大面积流行，给畜牧业造成了巨大经济损失。国际兽疫局将本病列为A类法定传染病，我国将其列为一类传染病。自20世纪60年代随着疫苗的应用和严格的检疫淘汰措施的实施，我国已有效控制了本病，在20世纪80年代本病仅在个别地区呈零星散发，1996年我国已消灭了本病。

(二)牛传染性胸膜肺炎诊断要点

1. 流行特点 各种牛对本病均有易感性,但水牛易感性较差,2~3岁青年牛病情较重,4岁以上成年牛多呈慢性或隐性经过。传染源为病牛及带菌牛,病原主要经呼吸道传播,年龄、性别、季节和气候等因素对牛易感性无明显影响。本病呈地方性流行,在牛群中流行过程持久。其发病率和死亡率与牛的品种及易感性有关,奶牛和朝鲜牛较高,蒙古黄牛较低,青年牛的发病率和死亡率比成年牛高。本病发病率为60%~70%,死亡率为30%~50%。

2. 临床症状及病理变化 急性病牛体温升高,呈稽留热,干咳,呼吸急促,鼻孔扩张,头颈伸直,前肢外展,腹式呼吸。随病程的进展,咳嗽渐频,呈疼痛性短咳,呼气长,吸气短,流浆液性脓性鼻汁。慢性病牛生产性能下降,易疲劳,偶发干性短咳。典型病变为大理石样肺脏和浆液性纤维素性胸膜肺炎。初期肺脏呈支气管肺炎变化。中期呈浆液性纤维素性胸膜肺炎,多为一侧性,以右侧多发,切面呈多色大理石外观,有的胸腔积有黄色液体,胸膜出血,肥厚,并与肺部粘连。后期肺部坏死,常被结缔组织包围,有的坏死组织液化,形成脓腔或空洞,有的病灶经治愈后完全瘢痕化。

(三)牛传染性胸膜肺炎防制措施

在疫区及受威胁区开展疫苗预防接种是控制与消灭本病的有效方法,即每年定期接种牛肺疫兔化弱毒疫苗或绵羊化弱毒疫苗,连续使用3~5年,即见成效。本病免疫有相当长的历史,我国藏民很早就用病牛的胸腔渗出液给健康牛灌服,以预防牛肺疫。在20世纪40年代开始了疫苗研究。目前使用的疫苗是哈尔滨兽医研究所在20世纪60年代研究的兔化弱毒疫苗及绵羊化弱毒疫苗,疫苗在我国大面积使用,控制了牛肺疫的流行。

本病预防首先应当防止疫病的传入,不从疫区购牛。如必须引进牛只，应用补反试验对引进牛检疫两次，确定阴性者接种疫苗，经4周后引进，并应进行隔离饲养3个月，确认无病者才可与原牛群混群。在疫区可根据实际情况，定期进行检测，扑杀病牛及与病牛接触过的牛，以控制和消灭传染源。清净地区应做好防疫与消毒工作。

治疗措施是控制本病的重要手段。许多药物均有较好的治疗作用，如新胂凡纳明、泰乐菌素、强力霉素、北里霉素、土霉素、四环素等。本病早期治疗，常可使临床症状消退，但可能长期带菌，成为传染源，有的甚至停药后还会复发。根据我国目前牛肺疫已基本消灭的情况，如发现病牛，应做扑杀处理。

（四）防制用疫苗

目前，尚无可用的灭活疫苗。所用的均为弱毒活疫苗，国内主要有兔化弱毒疫苗、兔化绵羊化弱毒疫苗、藏羊化弱毒疫苗，国外有V_5、T_1、KH_3J疫苗。国外培育的V_5疫苗是将V_5菌株在人工培养基上繁殖制备的。在澳大利亚，V_5疫苗曾使用30多年，并于1973年消灭了牛肺疫。T_1疫苗是从坦噶尼喀自然病例中分离的弱毒菌株，用肉汤培养基培养制备的弱毒苗，菌苗的活菌数不少于10^7CCU（颜色变化单位）/毫升，尼日利亚使用T_1苗后控制了牛肺疫的流行。KH_3J苗系通过鸡胚50代培育的弱毒菌株，毒力较T_1苗弱，安全性良好，在非洲乍得、苏丹等国普遍使用。现详细介绍国内应用最多的牛传染性胸膜肺炎活疫苗。

牛传染性胸膜肺炎活疫苗

【简　介】 本品是用牛肺疫兔化弱毒C88004株或兔化绵羊化弱毒C88001、C88002、C88003株接种体重1.5～2千克健康家兔，或年龄2～4岁，体重20千克绵羊，收获胸水，胸水活菌滴度应在10^9CCU/毫升以上。取检验合格的胸水做制苗种子，将种子接种绵羊左右侧腹腔各100～150毫升，或家兔5毫升。接种后每天测温2次，在接种后60～72小时扑杀，采集胸水即为原苗，然后用

3号筛滤去纤维素，混合，分装即成为湿苗，若加适当稳定剂，经冷冻干燥即制成冻干苗。疫苗活菌滴度应在 10^9CCU/毫升以上。

【特　点】 湿苗为淡黄色的澄清液体，底部有少许沉淀。冻干苗为微白色或微黄色，海绵状疏松团块，易与瓶壁脱离，加稀释液后迅速溶解。疫苗免疫效果较好，但因疫苗苗株尚残存一定毒力，其安全性并不是十分理想。

【适用范围】 用于预防牛肺疫，免疫期为1年。C88004 株专用于黄牛；C88001 株用于内蒙黄牛（河套地区除外）；C88002 株用于牦牛、犏牛和关中黄牛；C88003 株用于黄牛、奶牛、牦牛和犏牛。

【使用方法】 用生理盐水或 20%氢氧化铝胶生理盐水稀释，用法与用量见表 4-1。

表 4-1　牛传染性胸膜肺炎活疫苗的用法与用量

疫苗种类	稀释液	稀释倍数	注射部位	成年牛（毫升）	小牛（6～12月龄）（毫升）	适用范围
C88004 湿苗	生理盐水或20%氢氧化铝胶	100	尾端皮下	1	0.5	黄牛
		500	臀部肌内	2	1	
C88001 湿苗 C88002 湿苗	生理盐水或20%氢氧化铝胶	500	臀部肌内	2	1	内蒙黄牛、牦牛
C88002 湿苗	生理盐水	100	尾端皮下	1	0.5	农区关中黄牛
C88002 冻干苗	生理盐水或20%氢氧化铝胶	50	臀部肌内	2	1	牦牛、犏牛

续表 4-1

疫苗种类	稀释液	稀释倍数	注射部位	成年牛（毫升）	小牛（6～12月龄）（毫升）	适用范围
C88003 湿苗	生理盐水或20%氢氧化铝胶	100	臀部肌内	2	0.5（2岁以下）	牦牛、犏牛
C88004 冻干苗	生理盐水或20%氢氧化铝胶	100	臀部肌内	2	1	牦牛、犏牛
	20%氢氧化铝胶	50	尾端皮下	1	0.5	农区黄牛

【保存、运输条件】 湿苗在2℃～8℃保存，有效期为10天。冻干苗在－15℃保存，有效期为21个月；在2℃～8℃保存，有效期为1年。疫苗应冷藏运输。

【注意事项】 ①本品系弱毒疫苗，尚有一定残余毒力，未使用过本苗的地区，尤其是农区，在开展大规模预防注射前，应先用100～200头牛做安全试验，观察1个月，证明安全后，再逐步扩大注射数量。注射后应注意观察，如出现不安全反应，可用土霉素治疗。②对不满6月龄的犊牛、临产孕牛、瘦弱或其他疾病患牛，均不应注射疫苗。③不同菌株对不同品种牛的安全性和免疫原性有所差异，因此，选购疫苗要注意疫苗所适用的牛的品种。④疫苗应随用随稀释，疫苗稀释后应保存在冷暗处，限当天用完。⑤冻干疫苗在运输过程中，必须采用冷藏包装，箱内温度应在10℃以下，使用单位收到疫苗后，应立即置10℃以下环境保存。⑥湿苗保存应避免冻结。如发生冻结，可放于室温或冷水中待其自然融化。

三、牛巴氏杆菌病疫苗

牛巴氏杆菌病(Bovine pasteurellosis),又称牛出血性败血症,是由多杀性巴氏杆菌引起的一种急性、败血性传染病。常以高温、肺炎、急性胃肠炎以及组织器官广泛性出血为特征。

(一)牛巴氏杆菌病的危害

本病分布广泛,世界各地均有发生。在东南亚、印度、中东和非洲时有发生,并造成大量病牛死亡。解放前我国牛巴氏杆菌病危害严重,在牧区牦牛常有流行,黄牛、水牛常为散发。建国后,由于采取了相应的防制措施,本病已经基本得到了控制,但在一些地区仍有发生,甚至呈局部流行,造成了一定的经济损失。

(二)牛巴氏杆菌病诊断要点

1. 流行特点 多杀性巴氏杆菌对多种动物和人均有致病性,可经呼吸道、消化道、皮肤和粘膜的伤口传播,吸血昆虫也可传播本病。一般情况下不同畜、禽种间不易互相传播。本病发生无明显季节性,但以梅雨季节、冷热交替季节多发,本病一般为散发,牛群中只有少数牛发病,但水牛、牦牛或舍饲牛有时可呈地方性流行。水牛较黄牛易感。6月龄至2岁牛易感。本病的发病率为10%～50%,死亡率可达80%以上,有的高达90%以上。

2. 临床症状及病理变化 根据症状可分为败血型、肺炎型、浮肿型。肺炎型和浮肿型是由败血型发展而来。败血型病牛病初体温升高,随后下痢,粪便初为粥状,后呈液状,恶臭,并混有粘液、粘膜及血液,有时鼻孔和尿中有血,腹泻开始后,体温随之下降,病牛多在24小时内死亡。肺炎型病牛呼吸困难,干咳,泡沫样的鼻汁,后呈脓性,有的患牛腹泻,并混有血液。浮肿型病牛在颈部、咽喉部及胸前,重者在前肢皮下出现炎性水肿,初热、痛而硬,后变凉，疼痛减轻，同时舌肿胀，伸出齿外，患牛高度呼吸困难，流泪，流涎。

败血型病牛剖检呈败血症变化，在粘膜、浆膜以及内脏器官和组织有大量出血点，淋巴结肿大，胸腹腔积液。肺炎型病牛胸腔积液，肺脏和胸膜出血，并覆有纤维素膜，肺脏有不同肝变期变化，小叶间组织水肿变宽，肺切面呈大理石样外观。浮肿型病牛在颈部、咽喉部、胸前及前肢皮下出现炎性水肿，呈浆液性浸润，有深黄色透明液体，间杂有血液。

（三）牛巴氏杆菌病防制措施

接种疫苗可有效防制本病的发生。由于多杀性巴氏杆菌有多种血清群，各血清群之间不能产生完全的交叉保护，因此，针对当地常见的血清群，应选用来自同一畜种的相同血清群菌株制成的疫苗进行预防接种。由于弱毒疫苗有一定的危险性，所以目前一般应用灭活疫苗，主要包括铝胶苗和油乳剂疫苗。为了保证免疫牛能产生足够的免疫力，建议犊牛在 4 月龄初免，2～4 周后或按疫苗说明书再加强免疫 1 次，成年牛每年加强免疫 1 次，新进牛应间隔 2～4 周或按说明书实施两次接种，并隔离饲养观察 2～4 周后方可混群。

平时要加强饲养管理，消除可能降低牛抵抗力的各种不良因素，注意环境卫生和消毒，消灭病原，防止带菌动物的传染。引进新畜应严格检疫，隔离观察，确认无病后方可混群。

发生本病时，应立即将病牛隔离，早期确诊，及时治疗。对健康牛用药物、高免血清或用疫苗紧急预防，同时改善饲养管理，加强畜舍、场地、用具等物品的消毒工作。对病死牛应深埋处理。痊愈牛可产生坚强的免疫力。

（四）免疫失败的原因

由于多杀性巴氏杆菌有多种血清群，各血清群之间不能产生完全的交叉保护。因此，选用疫苗菌株的血清型与当地流行菌株不一致，是致使疫苗免疫失败的主要原因。

(五)防制用疫苗

目前商品化疫苗均为灭活疫苗，有铝胶苗和油乳剂疫苗两种。

1. 牛巴氏杆菌病铝胶灭活疫苗

【简　介】 本品系用抗原性良好的荚膜B群多杀性巴氏杆菌，即牛源多杀性巴氏杆菌C45-2、C46-2、C47-2强毒株或现地分离株，接种营养琼脂，选取典型菌落接种琼脂斜面，纯检合格后接种营养肉汤做种子，然后接种含0.1%裂解血的马丁肉汤，在37℃培养12～24小时，将培养物经甲醛溶液灭活后，加氢氧化铝胶制成。本品静置后，上层为黄色透明液体，下层为灰白色沉淀，经充分振摇，为均匀混合液体。

【特　点】 疫苗免疫效果较为理想，注射疫苗21天后产生免疫力，免疫期为9个月，但疫苗安全性不高，免疫牛常出现不良反应。

【适用范围】 用于健康牛的免疫接种，预防牛巴氏杆菌病。

【使用方法】 皮下或肌内注射。体重100千克以下的牛，每头注射4毫升。体重100千克以上的牛，每头注射6毫升。

【保存、运输条件】 2℃～8℃冷暗处保存，有效期为12个月；28℃以下暗处贮存，有效期为9个月。疫苗应冷藏运输。

【注意事项】 ①免疫前应详细了解动物的品种、健康状况、免疫史及病史。患病、瘦弱、怀孕后期的母畜(产前1.5个月)、断乳前幼畜禁用。②使用疫苗前应将疫苗摇匀，注射时应消毒和更换针头。③因为疫苗含有氢氧化铝胶，注入机体后，可能经数月不能完全吸收而成硬结，但不影响免疫牛健康。④注苗后，个别牛可能出现变态反应，应注意观察，以采取抢救措施。轻微反应在注射局部可能出现肿胀，体温升高，呼吸加快，流涎，哀鸣，减食或停食症状，但随时间的推移会逐渐减轻至消失。严重反应包括呼吸急促，卧地不起，肌肉震颤，废食等症状，此时应及时应用0.1%肾上腺素4～8毫升急救。⑤首次使用本疫苗的地区，应选择一定数量(30头)进行小范围试验，无不良反应后，方可扩大接种面积，接种后应加强对动物的饲养管理，并仔细观察。⑥面临疫病暴发时，免疫接种应先从安全区到受威胁区，然后到疫区。⑦对怀孕母畜注射疫苗时，应注意保定，动作应轻微，以免影响胎儿，防止造成机械性流产。⑧疫苗启封后最好当天用完，未用完的疫苗封好后放2℃～8℃保存，超过24小时的疫苗不能再使用。⑨严寒季节，应注意防冻，因疫苗含有氢氧化铝胶，冻结后影响疫苗效力。⑩接种疫苗的同时，应改善拥挤等应激因素，注意通风。

2. 牛巴氏杆菌病油乳剂疫苗

【简　介】 本品采用的菌液培养与铝胶苗相同。制苗时取等容积的矿物油与菌液混匀，加入5%羊毛脂乳化，乳化10分钟后过夜，第二天再搅拌乳化1次，然后分装即可。本品静置后，上层为黄色透明液，下层为灰白色沉淀，经充分振摇为均匀混悬液。

【特　点】 免疫效果较好，免疫期较长，在注射疫苗21天后产生免疫力，免疫期为9个月，但有时疫苗可引起个别免疫牛出现变态反应。

【适用范围】 用于健康牛的免疫接种，预防牛巴氏杆菌病。

【使用方法】 肌内注射，犊牛4～6月龄初免，3～6个月后再免疫1次，每头注射3毫升。

【保存、运输条件】 2℃～8℃冷暗处保存，有效期为6个月。疫苗应冷藏运输。

【注意事项】 ①免疫前应了解动物的健康状况。②使用疫苗前应将疫苗摇匀，注射疫苗时应消毒和更换针头。③注苗后个别牛可能出现变态反应，应注意观察。④怀孕母畜注射疫苗时，应注意保定，防止造成机械性流产。⑤疫苗启封后最好当天用完，未用完的疫苗可用蜡封住针孔后，2℃～8℃保存，超过24小时的疫苗不能再使用。

四、牛沙门氏菌病疫苗

牛沙门氏菌病(Bovine salmonellosis)是由沙门氏菌引起的一种传染病,主要病原是鼠伤寒沙门氏菌和都柏林沙门氏菌。成年牛临床上多表现为败血症和肠炎,也可引起流产;犊牛则发生急性胃肠炎、关节炎或肺炎。

(一)牛沙门氏菌病的危害

本病遍布于世界各地,对牛的繁殖和犊牛的健康带来严重的威胁,许多类型的沙门氏菌不仅是犊牛和成年牛发生腹泻的主要病原菌,而且也可使人感染,并发生食物中毒。因此,沙门氏菌在公共卫生上具有重要的意义。我国也存在本病,给养牛业造成很大经济损失。

(二)牛沙门氏菌病诊断要点

1. 流行特点 所有年龄的牛都有易感性,特别是出生30～40天以后的犊牛最易感,发病犊牛多系舍饲牛。本病一年四季均可发生,犊牛发病后传播迅速,往往呈地方性流行,死亡率也较高,而成年牛多于夏季放牧时发生,呈散发性,一个牛群仅有1～2头发病,第一个病牛出现后,往往间隔2～3周才出现第二个病牛,传播速度较慢。病牛和带菌牛是本病的主要传染源,它们可由粪便、尿、乳汁排出病菌,污染水源和饲料等,经消化道感染健康的牛,应激因素和能引起肠道正常菌群紊乱的其他因素可促进本病的发生。

2. 临床症状及病理变化 成年牛体温升高,大多数病牛在发病后12～24小时,粪便中出现血块,不久即变为下痢,粪便恶臭,含有纤维素絮片,间杂有粘膜。病牛腹痛,常用后肢蹬踢腹部,孕牛多数流产。犊牛排出灰黄色液状粪便,混有粘液和血丝。病期延长时,腕关节和跗关节可能肿大,有的还有支气管炎和肺炎症状。剖检可见成年牛呈急性出血性肠炎变化，肠粘膜潮红，常有出血，大肠粘膜脱落，有局限性坏死区。肠系膜淋巴结水肿、出血，肝呈脂肪变性或灶性坏死。急性犊牛病例在心壁、腹膜、真胃、小肠和膀胱粘膜有小出血点，脾充血肿胀，有时出血。病程较长的病例肝脏色淡，胆汁常变稠而混浊，肺常有肺炎区，肝、脾和肾有时发现坏死灶，关节损害时，腱鞘和关节腔含有胶样液体。

（三）牛沙门氏菌病防制措施

应用疫苗免疫能有效控制牛副伤寒的发生，建议犊牛在30～40天免疫1次，成年牛每年免疫1～2次，孕牛产前2个月免疫1次，如果牛群受到威胁时，可用灭活疫苗紧急接种。用本场流行的沙门氏菌制成的疫苗也很有效。由于芳香依赖性鼠伤寒沙门氏菌和都柏林沙门氏菌均能激发体液免疫和细胞免疫反应，因而用上述两株菌制备疫苗可产生良好免疫力。现在英国应用都柏林弱毒疫苗免疫犊牛，其预防效果较好。

预防本病重在加强饲养管理，消除发病诱因，经常清扫环境，改善卫生状况，定期消毒房舍，保持饲料和饮水的清洁、卫生，执行严格的卫生检验与检疫制度。

病牛应隔离，病初应用抗血清治疗效果良好，也可应用抗菌药物进行治疗，并辅以对症治疗方法，如口服高岭土保护肠道，输液治疗脱水等。由于肠道损害影响消化吸收，应补充维生素A和复合维生素B数周。若发生肺炎，可试用九一四及其他敏感药物进行治疗。

牛群一旦发病，首要问题是消除传染源，除隔离病牛治疗外，还应尽快检出并淘汰带菌牛。检查带菌牛的方法，一般是在1～2周内，做3天直肠拭子的沙门氏菌检查，3次均为阳性者是带菌牛。但有些带菌牛不一定从粪便排菌，可以在产犊后检查母牛阴道和犊牛粪便中有无沙门氏菌，此时的检出率可能较高。同时应对圈舍、用具仔细消毒，特别要注意及时清出粪便，堆积发酵或焚烧，死亡动物应深埋或焚烧。

（四）免疫失败的原因

牛接种沙门氏菌病疫苗，其免疫力的产生主要依赖于细胞介导免疫。因此，最好用弱毒疫苗进行免疫接种。由于引起牛沙门氏菌病的沙门氏菌有多种血清型，选用疫苗菌株的血清型与当地流行菌株不一致，是造成疫苗免疫失败的原因。

（五）防制用疫苗

目前应用的牛沙门氏菌病疫苗有弱毒疫苗和灭活疫苗。由于免疫力的产生主要依赖于细胞介导免疫，而死苗仅能激发体液免疫，因此，灭活疫苗的免疫效果不如弱毒疫苗。

1. 牦牛沙门氏菌病活疫苗

【简　介】 本品系用免疫原性良好的都柏林沙门氏菌弱毒S8002－550弱毒株，接种含1%～1.5%蛋白胨的普通肉汤培养，将培养菌液离心，用灭菌生理盐水稀释至适当浓度，加稳定剂冻干制成。每头份小牛用疫苗含活菌数应不少于15亿个，成年牛用疫苗应不少于30亿个。冻干后，菌苗活菌率应不低于50%。疫苗为乳白色或灰白色海绵状疏松团块，易与瓶壁脱离，加稀释液迅速溶解。

【特　点】 疫苗免疫效果较为理想，免疫期12个月。但疫苗仅适用于牦牛，且可引起免疫牛出现变态反应。

【适用范围】 用于预防牦牛沙门氏菌病。

【使用方法】 临用时按瓶签注明头份，加入20%氢氧化铝胶生理盐水，稀释为每头份1～2毫升，于臀部和颈部浅层肌内注射，在每年5～7月份注射1次。

【保存、运输条件】 2℃～8℃保存，有效期为12个月。疫苗应冷藏运输。

【注意事项】 ①疫苗随用随稀释，稀释后放阴凉处限6小时用完。②注苗后，有些牛可引起轻微的体温升高、减食、乏力等症状，一般 1～2 天后可自行恢复，极个别牛可出现流涎、发抖、喘息、卧地等症状，一般在注射后 20～120 分钟出现，轻微者可自行恢复，较重者应及时注射肾上腺素。

2. 牛沙门氏菌病灭活疫苗

【简　介】 本品系用免疫原性良好的肠炎沙门氏菌都柏林变种和病牛沙门氏菌 2～3 个菌株，接种肉肝胃膜消化汤培养，菌液经检验合格后，加入终浓度为 0.8%的甲醛溶液，灭活脱毒 3 天后，加氢氧化铝胶制成。疫苗静置后，上部为灰褐色澄清液体，下部为灰白色沉淀，振荡后为均匀混浊液体。

【特　点】 疫苗可用于不同品种、不同年龄的牛免疫，但牛接种疫苗后，可能会引起变态反应。疫苗免疫期较短，为 6 个月。

【适用范围】 用于预防牛沙门氏菌病。

【使用方法】 1 岁以下牛肌内注射 1 毫升，1 岁以上牛肌内注射 2 毫升。为增强免疫力，对 1 岁以上牛在首免后 10 天，可用相同剂量的疫苗再免 1 次；在已发生牛沙门氏菌病的牛群中，应对 2～10 日龄犊牛肌内注射 1 毫升；怀孕牛应在产前 45～60 天在兽医监护下注射 1 次，所产犊牛应在 30～45 日龄免疫 1 次，剂量均为 1 毫升。

【保存、运输条件】 2℃～8℃保存，有效期 12 个月。疫苗应冷藏运输。

【注意事项】 ①在严寒季节，注意防冻，因疫苗中含有氢氧化铝胶，冻结后影响其效力。②注射剂量应严格按规定用量。③注苗后可能会引起变态反应，反应通常于注苗后半小时开始出现，症状为呆立、瞪视、震颤、流泪、流涕垂涎、呼吸加快、精神委顿等，应立即注射肾上腺素 1～2 次，予以缓解，否则可能导致死亡。初用该苗的畜群，变态反应较为多见，常用苗地区反应率明显降低。④瘦弱牛、患病牛不宜注射。

五、牛副结核病疫苗

牛副结核病(Bovine paratuberculosis),又称副结核性肠炎,是由副结核分枝杆菌引起的一种慢性、消耗性传染病,主要发生于牛。其特征是顽固性腹泻和渐进性消瘦,肠壁增厚,并形成皱褶。

(一)牛副结核病的危害

本病由 Johne 等于 1895 年首次发现,1906 年正式命名为副结核病。目前本病呈世界性分布,一般养牛地区都可能存在,并已被认为是世界性牛病之一。我国发现本病较晚,在 20 世纪 70 年代初,韩有库等首先分离出病原菌,从而证实了本病的存在。20 世纪 80 年代以来,我国一些地区均有本病发生。由于本病引起严重的生产性能下降,且发病牛难以治愈,病牛一般经 3~4 个月后衰竭死亡。因此,其危害非常严重,经济损失巨大。

(二)牛副结核病诊断要点

1. 流行特点 本病为地方流行性疾病。各品种牛均可感染,但以奶牛、肉用黄牛多发,4 月龄以下的犊牛最易感,感染后终生带菌,并不断排菌或发病。青年牛和成年牛具有一定的抵抗力,感染牛多为隐性感染。由于副结核病潜伏期长达 6~12 个月,甚至更长。因此,一般感染牛在 2~5 岁时才会发病。本病母牛多见,尤其是处在妊娠、分娩及泌乳期的母牛易发。副结核病散播速度比较缓慢,各个病例的出现往往间隔较长时间,水平和垂直途径均可传播本病,其中消化道是最常见的感染途径。此外,胎儿经子宫也可能发生感染。流行牛群的死亡率每年高达 10%。

2. 临床症状及病理变化 早期症状为被毛干涩无光,采食减少,脱水,间断性腹泻,以后变为经常性的顽固性拉稀。排泄物稀薄、恶臭,带有气泡、粘液和血液凝块。严重时排水样便,呈喷射状,下颌、腹部和胸部等处可见水肿，病牛渐进性消瘦，体况下降，生产能力明显降低。剖检在消化道，特别是小肠、回肠、结肠肠管变粗，肠腔狭窄，肠壁明显增厚，肠粘膜形成硬而弯曲的脑回样皱褶，粘膜灰黄色或黄白色，并覆有粘液，稠而混浊，浆膜和肠系膜水肿，肠系膜淋巴结肿大变软，切面湿润，浆膜下淋巴管和肠系膜淋巴管肿大，呈索状。

（三）牛副结核病防制措施

预防本病重在加强饲养管理，增强抗病力，不要从疫区引进牛，如要引进牛则必须进行检查，确认健康后方可混群。

加强检疫，对变态反应阳性牛，要集中隔离，分批淘汰。在隔离期间加强临床检查，有条件时采取直肠刮取物、粪便内的血液或粘液做细菌学检查，发现有明显临床症状和菌检阳性牛，及时做扑杀处理；对变态反应疑似牛，间隔 15～30 天再检疫 1 次，连续 3 次呈疑似反应的牛，应酌情处理；变态反应阳性母牛所生的犊牛，以及有明显临床症状或菌检阳性母牛所生的犊牛，应立即与母牛分开，人工饲喂母牛初乳 3 天后单独组群，至 1、3、6 个月龄时各做变态反应检查 1 次，如均为阴性，可按健康牛处理。

曾经检出过病牛的假定健康牛群，在随时做好观察和定期临床检查的基础上，对所有牛每 3 个月做 1 次变态反应检查，变态反应阴性牛方准调群或出场，连续 3 次检疫不再出现阳性反应的牛群，可视为健康牛群。

病牛污染过的牛舍、栏杆、饲槽、用具、绳索和运动场地等，要用生石灰、来苏儿、苛性钠、漂白粉等消毒液进行喷雾、浸泡或冲洗。粪便堆积高温发酵是杀灭其中病原菌的较好方法。

由于治疗本病没有敏感药物，且病牛常在感染后期出现症状，因此，药物治疗一般无效。使用止泻药物只能使病牛暂时好转，停药后又复发，经常饲喂干草料，可减轻腹泻。对具有明显临床症状的开放性病牛和细菌学检查阳性的病牛，要做扑杀处理；对妊娠后期的母牛，可在严格隔离不散菌的情况下，待产犊后 3 天做扑杀处理。

虽然国外已研制出副结核病弱毒疫苗和灭活疫苗，但因免疫效果不佳，并且能使接种牛变态反应转阳，从而不能与病牛相区分，且疫苗有一定的副作用等问题，而未能推广应用。现欧洲一些地区已经使用灭活苗，犊牛在 1～35 日龄接种，同时加强饲养管理，可降低感染率，但使用疫苗不能完全防止感染和排毒。因此，疫苗接种仅作为本病防制的辅助手段。

（四）防制用疫苗

由于副结核菌的细胞壁一般具有很强的致敏原性，牛在接种菌体疫苗后，常引起长而持久的变态反应，这种变态反应与保护性免疫不相关，但却严重干扰结核病与副结核病的检疫。因此，不含致敏原成分的疫苗才是理想的疫苗。

关于牛副结核病疫苗的研究，早在 20 世纪 20 年代，有法国学者用 1 株未致弱的副结核菌悬浮于液体石蜡-橄榄油中，再加入少许浮石粉制成活菌苗，每头牛胸垂皮下或颈部皮下接种，但效果并不十分理想。后有人用减弱的副结核菌制成了同样配方的弱毒疫苗，接种牛和山羊，效果也不令人满意。现已研制的疫苗有弱毒疫苗、灭活疫苗及亚单位疫苗。

1. 牛副结核病弱毒疫苗

【简　介】 本品采用的菌株是副结核菌 316F 菌株，该菌株是 1 株致弱的无毒副结核菌株，将该菌接种适宜液体培养基，37℃培养 3～4 周，收获菌体，取 5 毫克湿苗悬浮于 0.75 毫升橄榄油和 0.75 毫升液体石蜡中，再加入 10 毫升浮石粉制成疫苗。吉林省兽医研究所已引进该菌株，并研制出牛副结核病疫苗，试验结果证实，疫苗免疫效果良好。

【特　点】 疫苗安全性较好，免疫效力也较理想，免疫期 4 年。

【适用范围】 适用于各年龄、品种的牛。

【使用方法】 在牛胸垂皮下或颈部皮下接种。

【保存、运输条件】 2℃～8℃保存，有效期为1年。疫苗应冷藏运输。

【注意事项】 注射疫苗1个月后，在接种部位形成胡桃大炎性肿块，然后逐渐形成纤维干酪化结节。

2. 牛副结核病灭活疫苗

【简　介】 本品系用副结核菌P18、Tepse和P10菌株接种于适宜培养基，37℃培养2周，将培养物经100℃水浴1小时湿热灭活后，浓缩菌体，然后加入液体石蜡、樟脑油、植物血细胞凝集素等组成的佐剂，制成疫苗。本品为乳白色乳剂，久置后底部有少许沉淀，振荡后呈均匀混悬液。

【特　点】 疫苗安全性良好，免疫效力也较理想，免疫期为2年，能有效预防牛副结核病的发生，是目前临床上具有实际应用价值的疫苗。

【适用范围】 适用于各年龄、品种的牛。

【使用方法】 犊牛在出生后7天内，于胸垂皮下注射，1毫升/头。

【保存、运输条件】 2℃～8℃保存，有效期为1年。疫苗应冷藏运输。

3. 牛副结核病亚单位灭活疫苗

【简　介】 本品采用制备亚单位疫苗的方法，即将副结核菌灭活后，用超声玻璃微珠或Ribi压榨装置将其破碎，经差速离心，除去细胞壁，然后加入弗氏不完全佐剂，制成疫苗，使每毫升疫苗含25毫克细胞成分。或是用含有3%氢氧化钾的80%乙醇溶液浸泡菌体，60℃加热1小时，破坏细胞壁，离心后，收集沉淀，加入弗氏不完全佐剂，使每毫升疫苗含沉淀抗原50毫克。

【特　点】 该苗对预防副结核病有较好的效果，安全性也较理想。

【适用范围】 适用于各年龄、品种的牛。

【使用方法】 牛胸垂皮下注射，0.5毫升/头。

【保存、运输条件】 2℃～8℃保存，有效期为1年。疫苗应冷藏运输。

六、牛口蹄疫疫苗

牛口蹄疫，又称口疮、蹄癀，是由口蹄疫病毒引起的一种急性、热性、高度接触性传染病。其临床特征是在口腔粘膜、蹄部和乳房皮肤发生水疱和溃烂。

（一）牛口蹄疫的危害

牛口蹄疫是世界上最重要的牛病之一，也是典型的国际流行病，世界大部分地区都在遭受着口蹄疫的危害或威胁。虽然本病的死亡率不高，但其具有传染性强、传播速度快的特点。牛感染后其生产能力明显下降，同时将禁止相应家畜及畜产品的出口，由此造成的贸易限制和卫生处理等费用难以估计，经济损失巨大，引起了各国政府的重视。口蹄疫的暴发甚至已经影响到国际关系、国家声誉及经济发展。因此，有人称此病为"政治经济病"。国际兽疫局将口蹄疫列为A类疾病之首。在进出口贸易中，本病是世界各国检疫和防疫的重点对象。

（二）牛口蹄疫诊断要点

1. 流行特点 本病黄牛、奶牛最易感，牦牛、犏牛及水牛则次之，犊牛比成年牛易感，病死率亦较高。牛口蹄疫一般不引起猪发病，但人可能感染发病。新流行地区的发病率可达100%，老疫区的发病率在50%以上，犊牛可因心脏受损有较多死亡，死亡率高达50%～70%，成年牛死亡率低于5%。口蹄疫的发生没有严格的季节性，但冬春季节多发。病牛是主要的传染源，口蹄疫病毒可经消化道、呼吸道、皮肤和粘膜，以直接接触和间接接触的方式传播。本病传染性很强，一旦发病，传播速度很快，流行形式已从过去的大流行变为现在的地方性流行。

2. 临床症状及病理变化 病牛体温升高，闭口，流涎。在唇、鼻镜、齿龈、舌面和颊部粘膜发生蚕豆至核桃大的白色水疱，同时口角流涎增多，呈白色泡沫状，水疱破溃后形成浅表的边缘整齐的红色糜烂。趾间及蹄冠的柔软皮肤表现红、肿、疼痛，然后迅速发生水疱，并很快破溃，出现糜烂，最后干燥结成硬痂，逐渐愈合。乳头皮肤有时也出现水疱，很快破裂形成烂斑。成年牛症状较轻，怀孕牛易发生流产。剖检除口腔、蹄部出现水疱和烂斑外，在咽喉、气管、支气管和前胃粘膜有时也发生圆形烂斑和溃疡，上覆有黑棕色痂块，真胃和大、小肠粘膜出血，心包膜有弥散性的点状出血。犊牛易发心肌炎，心肌切面有灰白色或淡黄色斑点或条纹，类似老虎身上的斑纹，称为虎斑心。

（三）牛口蹄疫防制措施

疫苗免疫是防制本病的最有效方法。常发病地区要定期进行疫苗预防注射，免疫率达到80%时，就可控制不出现严重的暴发和流行。当接种期间连续2年无疫情，停止免疫1年以上无病例时，国际兽疫局即承认为无口蹄疫地区。目前，防疫疫苗有弱毒疫苗、灭活疫苗。近年来还研制了基因工程疫苗、化学合成肽疫苗及抗独特型抗体疫苗。由于这些疫苗株的毒力、免疫原性及其应用效果尚存在不同看法，所以在应用这些疫苗时，必须按说明书使用。由于疫苗弱毒长期通过易感动物，可能会出现毒力返强的危险，我国已开始禁用弱毒疫苗。本病建议免疫程序是根据本地疫病流行情况和发病季节，制定相应的防疫计划，成年牛6个月免疫1次，妊娠母牛在分娩前3个月免疫，犊牛出生后4～5个月首免，以后每6个月免疫1次。

建立严格的卫生防疫制度，加强产地、口岸、运输和屠宰的检疫工作。做好消毒工作。禁止疫区动物及其产品、饲料等的流通。

当有疑似口蹄疫发生时，必须立即上报疫情，确定诊断。同时在疫区实施严格的封锁、隔离、免疫、消毒等综合性措施。扑杀阳性牛及其同群牛，并做无害化处理，对扑杀牛及牛舍等进行严格消毒，疫点内最后 1 头病牛消灭后，3 个月未出现新病例时可解除封锁；对受威胁的牛，用口蹄疫灭活苗进行预防注射，每年两次。

（四）防制用疫苗

目前防止本病用疫苗可分为弱毒活苗和灭活苗两种。口蹄疫弱毒疫苗包括鼠化、兔化、鸡胚化以及组织细胞驯化弱毒疫苗等。由于弱毒疫苗存在潜在的安全性问题，因此，现在多应用牛 O 型口蹄疫灭活疫苗。近几年，我国学者相继又研制了一系列的灭活疫苗，但仍处在试验阶段。朱明旺等(2001)用筛选出的制苗用种毒 Asia I L/96 的不同代次 BHK-21 细胞传代毒试制疫苗，试验条件下，用健康牛进行了效力试验，保护率均达到 100%，免疫后 6 个月强毒攻击保护率达到 65%，疫苗 2℃～8℃保存，有效期为 1 年，最小免疫剂量为 3 毫升/头，试验证实，安全性良好，无不良反应。有学者研制了牛 O-A 型口蹄疫双价灭活疫苗，实验证实，疫苗具有良好的保护效力，成年牛颈部肌内注射疫苗 4 毫升/头，犊牛注射 2 毫升/头，免疫期可达 180 天。疫苗 2℃～8℃保存，有效期为 1 年。目前一些新型疫苗如基因工程疫苗、合成肽疫苗、核酸疫苗的研究，也取得了令人满意的结果，但与应用的常规疫苗相比尚存在一定差距。

1. 口蹄疫 O-A 型鼠化弱毒疫苗

【简　介】 本品是我国 20 世纪 80 年代研制成功的疫苗。将口蹄疫 O 型 Ⅱ 系鼠化弱毒、A 型 Ⅲ 系鼠化弱毒分别经皮下注射 3～5 日龄或 4～6 日龄乳兔，每只注射 1∶20～50 倍稀释液 1～3 毫升，采集在一定时间内出现明显麻痹症状的濒死或死亡乳兔的含毒组织，称重后磨碎，根据配苗种类的不同要求加入适量的磷酸盐缓冲液浸毒，并加入适量的抗生素，在2℃～8℃处理4～16小时，充分振荡4～5次，然后过滤或取上清，混合后制成疫苗。疫苗用乳鼠测定毒价，O型苗$LD_{50} \geq 10^{5.5}$/0.1毫升，A型苗$LD_{50} \geq 10^{6.5}$/0.1毫升。本品为暗赤色液体，静置后底部有部分组织沉淀，摇之呈均匀混浊液。

【特　点】 弱毒疫苗产生较好免疫力，免疫持续时间也较长，在注射后14天产生免疫力，免疫期为4～6个月。免疫牛除产生循环抗体外，还可引起局部免疫。使用剂量小，价格低。疫苗安全性不理想，对不同品种、年龄和生理状态的动物表现不同的残留毒力，有的免疫牛可能出现临床症状，有的还可能会出现毒力返强的危险。

【适用范围】 用于预防牛O型、A型口蹄疫。

【使用方法】 注苗前应充分摇匀，肌内或皮下注射。成年牛注射4毫升/头，1岁以下犊牛注射2毫升/头。

【保存、运输条件】 －12℃以下保存，有效期12个月；2℃～8℃保存为5个月。疫苗运输过程中应避免阳光直射，冬季应防止疫苗冻结。如果冻结，须放在15℃～20℃条件下自行融化，不允许用火烤或热水融化。

【注意事项】 ①疫苗一定要严格控制在指定区域内使用。②在首次注射的地区，应先进行小范围试验。注射后约有20%～30%的牛口腔出现烂斑，10%在蹄部出现水疱烂斑，少数牛可出现奶头烂斑及减奶数天，但一般不影响食欲和使役，经常注射地区的牛反应较轻。③注射疫苗的牛在14天内不得随意移动，以便进行观察，也不得与猪同居接触，本疫苗不用于猪。④免疫接种后，如出现多数牛群发生严重的反应，则应严格封锁隔离，加强护理治疗，并查明病因，进行适当处理。如果是在免疫力产生前感染强毒，出现口蹄疫症状，按病牛处理，进行封锁隔离。⑤经常发生疫情地区的易感动物，第一年注射2次，以后每年注射1次即可。⑥在疫区注射疫苗后，防疫人员的衣物、交通工具及器械等应进行严格消毒处理，才能参加其他地区的预防工作，以免机械性带毒传染。⑦1岁以下犊牛不能使用本苗。

2. 牛口蹄疫O型灭活疫苗

【简　介】 本品系用免疫原性良好的牛源强毒OA/58株接种BHK-21细胞培养增殖，病毒液经反复冻融3次后滤过，毒液的毒价应为乳鼠$LD_{50} \geqslant 10^{6.5}$/0.1毫升，$TCID_{50} \geqslant 10^{7.5}$/0.1毫升，然后经二乙烯亚胺灭活后，加油佐剂混合乳化而成。本品为略带粉红色或白色的粘滞性液体，久置后疫苗上部可能有少量油相，底部有部分水相析出，摇之呈均匀乳状液。

【特　点】 疫苗具有安全、稳定、不散毒等优点。对各年龄的黄牛、水牛、奶牛、牦牛均安全有效，注苗后2～3周产生免疫力，免疫期为6个月，但有的动物接种后可能出现不良反应。

【适用范围】 适用于各种年龄的黄牛、水牛、奶牛、牦牛，用于预防牛O型口蹄疫。

【使用方法】 注苗前应充分摇匀，肌内注射。成年牛注射3毫升，1岁以下犊牛注射2毫升。

【保存、运输条件】 2℃～8℃保存，有效期为1年。疫苗宜冷藏运输。

【注意事项】 疫苗应防止冻结，避免高温和阳光照射。凡疫苗色泽等与说明书不一致，或疫苗中含有异物、无标签、标签模糊不清、疫苗瓶有裂缝、封口不严以及变质者不得应用。

七、牛流行热疫苗

牛流行热(Bovine epizootic fever)，又称三日热、三日病或暂时热，是由牛流行热病毒引起的一种急性、热性传染病。其临床特征为突发高热，呼吸急迫，流泪，有泡沫样流涎，鼻漏，后躯僵硬，跛行。

(一)牛流行热的危害

本病1867年首次报道于东非。现广泛流行于非洲、亚洲及大洋洲等地区。我国20世纪30年代曾有过大流行,1976年又在华北等地暴发流行本病,而且分布面较广,并在北京分离到病毒,由于采取了有效的免疫防制措施,我国已基本上控制了本病。虽然大部分病牛为良性经过,但因本病传播迅速,大群发病,且能明显降低牛的生产性能,对乳牛的产乳量有明显的减产作用,而且部分病牛常因瘫痪而淘汰。因此,本病可给养牛业造成相当大的经济损失。目前本病在许多国家和地区均有流行,我国南方少数地区有局部发生,应引起足够重视。

(二)牛流行热诊断要点

1. 流行特点 主要侵害奶牛和黄牛,水牛较少感染,奶牛易感性较高,以3～5岁青壮年牛多发,老牛和犊牛发病率较低。本病是一种非接触性传染病,由吸血昆虫传播,因而本病发生有明显的季节性,主要在蚊、蠓、蝇多的夏末秋初季节流行,传染源为病牛。流行特点是大群发病,传播迅速,呈流行性或大流行,疫病流行有明显的周期性。本病发病率高,为39%～70%,但死亡率较低,一般在1%左右,病牛常为良性经过,多数病牛经2～3天恢复正常。

2. 临床症状及病理变化 病牛发病突然,初期恶寒战栗,体温升至40℃以上,眼结膜充血浮肿,流泪,畏光。呼吸促迫,流粘性鼻汁,口炎,流涎,口边粘有泡沫。有的四肢关节轻度肿胀与疼痛,跛行。病牛常发生咽喉麻痹,有的产乳量急剧下降。妊娠母牛流产,死胎。剖检可见肺气肿,肺隆起,间质增宽,内有气泡,压迫有捻发音,有的肺水肿,肺间质有胶冻样浸润,肺切面流出大量暗紫红色液体,气管内积有泡沫状液体,胸腔积有暗红色液体。肠道呈卡他性炎症和出血。

（三）牛流行热防制措施

防制本病最为可行的方法是接种疫苗。由于该病有严格的季节性，因此，在疫病流行季节之前免疫接种疫苗，能有效预防本病。实践经验表明，无论使用灭活苗，还是弱毒苗，本病的免疫程序最好是间隔 4 周进行 2 次免疫，免疫时间应于每年 7 月份以前进行。

根据本病流行规律，做好牛流行热的预测预报工作，做到早发现，早隔离，早治疗，消灭蚊蝇是预防本病的有效方法。疫区病牛实行隔离，同时加强消毒，消灭吸血昆虫，未发病牛实施疫苗紧急预防接种。

本病无特效药物，病初可根据具体情况对症治疗，采取解热、强心、补液、抗炎等措施，能获得满意效果。治疗可使用退热药及强心药，停食时间长的可补充生理盐水及葡萄糖溶液，用抗生素可防治继发感染，同时加强饲养管理。治疗时切忌灌药，因病牛咽肌麻痹，药物易流入气管和肺脏，引起异物性肺炎。

（四）免疫失败的原因

由于牛流行热是一种由吸血昆虫传播的非接触性传染病。本病的发生有明显的季节性，而疫苗免疫期又较短，因此，疫苗的免疫时间最好在每年的 5～7 月份进行，免疫时机不当易造成免疫失败。

（五）防制用疫苗

国内外许多学者相继研制了多种灭活疫苗和弱毒疫苗。在 20 世纪 80 年代哈尔滨兽医研究所用 JB76 毒株研制了结晶紫灭活疫苗、甲醛氢氧化铝灭活疫苗、β-丙内酯灭活疫苗等，疫苗均有不同程度的保护力，但免疫效果不够稳定，20 世纪 90 年代又成功研制了牛流行热灭活疫苗、亚单位疫苗。

1. 牛流行热弱毒疫苗

【简　介】 本品是将传代适应 BHK-21 细胞的 YHL 弱毒株接种细胞培养，待细胞产生合格病变后收集培养物，加入等量的聚乙烯吡咯烷酮乳糖保护剂，混匀分装，经冷冻真空干燥后制成。

【特　点】 疫苗安全，免疫牛无异常反应，并产生中和抗体，免疫效果较为理想。

【适用范围】 适用于各种品种的不同年龄牛。

【使用方法】 使用时用氢氧化铝胶稀释，间隔 4 周皮下接种疫苗 2 次，每次注射 5 毫升。

【保存、运输条件】 4℃～8℃保存，有效期为 6 个月。疫苗应冷藏运输，防止高温和阳光直射。

2. 牛流行热灭活疫苗

【简　介】 本品系用牛流行热病毒北京 JB76K 毒株接种于生长良好的 BHK-21 细胞培养，在接毒后 48～72 小时，当细胞致病作用(CPE)达到 75%以上时，收获细胞毒液，检验合格的细胞病毒液反复冻融 2 次，然后按 100 毫升病毒液加 10%的 TritonX-100 溶液 1 毫升，在 4℃条件下搅拌 2 小时进行灭活，按 100 毫升灭活的病毒液加 1%的硫柳汞溶液 1 毫升混匀，上述灭活的病毒液与等量的白油司盘佐剂混合、乳化，即为油包水型疫苗。

【特　点】 疫苗价格适宜，安全性好，免疫效果理想。在第二次免疫接种后 21 天产生免疫力，免疫期为 6 个月左右。

【适用范围】 可用于不同年龄、不同性别的健康奶牛、黄牛以及妊娠牛，预防牛流行热。

【使用方法】 牛颈部皮下间隔 21 天注射 2 次疫苗，每次 4 毫升/头，6 月龄以下的犊牛注射剂量减半。

【保存、运输条件】 4℃保存，有效期为 4 个月。疫苗应冷藏运输。

【注意事项】 ①给妊娠牛注射时应避免引起机械性流产。②在牛流行热暴发地区和流行期间，用本疫苗对牛群实施紧急预防接种可收到良好的控制效果。③接种疫苗后，有少数牛于接种局部出现轻度肿胀，经30天左右基本消失。还有少数牛出现一过性热反应。

3. 牛流行热亚单位油乳剂疫苗

【简　介】 本品系用牛流行热病毒JB76H毒株接种于BHK-21细胞培养，当CPE达到75%以上时，收获细胞毒液，检验合格的细胞病毒液反复冻融3次，然后经100 000转/分离心1小时，弃上清，每100毫升病毒液的离心沉淀物加0.5%的TritonX-100溶液2毫升悬浮，超声裂解，将裂解物在4℃条件下搅拌1小时后，再以100 000转/分离心1小时，上清液即为病毒裂解的可溶性抗原，将抗原用RPMI 1640营养液适当稀释，与等量白油佐剂混合、乳化，即为油包水型疫苗。用557双波长、双光束分光光度计测定疫苗抗原蛋白含量，应为3.9～5.02毫克/毫升。

【特　点】 安全性好，免疫效果理想。在第二次免疫接种后21天产生免疫力，免疫期为6个月左右。

【适用范围】 可用于不同年龄、不同性别的健康奶牛、黄牛以及妊娠牛，预防牛流行热。

【使用方法】 颈部皮下间隔21天注射2次疫苗，每次4毫升，6月龄以下的犊牛注射剂量减半。

【保存、运输条件】 2℃～8℃保存，有效期为4个月。疫苗应冷藏运输。

【注意事项】 同牛流行热灭活疫苗。

4. 牛流行热结晶紫灭活疫苗

【简　介】 本品采用反应原性与免疫原性良好的毒株接种牛体复壮，选取典型发热期的血毒作为种子，静脉接种敏感健康牛，采取发热高峰期病牛（40℃以上）的血液，立即脱纤，将800毫升血液与含有0.25%结晶紫的乙基甘醇或甘油200毫升混合，置37℃培养灭活7天，每天振荡2次，检验合格后分装即成。

【特　点】 疫苗安全，免疫效果较好。由于制苗成本较高，临床上很少使用。

【适用范围】 适用于各年龄、品种的牛。

【使用方法】 牛颈部皮下注射 10 毫升，3～7 天后再注射 15 毫升，未满 6 个月的犊牛按体重将全量 15～20 毫升分两次注射，免疫期为 6 个月。疫苗多在流行季节前 1 个月免疫。

【保存、运输条件】 2℃～5℃保存，有效期为 3 个月。疫苗应冷藏运输。

八、牛气肿疽灭活疫苗

牛气肿疽(Bovine emphysematous gangrene)，又称黑腿病、鸣疽，是由气肿疽梭菌引起的一种急性、热性传染病。其特征是肌肉丰满部位发生急性气性肿胀，按压有捻发音。

(一)牛气肿疽的危害

本病于 1875 年由 Bollinger 首次发现的，随后遍布世界各地。我国也早有牛气肿疽存在，在 20 世纪 60 年代初，我国的四川、山西、山东、河南、河北等省曾有气肿疽发生，给我国养牛业造成很大经济损失。此后由于加强饲养管理，采取科学治疗方法，严格消毒和防疫等综合防制措施，基本上控制了本病。牛气肿疽的发生多呈散发或地方性流行。

(二)牛气肿疽诊断要点

1. 流行特点 本病主要侵害黄牛，水牛少见。传染源为病牛，传播方式为间接接触传播，主要传播媒介为土壤，即病牛或尸体中病菌污染了土壤，病菌芽胞可以较长时间存在于土壤中，牛采食了污染的饲料或饮水，病菌经有创伤的消化道或松弛的消化道粘膜侵入机体而发生感染。流行地区 6 月龄至 3 岁龄牛易感，公牛比母牛易感。牛气肿疽多发在潮湿地区，夏季多发，常呈散发或地方性流行。发病率40%～50%，死亡率高达100%。

2. 临床症状及病理变化 病牛初期体温升高，跛行，然后在多肌肉部位，如腿上部、臀部、胸部等处发生肿胀。患部皮肤初期热痛，后期变冷，无痛感，干硬，呈暗红色或黑色，有时形成坏疽，触诊有捻发音，叩诊为鼓音。切开患部流出污红色带泡沫的酸臭液体。若病灶发生在口腔和喉部，腮肿胀，舌肿大，伸出口外。尸体膨胀，鼻孔、肛门和阴道有血样液体流出，肿胀部位肌肉呈海绵状，有刺激性酸酪样气味，触诊有捻发音，切面呈污棕色，或有灰红色、淡黄色和黑色条纹。腹腔有多量黄色或红色浆液，心包液暗红，心外膜有出血斑，肝切面有棕色干燥病灶，有的病灶形成多孔的海绵状。

(三)牛气肿疽防制措施

应用气肿疽疫苗免疫注射能收到良好的防制效果。在春、秋两季各免疫1次气肿疽明矾菌苗或气肿疽甲醛菌苗，即可控制本病。在气肿疽流行期间，可用抗血清治疗，经15～20天再注射菌苗进行预防。

平时应注意土壤安全，严防污染。根据气肿疽发生有一定地区性的特点，采取土壤改良或植树造林等措施，可使污染土壤无害化，不过这种措施常难以实施。此外，改变牧场条件或改换饲料，常可使疾病流行停止。

发生疫情时要隔离病牛，对轻症患牛应进行紧急治疗，病牛尸体应焚烧或深埋，污染畜舍及用具要彻底消毒，以减少病原传播。假定健康牛群紧急注射疫苗，以预防感染发病。气肿疽的理想治疗方法是注射抗血清，即在发病数小时内给病牛注射抗气肿疽血清，150～200毫升/头，病重患牛可在12小时后再注射1次，同时进行辅助治疗，对局部病变注射杀菌制剂。此外，在病初可用大剂量抗生素治疗，但因有的病程急，可能收效甚微，若在流行牛群进行预防性治疗，可以达到防制目的。

（四）防制用疫苗

牛气肿疽疫苗最早由 Arloing 等（1887 年）用病牛感染组织浸出液研制而成。1950 年以后，我国也相继研制成功了几种气肿疽疫苗，效果良好。目前使用的是牛气肿疽明矾菌苗和牛气肿疽甲醛菌苗。近年来又研制成功了干粉疫苗，皮下接种干粉疫苗 1 毫升/头，免疫期可达 1 年，干粉疫苗具有使用方便，反应轻，效果好的特点。虽然也培养成功弱毒疫苗株，但尚未推广应用。

牛气肿疽灭活疫苗

【简　介】 本品包括牛气肿疽甲醛菌苗和牛气肿疽明矾菌苗两种，两种疫苗菌株均系免疫原性良好的牛气肿疽梭菌 C54-1 和 C54-2 菌株。制备甲醛灭活苗时，将菌种分别接种蛋白胨肉肝汤，在 37℃～38℃静置培养 36～48 小时，培养物纯检合格后，按培养基总量的 0.5%加入甲醛溶液，37℃～38℃灭活72～96 小时，灭活检验合格后即为甲醛灭活苗。制备明矾灭活苗时，将菌种分别接种厌气肉肝汤，在 37℃～38℃静置培养 36～48 小时，培养物纯检合格后，按培养基总量的 0.5%加入甲醛溶液，37℃～38℃灭活 72～96 小时，灭活检验合格后，加入 10%钾明矾，使钾明矾的终浓度为 1%，充分搅拌，混合均匀即成。两种疫苗静置后，上层均为棕黄色或淡黄色澄清液体，下层有少量的灰白色沉淀，疫苗振摇后，呈均匀混悬液。

【特　点】 疫苗免疫效果理想，在注射疫苗后 14 天产生免疫力，免疫期为 1 年，疫苗安全性较好。但有时会出现一定的副作用，如免疫牛可能有体温升高和注射部位出现局部肿胀等不良反应。

【适用范围】 用于健康牛、羊免疫接种，预防牛、羊气肿疽。

【使用方法】 不论年龄大小，牛颈部或肩胛后缘皮下注射 5 毫升/头，对 6 月龄以下免疫的犊牛，在 6 月龄时应再免疫 1 次。

【保存、运输条件】 2℃～8℃冷暗处保存，有效期 2 年。应冷藏运输。

【注意事项】 ①本苗严禁冻结。②被免疫动物一定要健康，有病、初产、去势、创伤未愈合及体温不正常的动物不宜注射。③注射后可能有体温升高反应和注射局部出现手掌大小的肿块，3～4天后可恢复正常。④注苗后7天内不要使役，应加强饲养管理。⑤注射前要将菌苗用力振摇，使之成均匀的混悬液，以免菌体分布不均匀影响免疫效力。⑥如有疫苗瓶封口不严，疫苗混有异物或有摇不散的絮状物等情况时，均不能使用。

九、牛乳房炎疫苗

牛乳房炎(Bovine mastitis)是乳腺组织受到物理、化学、微生物等因素的刺激后而发生的一种炎症。其临床特征是乳汁中体细胞数明显增多，乳房肿胀、发热、疼痛，皮肤发红，乳汁变性。

(一)牛乳房炎的危害

奶牛乳房炎是世界奶牛业的主要疾病，是奶牛的一种常见、多发疾病。本病不仅能够降低奶牛产奶量和奶的品质，危及消费者身体健康，而且还会影响奶牛的发情和妊娠，病重患牛因产乳量明显减少或失去泌乳能力而被淘汰。因此，本病具有重要的经济意义。在乳房炎患牛中，隐性乳房炎患牛的产奶量一般降低10%，而显性乳房炎患牛的产奶量则下降15%～60%，重则绝产。美国因奶牛乳房炎一项，每年的经济损失就高达20亿美元，德国仅隐性乳房炎年经济损失就高达4.5亿马克。我国虽没有确切统计，但发病率也较高，约在50%以上。因此，其经济损失也不能低估。

(二)牛乳房炎诊断要点

1. 流行特点 奶牛乳房炎是由多种非特定的病原微生物引起的，不同地区流行的病原也不尽相同，无乳链球菌和金黄色葡萄球菌是较常见的病原菌，其次是大肠杆菌。感染途径有内源性和外源性两种。内源性感染为继发性乳房炎，外源性感染为经乳头管感染的原发性乳房炎。挤奶程序不正确，饲养管理不科学，卫生消毒不严格是本病的诱因。牛乳房炎全年均可发生，但以夏季多发。发病率为 25%～60%，甚至更高，其中隐性乳房炎约占 25%～50%。奶牛泌乳初期和停乳时多发，高产奶牛的发病率高于低产奶牛。

2. 临床症状 隐性乳房炎一般不出现临床症状，仅表现为产奶量的降低。显性乳房炎易于诊断，临床出现乳房与乳汁的异常变化。轻度显性乳房炎乳汁中有絮片、凝块，有时乳汁呈水样、浆液样，有的乳房轻度发热和疼痛，并可能肿胀。重度乳房炎，乳房急性肿胀、发热、疼痛、变硬，乳汁异常，泌乳减少，还出现精神沉郁、食欲减退等全身症状。

（三）牛乳房炎防制措施

做好预防工作是控制乳房炎的主要措施。平时应加强饲养管理，补充适量维生素和微量元素，以增强奶牛体质。坚持合理的挤乳制度，搞好挤乳卫生。牛舍内必须保持清洁卫生，干燥通风，做到定期清扫和消毒，牛体要保持清洁。定期检查奶牛的乳汁、乳房，发现病牛要及时隔离，及早治疗，防止病原的蔓延扩散。干奶期预防工作尤为重要，在干奶期向乳房内注入长效抗菌药物 1～2 次，可有效预防乳房炎的发生。

应用疫苗免疫是预防牛乳房炎的重要措施。目前，临床应用疫苗主要有美国生产的 J5 疫苗，西班牙生产的牛乳房炎多联疫苗，国内研制的菌苗多处于中试阶段，这些疫苗对提高牛乳房炎自发性治愈率，降低临床型乳房炎的发生率均有一定的作用。一些学者还研制了可生物降解的微球疫苗及其他佐剂疫苗，并取得了一定的效果。核糖体是一种胞浆颗粒，用核糖体制备菌苗，对金黄色葡萄球菌和链球菌感染具有理想的防御作用。大肠杆菌是引起奶牛急性和亚急性乳腺炎的主要环境病原菌，其细胞壁脂多糖（LPS）由内向外分别为菌体抗原（Ag）层、寡糖层和脂 A 层。一些粗糙型细菌核心 Ag 暴露在外，故能制作菌苗，刺激机体产生抗体，能杀灭许多革兰氏阴性细菌，由于核心 Ag 属于糖类，故免疫期较短。

（四）免疫失败的原因

由于奶牛乳房炎病原复杂，一些疫苗菌株与引起免疫牛发生乳房炎的菌株不符是造成免疫失败的主要原因。

（五）防制用疫苗

1. 牛乳房炎 J5 灭活疫苗

【简　介】 本疫苗商品名为 Colicure-J5 疫苗，又称 Colimast-J5 疫苗，是由美国学者研制成功的，由法玛西亚公司生产，1993 年在美国使用。制苗菌株为 J5 菌株，该菌株是不完全 O-多糖的突变株，其核心抗原和脂 A 层抗原是裸露的，裸露的核心抗原可刺激产生抗脂多糖内毒素的抗体，从而抵御革兰氏阴性肠杆菌性乳房炎。疫苗是将大肠杆菌 J5 菌株接种适宜培养基，37℃培养，将培养物经甲醛灭活后，加免疫增强剂配制而成。疫苗菌体含量为 10^9 个/毫升，本品为白色乳剂。

【特　点】 疫苗安全、高效。但有时也可能引起变态反应。

【适用范围】 用于预防由大肠杆菌及其他革兰氏阴性菌引起的乳房炎，牛大肠杆菌引起的腹泻、肺炎及内毒素血症。

【使用方法】 皮下注射，最佳接种部位是乳房上方与牛体结合处。成年牛在干奶时、干奶中期和产犊后 7～14 天各皮下注射疫苗 2 毫升，免疫期为 1 年。妊娠青年母牛在妊娠的 6、7、8 月各皮下注射疫苗 2 毫升，免疫期为 1 个泌乳期。

【保存、运输条件】 2℃～8℃保存，有效期 3 年。应冷藏、避光运输。

【注意事项】 用前摇匀，疫苗瓶打开后应一次用完。如果出现变态反应，可注射肾上腺素。

2. MASTIVAC 牛乳房炎多联灭活疫苗

【简　介】 本品是由西班牙研制生产的一种乳房炎疫苗，系用金黄色葡萄球菌、大肠杆菌、化脓性放线菌、无乳链球菌、化脓性链球菌等菌株分别接种适宜培养基培养，将培养物经甲醛灭活后，并辅以免疫佐剂制成，含菌量为 6×10^9 个灭活菌/毫升，本品为白色乳剂，久置后上部为澄清液体，底部为乳白色沉淀。

【特　点】 疫苗安全，免疫效果好，免疫期为 1 个泌乳期。

【适用范围】 可防制多种革兰氏阳性、阴性菌引起的乳房炎。

【使用方法】 疫苗皮下接种，间隔 15 天两次免疫，5 毫升/次。

【保存、运输条件】 2℃～8℃保存，有效期为 2 年。应冷藏、避光运输。

【注意事项】 有时疫苗可能引起变态反应。

3. 牛乳房炎多联灭活疫苗

【简　介】 本品是近年来我国学者从乳房炎病原菌优势菌株中，筛选出毒力强、免疫原性好的菌株，如金黄色葡萄球菌、无乳链球菌和停乳链球菌做苗株，接种适宜培养基培养，菌液经灭活后，辅以免疫佐剂，制成牛乳房炎多联灭活疫苗。

【特　点】 疫苗较为安全，但免疫期较短，免疫牛抗体水平在注苗后 90 天降至免疫前水平，在免疫后 4 个月内临床型乳房炎发病率可降低 40%左右。

【适用范围】 用于由金黄色葡萄球菌和链球菌引起的乳房炎。

【使用方法】 疫苗应在夏季乳房炎多发季节之前免疫，免疫牛于臀部肌内注射 10 毫升/头。

【保存、运输条件】 2℃～8℃保存，有效期 1 年。疫苗应冷藏、避光运输。

【注意事项】 免疫牛在注苗后体温可能会略有升高，有的牛注射部位出现肿胀，但症状在 3 天内自行消失。

十、牛传染性鼻气管炎疫苗

牛传染性鼻气管炎(Bovine infectious rhinotracheitis),又称坏死性鼻炎、红鼻病、传染性脓疱性外阴道炎,本病是由牛Ⅰ型疱疹病毒引起的一种急性、多型性传染病。牛Ⅰ型疱疹病毒主要引起呼吸道疾病。此外,还可引起生殖道感染、结膜炎、脑膜脑炎、流产、乳房炎等其他类型疾病。

(一)牛传染性鼻气管炎的危害

本病1940年首先发现于美国,此后在澳大利亚、日本、新西兰以及欧洲许多国家均有发生,现已成为世界性疾病,迄今为止只有丹麦和瑞典消灭了本病。1980年我国首次从进口的新西兰奶牛中检出抗体,并分离到病毒,据20世纪90年代全国普查资料证实,在30多个省、区、市的牛群中均已检出血清阳性牛,但未见发病报道。由于本病可延缓育肥牛的生长与增重,降低乳牛产奶量,重者甚至停乳,给养牛业造成很大的经济损失。

(二)牛传染性鼻气管炎诊断要点

1. 流行特点 本病主要感染牛,并以肉牛多发,其次是奶牛,犊牛最为易感。病牛和带毒牛是主要的传染源,病毒经呼吸道、交配、人工授精均可传染,秋冬寒冷季节多发,病牛常为隐性感染。一般育肥牛比放牧牛和奶牛的发病率高,病情也较重,病死率也高,小牛比成年牛的病死率高。疾病严重流行时,其发病率可高达75%以上,但死亡率较低,在10%以下。

2. 临床症状及病理变化 呼吸道型病牛有粘液性、脓性鼻液,鼻粘膜高度充血,有浅溃疡,鼻窦及鼻镜因组织高度发炎而发红,称为红鼻子。呼吸困难,张口呼吸,因鼻粘膜坏死,呼气中常有臭味,有的咳嗽。生殖道型病牛阴门、阴道发炎充血,阴道内流出粘液性分泌物，阴门粘膜先出现白色小病灶，然后发展为脓疱，大量脓疱使阴户前庭及阴道壁呈现颗粒状外观，并形成灰色坏死膜，公牛包皮、阴茎出现脓疱，包皮水肿。脑膜脑炎型多发于青年牛，病牛初期共济失调，后期兴奋，惊厥，口吐白沫，最终倒地，并出现角弓反张，磨牙，四肢划动、痉挛等症状，最后死亡。剖检呼吸道型病牛，呼吸道粘膜发炎，有浅溃疡，并覆有粘液性、脓性的腐臭渗出物，有的发生化脓性肺炎。生殖道型可见生殖道粘膜发红，并有脓疱。脑膜脑炎型呈非化脓性脑炎变化。

（三）牛传染性鼻气管炎防制措施

疫苗免疫是预防本病的重要措施。使用疫苗的种类、接种途径及次数应视当地流行情况而定。存在本病的地区，建议种用母牛应在第一次配种前接种疫苗 1 次或数次，免疫母牛所产犊牛可从初乳中获得 4 个月的被动免疫，其他牛每年免疫 1 次。有学者认为弱毒疫苗不能保护免疫牛的潜伏感染，有的疫苗还可能引起持续感染，对自然带毒牛不能阻止排毒，而且弱毒疫苗能进入胎儿体内，导致流产或死胎，因此，对潜伏感染牛不宜使用，非疫区也应慎重使用。目前，一些国家，如丹麦、瑞典禁止使用疫苗防制本病，而是采取扑杀阳性牛的方法控制本病。

防制本病必须采取检疫、隔离、封锁和消毒等综合措施。加强饲养管理，严格检疫制度，对牛及其冷冻精液定期进行检疫，淘汰阳性牛。不从疫区引进牛，从外地引进牛时应进行血清学检测，并隔离观察 90 天，证明未感染后方可引入。

本病尚无特效药物，发病时应隔离病牛，并使用抗生素防止继发感染，同时配合对症治疗。

（四）防制用疫苗

目前，国外防制疫苗有弱毒疫苗、铝胶灭活苗、油乳剂灭活苗等，1995 年又研制成功了基因工程 gE 突变标记缺失疫苗。国内防制本病的疫苗尚处于中试阶段。

1. 牛传染性鼻气管炎基因缺失弱毒活疫苗

【简　介】 本品是由 Bayer 公司生产。该疫苗是将牛传染性鼻气管炎基因工程 gE 缺失弱毒毒株接种牛肾细胞培养，收集培养物，加入稳定剂 6 毫克/头份，冻干制成。成品疫苗每头份含 I 型疱疹病毒 Marker gE 缺失毒 $10^{5.0}TCID_{50}$。

【特　点】 疫苗比较安全，免疫效果理想，免疫期可达 1 年以上。

【适用范围】 适用于不同品种、不同年龄的牛。

【使用方法】 按疫苗注明头份，用生理盐水稀释为每头份 1 毫升，皮下或肌内注射。

【保存、运输条件】 2℃～8℃保存，有效期 1 年。应冷藏运输。

【注意事项】 有时引起变态反应，应准备肾上腺素，并在用药后注意观察 6 小时。

2. 牛传染性鼻气管炎弱毒活疫苗

【简　介】 本品采用由匈牙利培育成功的 Bartha-Nu/67 弱毒株，该毒株为热稳定弱毒毒株，能诱发产生较好的免疫保护作用，病毒用犊牛肾细胞培养后收集培养物，制成冻干疫苗，成品疫苗效价不应低于 $10^{6.0}TCID_{50}$/毫升。

【特　点】 间隔 30～45 天两次肌注疫苗，能收到理想的防制效果，免疫期可达 1 年以上，疫苗比较安全，不会引起犊牛发病和妊娠牛流产。

【适用范围】 适用于 6 月龄以上牛的免疫。

【使用方法】 按疫苗注明头份，用生理盐水稀释为每头份 1 毫升，皮下或肌内注射。

【保存、运输条件】 2℃～8℃保存，有效期 1 年。应冷藏运输。

【注意事项】 为了避免孕牛发生带毒流产，以及血清和精液带毒的危险，孕牛和公牛使用时应慎重。

3. 牛传染性鼻气管炎基因缺失灭活疫苗

【简　介】 本品是由 Bayer 公司生产。该疫苗是将牛传染性鼻气管炎基因工程 gE 缺失灭活毒株接种犊牛肾细胞培养，收集培养物灭活，按每头份疫苗中加氢氧化铝 18.6 毫克，皂苷 0.25 毫克，硫柳汞 0.2 毫克的比例，加入上述成分，然后充分混匀制成。成品疫苗每头份含 I 型疱疹病毒 Marker gE 缺失灭活毒 $10^{8.0}$ $TCID_{50}$。

【特　点】 疫苗两次接种，免疫期可达 6 个月。疫苗安全，免疫孕牛不会引起流产，不能造成散毒现象。

【适用范围】 适用于不同品种、不同年龄的牛。

【使用方法】 皮下或肌内注射。

【保存、运输条件】 2℃～8℃保存，有效期 1 年。应冷藏运输。

【注意事项】 有时个别免疫牛可能会出现超敏反应或荨麻疹。

4. 牛传染性鼻气管炎亚单位疫苗

【简　介】 本品是用犊牛睾丸细胞培养牛传染性鼻气管炎病毒，培养物经反复冻融，差速离心后提取病毒，用 TritonX-100 溶解，超声波处理，制成牛传染性鼻气管炎病毒亚单位抗原，用一定比例的白油乳化，制成亚单位疫苗。每头份疫苗含牛传染性鼻气管炎病毒亚单位抗原 40 毫克。

【特　点】 疫苗安全，免疫效果理想，免疫牛可产生高效价的血清抗体，抗体在体内持续 12 周以上，抗体持续时间较长。

【适用范围】 适用于不同品种、不同年龄牛的免疫。

【使用方法】 皮下或肌内注射。

【保存、运输条件】 2℃～8℃保存。应冷藏运输。

【注意事项】 有时可能引起变态反应，应立即注射肾上腺素予以缓解。

第五章　羊用疫苗

一、山羊传染性胸膜肺炎灭活苗

山羊传染性胸膜肺炎(Caprine contagious pleuropneumonia)是山羊的一种支原体性呼吸道传染病。由丝状支原体山羊亚种引起,潜伏期平均为18～20天。传染源主要是被感染的山羊,由病羊呼出的飞沫经呼吸道吸入而感染,人工感染则仅限于胸腔和气管内接种。可引起纤维素性肺炎和胸膜肺炎。

(一)山羊传染性胸膜肺炎的危害

感染传染性胸膜肺炎的山羊,生长发育迟缓,体况下降,极易发生继发性感染,发病率和死亡率都很高。

(二)山羊传染性胸膜肺炎诊断要点

1. 流行特点　本病多发于冬季和早春枯草季节,此时山羊缺乏营养,极易感冒,加之机体抵抗力下降,较易发病。在自然条件下,本病仅感染山羊,3岁以下的山羊最易感。本病呈地方性流行,阴雨连绵、寒冷潮湿、羊群拥挤等因素易引起发病。本病多发于山区和草原,新疫区的暴发都是因引进病羊而发病。

2. 临床症状和病理变化　根据病程和临床症状可分为最急性型、急性型和慢性型3型。最急性型的初期体温升高,精神极度委顿,拒食,呼吸极度困难,死前体温下降至常温以下。急性型常见病初体温升高,食欲减退,呆立一隅,不愿走动,继之出现短而湿的咳嗽,伴有浆液性鼻汁。慢性型多由急性病例转变而来,全身症状较轻,体温不高,病羊有时咳嗽和腹泻,体况虚弱,被毛粗乱无光,一般预后良好。如果饲养管理不当，易引起死亡。

剖检变化多局限于胸部。胸腔常有淡黄色液体，有时多至500～2 000毫升，暴露于空气后可形成纤维蛋白凝块。急性病例的损害多为一侧，间或两侧有纤维素性肺炎；肝变区突出于肺表，颜色由红色至灰色不等，切面呈大理石样；纤维素渗出液的充盈使肺小叶间组织变宽，小叶界限明显，支气管扩张；血管内血栓形成。胸膜变厚而粗糙，上有黄白色纤维素层附着，直至胸膜与肋膜，心包发生粘连。支气管和纵隔的淋巴结肿大，切面多汁有溢血点。心包积液，心肌松弛变软。急性病例还可见肝、脾肿大等。病程延长者肺肝变区机化，结缔组织增生，甚至有包囊化的坏死灶。

（三）山羊传染性胸膜肺炎防制措施

首先，加强山羊的饲养管理，严格执行检疫、消毒和隔离等防疫措施。由于本病是接触性传染病，因此，在发病时应严格遵守防疫制度，防止病羊移动，进行隔离消毒。从外地引进的山羊，应隔离检疫1个月后方可合群。对发病山羊群中还未出现症状的山羊，应封锁在一定地区饲养。

其次，要制定合理的免疫程序。一般只对有发病史的山羊进行免疫接种。羊群发病时，可用山羊传染性胸膜肺炎灭活苗进行紧急预防接种。注苗后10天之内应做多次检查，反复出现症状或体温高热持续2天以上的应进行隔离治疗。一般在1月龄以上进行首免，每年定期接种1次。

（四）免疫失败的原因

免疫失败是该病防制中不容忽视的问题，其主要原因有：

一是免疫程序不合理。初生羔羊因免疫机能不健全，疫苗接种后不能产生有效的保护作用，当病原再次侵袭时发生感染，因此，羔羊初免时间不宜过早。

二是接种剂量不足。由于技术方面的原因，接种疫苗的剂量不足，导致产生的免疫力很弱。

三是羊舍环境卫生差、通风不良及羊群密度过大、拥挤等都可诱发本病。此外，冬季和早春枯草季节，山羊缺乏营养，抵抗力下降，较易发病。

（五）防制用疫苗

目前疫苗接种仍然是防制本病的主要措施。商品化疫苗主要是山羊传染性胸膜肺炎灭活苗。此外还有鸡胚化弱毒苗，对怀孕母羊不安全，可引起流产，尚处于研究阶段。山羊传染性胸膜肺炎灭活苗可降低发病率和死亡率，防制效果比较好。接种疫苗时应注意疫苗的使用方法和注意事项。

山羊传染性胸膜肺炎灭活苗

【简　介】 本品采用山羊传染性胸膜肺炎支原体强毒株感染的山羊肺组织乳剂，接种易感健康山羊，无菌采集病羊肺及胸腔渗出物，经甲醛灭活后，加氢氧化铝胶制成。

【特　点】 注射后15天产生免疫力，免疫期为1年。

【适用范围】 仅限于疫区使用，可用于1月龄以上的山羊。

【使用方法】 对6月龄以下的山羊皮下或肌注3毫升，6月龄以上的山羊注射5毫升。

【保存、运输条件】 2℃～8℃保存，有效期为1年。

【注意事项】 ①应在当地兽医指导下使用。②用注射器吸取疫苗前，应充分混匀疫苗，注射时注意消毒和更换针头。③因含有氢氧化铝胶，疫苗注射后可形成硬块，数天内不能完全消失，但对山羊健康无妨。④个别山羊在注苗后有不安现象，随后可消失。因品种或个体差异，可能出现变态反应，表现烦躁不安，呼吸加快，体温升高等症，可注射肾上腺素解救。⑤首次使用本疫苗的地区，应选择一定数量的山羊（约30只），进行小范围试验，无不良反应后，方可扩大接种面。⑥在疫区使用时，免疫接种应从安全区到受威胁区，最后到疫区。⑦给怀孕母羊注苗时，应注意保定，避免引起流产。⑧启封后的疫苗须当天用完。⑨疫苗不能冻结，以免影响效力。

二、绵羊痘活疫苗

绵羊痘(Sheep pox)是绵羊的一种病毒性接触性传染病。由绵羊痘病毒引起，潜伏期平均为6～8天。传染源主要是被感染羊，饲养管理人员、饲料、垫草、护理用具、皮毛产品和体外寄生虫等均可作为传播媒介。可引起痘疹和死亡。

(一)绵羊痘的危害

绵羊痘是各种家畜痘病中危害最为严重的传染病，感染绵羊痘的绵羊生产性能低下，皮毛质量下降，发病率和病死率较高。

(二)绵羊痘诊断要点

1. 流行特点 本病主要发生于冬末春初，广泛流行于养羊地区，传播快，发病率高。不同品种、性别和年龄的绵羊均可感染，以细毛羊最易感，粗毛羊和土种羊有一定抵抗力。羔羊比成年羊易感，发病较重。在自然条件下，绵羊痘仅发生于绵羊，不传染山羊或其他家畜。

2. 临床症状和病理变化 典型病例的皮肤出现丘疹、水疱、脓疱和结痂等病理过程。发痘期间，病羊全身症状严重，逐渐消瘦，被毛容易脱落。痘疹发齐后，体温微降，病势稍好转。到脓疱期体温升高，病情再次严重。至结痂期又好转。非典型病例不呈现上述典型症状或经过，有少数病羊仅表现轻微症状，如呼吸道和眼结膜的卡他性炎症，不出现或仅出现少量痘疹；或出现痘疹后，不久即自行消散，为良性经过。

典型病例的剖检变化为皮肤上出现痘疹，但也有皮肤上不出现痘疹而内脏出现病变的，呼吸道和消化道的粘膜有出血性炎症。

特征性病变是在咽喉、气管、肺、真胃等部位出现痘疹。消化道粘膜上出现大小不同的扁平的灰白色痘疹，其中有些表面破溃形成糜烂和溃疡，特别是唇粘膜与胃粘膜表现更为明显。气管粘膜、肺及其他实质器官等粘膜下形成灰白色扁平或半球形结节。

（三）绵羊痘防制措施

首先，应加强饲养管理，严格执行检疫、消毒和隔离等防疫措施。新购进的绵羊应隔离观察4～6个月。对于发病的羊群，应立即封锁，挑出病羊进行隔离，病死尸体应深埋。疫情扑灭后，须做好预防接种及消毒工作才可解除封锁。绵羊在运输途中发生此病时，应立即停运，并就地隔离封锁。

其次，要制定合理的免疫程序。本病的常发地区要定期接种疫苗，接种疫苗的绵羊应与其他羊隔离。在有绵羊痘流行的羊群中，可用疫苗对未发痘的健康羊进行紧急预防接种，一般接种后6～7天可终止发病。绵羊痘活疫苗，对成年羊、羔羊、怀孕母羊安全有效，应每年定期接种1次。对3月龄以下的哺乳羔羊，断乳后应加强免疫1次。如在接羔期发病，新生羔羊即可注苗，无不良反应，免疫效果较好。

（四）免疫失败的原因

在绵羊痘防制中应注意免疫失败的问题，它的出现主要原因有：

一是接种方法不当。接种绵羊痘活疫苗，应进行皮内接种，如采取皮下接种，则会降低免疫效果。

二是接种剂量不足。由于技术方面的原因，接种疫苗的剂量不足，导致产生的免疫力很弱。

三是气候严寒、雨雪、霜冻、饲养管理不当等均可诱发本病。

（五）防制用疫苗

疫苗接种依然是防制本病的有效措施。商品化疫苗主要是绵羊痘活疫苗。此外，还有绵羊痘强毒氢氧化铝组织苗，曾广泛应用于伊朗，但存在不够安全，易散毒，不易推广使用等缺点。由于山羊痘活疫苗具有良好的抗绵羊痘的交互免疫保护作用，也可用山羊痘活疫苗来预防绵羊痘。绵羊痘活疫苗，对成年羊、羔羊、怀孕母羊均安全有效，防制效果很好。

绵羊痘活疫苗

【简　介】 本品采用绵羊痘鸡胚化弱毒接种绵羊，采取含毒组织，或接种易感细胞，收获细胞培养物，加适当稳定剂，经冷冻真空干燥制成。

【特　点】 注苗后第六天即可获得坚强免疫力，免疫期为1年。

【适用范围】 一般用于不同年龄的绵羊及怀孕母羊。

【使用方法】 尾内侧或股内侧皮内注射。应按说明书要求，用灭菌生理盐水或注射用水稀释，不论羊只大小，每只0.5毫升。

【保存、运输条件】 冻干组织苗－15℃以下保存，有效期为2年，2℃～8℃为18个月；冻干细胞苗－15℃以下保存，有效期为2年，2℃～8℃为1年。

【注意事项】 ①应在当地兽医指导下使用。②本疫苗稀释时应充分溶解、混匀，须当天用完。注意注射部位的消毒及更换针头。③首次使用本疫苗的地区，应选择一定数量的羊只（约30只），进行小范围试验，无不良反应后，方可扩大接种面。④在疾病发生时，免疫接种应先从安全区到受威胁区，最后到疫区。⑤注意采用正确的接种途径，应采取皮内注射法免疫。⑥注意使用范围。本疫苗可用于不同品系和不同年龄的绵羊，也可用于孕羊。给怀孕母羊注苗时，应注意保定，避免引起流产。⑦注射疫苗后，应注意观察羊只的反应情况。⑧疫苗应避免高温和阳光直射。

三、山羊痘活疫苗

山羊痘(Goat pox)是山羊的一种病毒性急性传染病。由山羊痘病毒引起，潜伏期为6～7天。传染源主要是被感染山羊，饲养管理人员、饲料、垫草、护理用具、皮毛产品和体外寄生虫等均可作为传播媒介。

(一)山羊痘的危害

感染山羊痘的绵羊生产性能低下，皮毛质量下降，严重影响养羊业和制革业的发展。

(二)山羊痘诊断要点

1. 流行特点 本病一年四季均有发生，以冬春季多发，呈地方性流行。自然感染一般只发生于山羊，仅有少数毒株能使绵羊发病。

2. 临床症状和病理变化 病初体温升高，精神不振、食欲减退或完全停食。背常拱起，发抖，呆立一边或卧地上。呼吸急迫，从鼻腔或眼角流出脓性分泌物，有时发生轻度咳嗽。在皮肤无毛处和被毛少的部位发生痘疹，有的出在头部、背部、腹部的毛丛中。丘疹迅速发展，形成水疱，内含黄色透明液体，然后化脓，发恶臭气味。经十几天后，痘疹表面干燥，形成痂皮，经过3～4周痂皮脱落。但恶性病例经2～3周死亡。痘疹若侵入眼角膜时，可发生角膜炎，如果角膜不发生溃疡，会逐渐恢复。

典型病例的剖检变化为皮肤上出现痘疹，但也有皮肤上不出现痘疹而内脏出现病变的，呼吸道和消化道的粘膜有出血性炎症。特征性病变是在咽喉、气管、肺、真胃等部位出现痘疹。消化道粘膜上出现大小不同的扁平的灰白色痘疹，其中有些表面破溃形成糜烂和溃疡，特别是唇粘膜与胃粘膜表现更为明显。气管粘膜、肺及其他实质器官等粘膜下形成灰白色扁平或半球形的结节。

（三）山羊痘防制措施

首先，应加强饲养管理，严格执行检疫、消毒和隔离等防疫措施。新购进的山羊应隔离观察4～6个月。对于发病的羊群，应立即封锁，挑出病羊进行隔离，病死尸体应深埋。疫情扑灭后，须做好预防接种及消毒工作才可解除封锁。山羊在运输途中发生此病时，应立即停运并就地隔离封锁。

其次，要制定合理的免疫程序。本病的常发地区要定期接种疫苗，接种疫苗的山羊应与其他羊隔离。在有山羊痘流行的羊群中，可用疫苗对未发痘的健康羊进行紧急预防接种，一般接种后6～7天可终止发病。山羊痘活疫苗，对成年羊、羔羊、怀孕母羊安全有效，应每年定期接种1次。对3月龄以下的哺乳羔羊，断乳后应加强免疫1次。

（四）免疫失败的原因

免疫失败是山羊痘防制中不容忽视的问题，主要原因有：

一是接种方法不当。接种山羊痘活疫苗，应进行皮内接种，如采取皮下接种，则会降低免疫效果。

二是接种剂量不足。由于技术方面的原因，接种疫苗的剂量不足，导致产生的免疫力很弱。

三是羊只的过度密集、圈舍和用具不卫生、长途运输、饲养管理不当、气候剧变等均可诱发本病。

（五）防制用疫苗

疫苗接种依然是防制本病的有效措施。商品化疫苗主要是山羊痘活疫苗。中国兽药监察所将山羊痘病毒通过组织细胞培养制成的弱毒细胞苗，对山羊安全，免疫效果确实，已推广应用。该疫苗具有良好的抗绵羊痘的交互免疫保护作用，可用于预防绵羊痘。国外也证实山羊痘活疫苗的防制效果很好。

山羊痘活疫苗

【简　介】 本品采用山羊痘弱毒接种于易感细胞，收获细胞培养物，加适当稳定剂，经冷冻真空干燥制成。

【特　点】 注苗后4～5天产生免疫力，免疫期为1年。

【适用范围】 一般适用于各种年龄的山羊及绵羊。

【使用方法】 尾根内侧或股内侧皮内注射。应按说明书要求，用灭菌生理盐水或注射用水稀释，不论羊只大小，每只0.5毫升。

【保存、运输条件】 −15℃以下保存，有效期为2年；2℃～8℃保存，有效期为18个月。

【注意事项】 同绵羊痘活疫苗注意事项。

四、羊肠毒血症疫苗

羊肠毒血症(Enterotoxaemia)，又称软肾病，是羊的一种细菌性急性毒血症。由D型产气荚膜梭菌引起，潜伏期较短，其特点是突然发病，很少见到症状。传染源主要是病羊及带菌羊，病原菌为土壤常在菌，也存在于动物的肠道及污水中。羊采食被污染的饲料与水，病原菌随之进入胃肠道内，当消化道机能受到损坏时，病原菌便能随之侵入，迅速繁殖，导致羊发病。

(一)羊肠毒血症的危害

患有肠毒血症的病羊的病死率很高，一旦发病，很少有自愈的，对养羊业危害极大。

(二)羊肠毒血症诊断要点

1. 流行特点 本病的流行有明显的季节性，多在春季开始至秋末终止。多发生于春末夏初，青草萌芽和秋季牧草结实后这段时期，农牧区常在收菜季节，由于多吃菜叶或谷类(11～12月份)而发生。本病多发生于成年羊及羔羊，绵羊发病较多，山羊也感染本病。多呈散发性，在一个羊群内的流行时间，多为 30～50 天。

2. 临床症状和病理变化 其特点是突然发病，很少见到症状。人工感染潜伏期只有 24 小时。发病多为急性，放牧时发现羊不爱吃草，突然离群呆立，或独自奔跑或卧倒。有的见口含饲料或其他异物，只见嘴唇活动却不能咽下。有的在濒死期发生肠鸣或腹痛，排出黄色水样或带粘液粪便。死前步态不稳，全身肌肉震颤，咬牙、甩头，最后倒地或侧卧，四肢抽搐、痉挛，角弓反张，呼吸促迫，口鼻流出白沫。心动过速，眼结膜苍白，最后呈昏迷状态，或哀鸣。体温一般不高，只有个别羊体温升高。

剖检时可见腹部膨大，口鼻流出泡沫样液体或黄绿色胃内容物，肛门周围有稀便或粘液。胃内充满食物和气体。大小肠粘膜发生急性出血性炎症。重病例整个肠壁呈红色，粘膜脱落或有溃疡，小肠最严重。腹腔积液呈琥珀色。肾脏呈软泥状，胆囊肿大，胸腹腔及心包积液，心内外包膜均有出血点。肺脏气肿，呈紫红色，气管积有泡沫性粘液。硬脑膜有小点出血。全身淋巴结肿大，呈急性淋巴结炎。

（三）羊肠毒血症防制措施

首先，应加强饲养管理，严格执行检疫、消毒和隔离等防疫措施。当羊群中出现本病时，可立即搬圈，转移到高燥的地区放牧。在牧区夏初发病时，应少抢青，让羊群多在青草萌发较迟地方放牧。秋末发病时，可尽量到草黄较迟的地方放牧。在农区减少或暂停抢茬，少喂菜根、菜叶等多汁饲料。

其次，要制定合理的免疫程序。在本病的常发地区，每年应定期免疫接种，可取得良好的防制效果。

（四）免疫失败的原因

导致本病免疫失败的原因主要有：

一是免疫程序不合理。羊只的免疫时机不当，在接触传染源时，因免疫力的产生不够确实而发生感染。

二是接种剂量不足。由于技术方面的原因，接种疫苗的剂量不足，导致产生的免疫力较弱。

三是多联疫苗的成分不够。由于羊的梭菌病种类较多，且经常混合感染，如果联苗的成分不够，极易导致免疫失败。

四是饲料的突然更换及机体本身的抵抗力下降均可诱发本病。

（五）防制用疫苗

目前疫苗接种仍然是防制本病的主要措施。商品化疫苗主要有羊肠毒血症-羊快疫-羊猝狙三联灭活疫苗、羊梭菌病四联氢氧化铝浓缩菌苗及羊梭菌病多联干粉灭活疫苗。在免疫预防上应根据当地羊梭菌的种类及流行情况，选用适宜的羊梭菌病多联疫苗接种，防制效果比较好。

1. 羊肠毒血症-羊快疫-羊猝狙三联灭活疫苗

【简　介】 本品采用免疫原性良好的腐败梭菌和产气荚膜梭菌C型、D型菌种，接种于适宜培养基培养，将培养物经甲醛溶液灭活脱毒后，加氢氧化铝胶制成，用于预防羊肠毒血症、羊快疫、羊猝狙。如用B型代替C型菌种制苗，还可预防产气荚膜梭菌引起的羔羊痢疾。

【特　点】 免疫期为6个月。

【适用范围】 适用于不同年龄的绵羊和山羊。

【使用方法】 肌内或皮下注射。无论羊只年龄大小，一律每只5毫升。

【保存、运输条件】 2℃～8℃保存，有效期为2年。

【注意事项】 ①应在当地兽医指导下使用。②疫苗使用前要充分摇匀，注射时应注意消毒和更换针头。③首次使用本疫苗的地区，应选择一定数量的羊只（约30只），进行小范围试验，无不良反应后，方可扩大接种面。④在疾病发生时，免疫接种应先从安全区到受威胁区，最后到疫区。⑤注射疫苗后，一般无不良反应。个别羊只可能于注射部位形成硬结，但以后会逐渐消失。⑥给怀孕母羊接种时，应注意保定，以免引起流产。⑦疫苗不能冻结，以免影响效力。特别是在寒冷季节使用时，应注意防冻。

2. 羊梭菌病四联氢氧化铝浓缩菌苗

【简　介】 本品采用免疫原性良好的腐败梭菌和产气荚膜梭菌B型、C型、D型菌种，接种于适宜培养基培养，将培养物经甲醛溶液灭活脱毒，应用新工艺浓缩后加氢氧化铝胶制成，用于预防羊肠毒血症、羊快疫、羊猝狙和羔羊痢疾。

【特　点】 免疫期为12个月。

【适用范围】 适用于不同年龄的绵羊和山羊。

【使用方法】 肌内或皮下注射。无论羊只年龄大小，一律每只1毫升。

【保存、运输条件】 2℃～8℃保存，有效期为2年。

【注意事项】 同羊肠毒血症-羊快疫-羊猝狙三联灭活疫苗。

3. 羊梭菌病多联干粉灭活疫苗

【简　介】 本品采用免疫原性良好的腐败梭菌，产气荚膜梭菌B型、C型、D型，诺维氏梭菌，C型肉毒梭菌，破伤风梭菌各1～2株，分别接种于适宜培养基培养，将培养物经甲醛溶液灭活脱毒后，用硫酸铵提取，经冷冻干燥或直接雾化干燥制成单苗，然后再按适当比例制成不同的多联苗。用于预防羊肠毒血症、羊快疫、羊猝狙、羔羊痢疾、羊黑疫、羊肉毒梭菌中毒症和羊破伤风等疾病。

【特　点】 免疫期为1年。

【适用范围】 可用于不同年龄的羊只。

【使用方法】 肌内或皮下接种。应按说明书要求，临用时以20%氢氧化铝胶生理盐水稀释液溶解，不论羊只年龄大小，一律每只5毫升。

【保存、运输条件】 2℃～8℃保存，有效期为5年。

【注意事项】 ①稀释好的疫苗须当天用完。②其他注意事项同羊肠毒血症-羊快疫-羊猝狙三联灭活疫苗。

五、羊快疫疫苗

羊快疫(Braxy)是绵羊的一种细菌性传染病。由腐败梭菌引起,以突然发病、病程短、多呈急性死亡为特征。传染源主要是被感染的羊只。此外,被污染的土壤、牧草、饲料和饮水也可引起传播。可引起羊只的急性死亡。

(一)羊快疫的危害

感染腐败梭菌的羊只多发生急性死亡,对养羊业危害极大。

(二)羊快疫诊断要点

1. 流行特点 绵羊对本病最易感,山羊和鹿也可感染本病。发病年龄多在6～18月龄之间。腐败梭菌的芽胞经口进入并存在于动物的消化道,但并不发病。当受到不良因素的影响时,如在秋冬和初春气候骤变,阴雨连绵时,羊若感冒或采食不当,机体受到刺激,抵抗力下降,此时腐败梭菌则大量繁殖,并产生外毒素,使消化道粘膜、特别是真胃粘膜发生坏死和炎症。同时毒素随血液进入体内,刺激中枢神经系统,引起急性休克,使病羊急速死亡。

2. 临床症状和病理变化 最急性型的潜伏期尚不明确。病羊突然停止采食和反刍,磨牙、腹痛、呻吟。四肢分开,后躯摇摆,呼吸困难,口鼻流出带泡沫液体。痉挛倒地,四肢呈游泳状运动,在出现症状2～6小时后死亡。急性型初期精神沉郁,食欲减退,行走摇摆不稳,离群喜卧,排粪困难,继之卧地不起,腹部膨胀,呼吸促迫,眼结膜充血,呻吟流涎。粪便中混有粘稠的炎症产物或脱落的粘膜,呈带血的黑绿色稀便。心动过速,在濒死时呼吸困难,体温升高。

剖检时可见尸体腹部膨胀,口鼻流出白色泡沫,口内留有食物。真胃粘膜呈出血性炎症，在胃底部和幽门附近粘膜有大小不等的出血斑，表面坏死，粘膜下组织水肿。胸、腹腔和心包积液。心内外包膜和左心室有点状出血。胆囊肿大。肺浆膜下可见到出血。有的病例在回肠及盲肠有块状出血，个别病例有坏死和溃疡，少数病例的肠系膜充血和淋巴结充血肿大。

（三）羊快疫防制措施

首先，应加强饲养管理，严格执行检疫、消毒和隔离等防疫措施。尽可能避免诱发疾病的因素，如更换饲料等。放牧时应注意不到低洼地，尽可能选择高坡地。发病后应急速转移牧地，从低洼地转移到高坡干燥地，少给青饲料，多给粗饲料，同时防止病原扩散。对死羊要及时焚烧或深埋。

其次，要制定合理的免疫程序。由于致病梭菌在自然界广泛存在，羊只被感染的机会多，而且发病快、病程短，有的来不及诊断和治疗。为此应大力实施梭菌多联菌苗预防接种，每年定期进行免疫接种，可收到良好的防制效果。在羊群发病时，应先用梭菌多联菌苗进行紧急预防接种，对羔羊可用抗血清或抗毒素预防治疗。

（四）防制用疫苗

目前疫苗接种仍然是防制本病的主要措施。商品化疫苗主要有羊快疫-羊黑疫二联灭活疫苗、羊肠毒血症-羊快疫-羊猝狙三联灭活疫苗、羊梭菌病四联氢氧化铝浓缩菌苗及羊梭菌病多联干粉灭活疫苗。梭菌疫苗种类较多，有多种多联疫苗，且多为灭活疫苗。在免疫预防上应根据当地羊梭菌的种类及流行情况，选用适宜的羊梭菌病多联疫苗。

羊快疫-羊黑疫二联灭活疫苗

【简　介】　本品采用免疫原性良好的腐败梭菌和诺维氏梭菌，分别接种于适宜培养基培养，将培养物经甲醛溶液灭活脱毒后，按适当比例混合，加氢氧化铝胶制成。

【特　点】 免疫期为1年。

【适用范围】 可用于不同年龄的羊只。

【使用方法】 肌内或皮下注射。无论年龄大小，一律每只5毫升。

【保存、运输条件】 2℃～8℃保存，有效期为2年。

【注意事项】 同羊肠毒血症-羊快疫-羊猝狙三联灭活疫苗。

六、羊猝狙疫苗

羊猝狙(Struck)是羊的一种细菌性传染病。由C型产气荚膜梭菌引起，潜伏期很短。传染源主要是被感染的羊只，被污染的牧草、饲料和饮水也可引起传播。可引起腹膜炎、溃疡性肠炎和急性死亡。

(一)羊猝狙的危害

感染C型产气荚膜梭菌的羊只多发生急性死亡，对养羊业危害极大。

(二)羊猝狙诊断要点

1. 流行特点 本病主要侵害绵羊，也感染山羊。病菌随着动物采食和饮水经口进入消化道，在肠道中生长繁殖并产生毒素，致使动物形成毒血症而死亡。不分年龄、品种、性别均可感染。但6个月至2岁的羊比其他年龄的羊发病率高。在春季，由于天气骤变，常吃带雪水的牧草可诱发本病。

2. 临床症状和病理变化 感染发病的羊病程很短，一般为3～6小时，往往不见早期症状而死亡，有时可见突然无神，剧烈痉挛，侧身卧地，咬牙，眼球突出，惊厥而死。

剖检变化主要见于消化道和循环系统。肠道发炎，真胃有炎症，小肠出现溃疡，大肠壁皱缩，腹腔壁血管怒张，有出血。腹腔内积水，肾变性。粘膜上层坏死，若坏死处较深，可在溃疡周围查到细菌。羔羊的病理变化与羔羊痢疾类同。心包积液，心内外包膜有出血点，有淋巴结炎。

病羊突然死亡，剖检可见到小肠溃疡，胸、腹腔和心包积液，可疑为本病。

（三）羊猝狙防制措施

可参照羊快疫的防制措施进行。

（四）免疫失败的原因

在免疫预防羊猝狙时，有时也会遇到免疫失败的问题，具体原因参见羊肠毒血症。此外，羊体内胰酶分泌量的下降也可诱发本病。

（五）防制用疫苗

目前疫苗接种仍然是防制本病的主要措施。商品化疫苗主要有羊肠毒血症-羊快疫-羊猝狙三联灭活疫苗、羊梭菌病四联氢氧化铝浓缩菌苗及羊梭菌病多联灭活疫苗。梭菌疫苗种类较多，有多种多联疫苗，且多为灭活疫苗。在免疫预防上应根据当地羊梭菌的种类及流行情况，选用适宜的羊梭菌病多联疫苗。疫苗的详细情况参见羊肠毒血症疫苗。

七、羔羊痢疾疫苗

羔羊痢疾（Lamb dysentery）是初生羔羊的一种细菌性肠道传染病。由 B 型产气荚膜梭菌引起，潜伏期为几小时到数十小时，以剧烈腹泻和小肠发生溃疡为特征。传染源主要是被感染的羊只，被污染的牧草、饲料和饮水也可引起传播。可引起羔羊的急性死亡。

(一)羔羊痢疾的危害

本病可使羔羊大批死亡,发病率约 36%,病死率为 100%。

(二)羔羊痢疾诊断要点

1. 流行特点 本病多发生于生后 1 周龄的羔羊,2～3 日龄的发病率较高,4～5 日龄的较少,7 日龄以上的罕见。本病的传染主要通过消化道,也可能通过脐带或创伤。其发病因素主要是母羊在怀孕期营养不良,产出羔羊体质衰弱;气候寒冷,特别是大风雪后,羔羊受冻,哺乳不当,羔羊饥饱不均等引起羔羊痢疾发生和流行。另外,草质差、哺乳不良,特别是在气候变化较大的月份发病较重。纯种细毛羊适应性较差,发病率和病死率均较高。

2. 临床症状和病理变化 多为急性型和亚急性型,慢性型较少见。急性型多发生于产羔初期。病羔拒食、喜卧,排黄色液体粪便或带血色,随后昏迷而死亡;也有的突然发病,不见症状而死亡。在发生过本病的地区,可出现亚急性型,病羊症状虽与急性型相似,但病程稍长。只有极少数病例发病较轻,有可能自愈。

剖检时可见尸体脱水现象较严重,肛门周围被稀粪污染。真胃有未消化的凝乳块,小肠呈出血性炎症。肠粘膜坏死及溃疡,溃疡灶多少不一。小肠、结肠、十二指肠都有溃疡,周围有出血带环绕。肠道中充满血样物。肠系膜淋巴结肿胀充血,间有出血。心包积液,心内膜有出血点,肺有充血斑或瘀斑。

出生后 1 周龄以内的羔羊排带血稀粪,腹痛,迅速死亡,剖检小肠有出血性炎症,肠粘膜坏死、溃疡,肠内有血样内容物,可疑为本病。

(三)羔羊痢疾防制措施

本病发病原因复杂,应综合实施抓膘保暖、合理哺乳、消毒隔离、预防接种和药物防治等措施,才能收到良好的防制效果。

在本病的常发地区，每年应定期用多联苗进行免疫接种。在羊群发病后，应先用梭菌多联菌苗做紧急预防接种，同时对羔羊可用抗生素进行预防治疗。使用疫苗时，应在母羊配种前1～2个月或配种后1个月进行预防注射，以使羔羊通过吸食乳汁而获得被动保护。

（四）免疫失败的原因

在防制本病过程中，有时会遇到免疫失败的问题。出现这种情况，除了免疫接种时机不当、接种剂量不足及多联疫苗的成分不够之外，气候寒冷、哺乳不当、草质差及羔羊体质衰弱等也可诱发本病。

（五）防制用疫苗

目前疫苗接种仍然是防制本病的主要措施。商品化疫苗主要有羊肠毒血症-羊快疫-羔羊痢疾三联灭活疫苗、羊梭菌病四联氢氧化铝浓缩菌苗及羊梭菌病多联干粉灭活疫苗。在免疫预防上应根据当地羊梭菌的种类及流行情况，选用适宜的羊梭菌病多联疫苗。羊梭菌病多联干粉灭活疫苗对羔羊痢疾的预防效果非常好，羔羊的发病率和死亡率明显下降，羔羊的成活率显著提高。

八、羊黑疫疫苗

羊黑疫(Black disease)，又称传染性坏死性肝炎，是羊的一种细菌性急性致死性毒血症。由B型诺维氏梭菌引起，其潜伏期尚不明确，以肝发生实质性坏死为特征。传染源主要是被感染的羊只，被污染的牧草、饲料和饮水也可引起传播。可引起羊的急性死亡。

(一)羊黑疫的危害

感染羊几乎100%死亡,对养羊业危害极大。

(二)羊黑疫诊断要点

1. 流行特点 本病多发生于夏末和秋季,冬季很少见。主要发生于1岁以上的绵羊,以2～4岁的绵羊最多。山羊也可感染发病,牛和猪偶有发生。实验动物中以豚鼠最敏感,家兔、小鼠的易感性较低。诺维氏梭菌广泛存在于土壤中。当绵羊采食被本菌污染的牧草、饲料或饮水进入胃内,由胃壁侵入血液,然后进入肝脏而引起发病。特别是羊黑疫常发生于有感染肝片吸虫的地区。健康羊的肝脏中常潜在B型诺维氏梭菌,在未成熟的肝片吸虫穿入肝脏引起肝的炎症时,为细菌提供了适宜的环境,则细菌开始繁殖,产生毒素,可引起动物中毒死亡。在没有肝片吸虫感染的情况下也可发生本病,可能是由于某种原因损伤了肝脏,给潜伏的细菌提供了适宜的繁殖条件。

2. 临床症状和病理变化 多为发病急,病程短,不易见到明显症状。仔细观察可见到病羊精神不振、运动不协调,离群,食欲减退,虚弱。体温升高,磨牙,呼吸困难,卧地昏迷而死。

剖检时可见尸体皮下静脉显著充血发黑,故称羊黑疫。胸部皮下组织常水肿,皮下结缔组织中含清朗胶样液体,暴露空气中易凝固。胸、腹腔和心包积液,左心室内膜下出血。真胃幽门部和小肠充血和出血。肝脏肿胀,有针头大到鸡蛋大的黄白色坏死病灶,病灶的界限不清晰,被一个出血性的带状物包围,在其中常能找到幼年的肝片吸虫。肠淋巴结水肿。

肝脏中有坏死病灶或存有幼年肝片吸虫,结合流行特点和临床症状可做出初步诊断。

（三）羊黑疫防制措施

首先，应加强饲养管理，严格执行检疫、消毒和隔离等防疫措施。羊群发病后应急速转移牧地，从低洼地转移到高坡干燥地区。同时要控制好肝片吸虫病，防止肝片吸虫对羊只的感染。

其次，要制定合理的免疫程序。在本病的常发地区，每年应定期用梭菌多联菌苗进行免疫接种。在羊群发病后，对发病羊只应立即隔离，未发病羊用梭菌多联菌苗进行紧急预防注射。疫苗接种应在每年的6～7月份进行，同时做好驱虫工作，提高羊只的抵抗力。

（四）免疫失败的原因

在该病防制中可能会遇到免疫失败的问题。除了免疫程序不合理、接种剂量不足及多联疫苗的成分不足之外，羊只体内肝片吸虫的存在、机体抵抗力下降、饲养管理不当以及引发羊只肝脏损伤的因素也可诱发本病。

（五）防制用疫苗

目前疫苗接种仍然是防制本病的主要措施。商品化疫苗主要有羊黑疫-羊快疫二联灭活疫苗及羊梭菌病多联干粉灭活疫苗。羊的梭菌病种类较多，常混合感染，流行广泛。在免疫预防上应根据当地羊梭菌的种类及流行情况，选择适宜的羊梭菌病多联菌苗接种，防制效果也比较好。梭菌疫苗种类很多，有多种多联苗，且多为灭活疫苗。羊黑疫-羊快疫二联灭活疫苗及羊梭菌病多联干粉灭活疫苗的详细情况参见羊肠毒血症和羊快疫。

九、羊气肿疽灭活疫苗

羊气肿疽（Ovine emphysematous gangrene）由气肿疽梭菌引起，潜伏期一般为3～9天。传染源主要是病畜污染的饲料、饮水、泥土等，病原菌可经口进入动物消化道粘膜而感染。但外伤、吸血昆虫的叮咬也可引起传染，以组织坏死、产气和水肿为特征。

（一）羊气肿疽的危害

感染气肿疽的羊多发生死亡，对养羊业危害极大。

（二）羊气肿疽诊断要点

1. 流行特点 本病多散发，有一定的区域性和季节性，常在春、秋两季发生，多雨季节及洪水泛滥时多发。此外，夏季干旱酷热及吸血昆虫活跃时期也易发生。本病是一种土壤病，不是直接接触的传染病。绵羊和山羊仅有个别病例，不见有流行。

2. 临床症状和病理变化 绵羊多呈亚急性。患病初期不爱活动，静立一隅，精神不振。食欲和反刍减退，耳、角发热，眼结膜潮红充血，呼吸、脉搏次数增加。常在股、肩、腰、背或胸前的肌肉出现气性炎症肿胀，触诊时这些部位敏感，指压患部可发生捻发音或水泡破裂音。当病情发展时，病羊精神沉郁、拒食，反刍停止，垂头呆立或倒地不起，四肢伸直，腹部臌胀，呼吸促迫，脉搏细速，心音不整。此时如气性肿胀蔓延较广，肿胀局部较凉，皮肤干燥呈紫黑色，患部触诊硬固，叩诊发生鼓音。局部捻发音更明显。最后病羊体温下降，呼吸困难，心力衰竭而死亡。

剖检时可见尸体发生腐败，瘤胃胀气致使四肢开张伸直。从鼻孔、口或肛门流出带泡的暗红色液体。肿胀部皮下组织见有出血性或黄色胶样浸润，淋巴结肿大。病变部肌肉中心变黑色，组织干燥呈海绵状，周围色泽变淡，有奶酪臭味。这种变化呈间隔存在，形成斑驳色彩的特征病变。局部淋巴结发生出血和肿胀，切面呈红色，内有浆液性浸润。胸腔有多量黄色液体，心包液呈黄色，心脏扩张充满血液，心内外包膜有出血斑。肺有出血性炎症。腹腔有黄色积液。胃肠有轻微的出血性炎症。肝稍肿大，切开时有大量血液和气泡流出，有坏死灶。肾和膀胱均有出血。脾不肿大，但边缘稍肥厚。

（三）羊气肿疽防制措施

首先，应加强饲养管理，严格执行检疫、消毒和隔离等防疫措施。放牧时应注意不到低洼地，尽量选择高坡地。平时应注意土源清洁，严防污染。对一般病死动物应焚烧或深埋。还应掌握非安全区羊只流动情况、发病情况，必要时进行边界封锁，防止病羊进入。对病畜进行隔离，有治疗价值的迅速治疗，病死畜应进行焚烧或深埋。对水源或饮水池严加管理，进行消毒。饲养人员或兽医人员应严防散播病菌，所用工具、衣、靴要彻底消毒。

其次，要制定合理的免疫程序。发生疫病后，应用羊气肿疽灭活疫苗做紧急预防接种。在发生羊气肿疽的疫区，发现病羊及时检查畜群，划分病健群，将健康群隔离或转移牧地，并做疫苗接种。对同群或同舍疑似病羊进行抗气肿疽高免血清注射。对羊只每年定期进行疫苗接种，可收到良好的防制效果。

（四）防制用疫苗

目前疫苗接种仍然是防制本病的主要措施。商品化疫苗主要有羊气肿疽灭活疫苗。我国于 1950 年之后研制成功羊气肿疽疫苗，免疫效果良好，已基本上控制了羊气肿疽的流行。

羊气肿疽灭活疫苗

【简　介】 本品采用免疫原性良好的气肿疽梭菌，接种于适宜培养基培养，将培养物经甲醛溶液灭活后加钾明矾制成。

【特　点】 注射疫苗后 14 天即可产生坚强的免疫力，免疫期为 6 个月。

【适用范围】 可用于各种年龄的羊只。

【使用方法】 不论年龄大小，一律皮下注射 1 毫升。

【保存、运输条件】 2℃～8℃保存，有效期为 2 年。

【注意事项】 ①应在当地兽医指导下使用。②个别羊只注射后会出现局部反应，经 2～3 天后可恢复正常。③应注意注射器具及注射部位的消毒，每注射 1 只羊后应更换 1 次注射针头。④注射的羊只必须健康，凡体质瘦弱、发病的羊只不宜注射疫苗。⑤疫苗使用前要充分摇匀，启封后的疫苗须当天用完。⑥疫苗要防止冻结，以免影响效力。

十、羊链球菌病疫苗

羊链球菌病（Ovine streptococcosis）是羊的一种细菌性的败血性传染病。由 C 群马链球菌兽疫亚种（*Streptococcus equi* subsp. zooepidemicus）引起，潜伏期一般为 2～10 天。传染源主要是病羊和带菌羊，主要由呼吸道排菌，死后可通过肉、骨、皮、毛等散播病原，部分慢性经过的病羊可成为带菌者。主要发生于绵羊，可引起颌下淋巴结和咽喉肿胀，各脏器出血，纤维素性肺炎，胆囊肿大等。

（一）羊链球菌病的危害

感染链球菌的羊消瘦，生产性能下降；常发生腐败梭菌、产气荚膜杆菌或大肠杆菌等继发感染；发病率 15%～24%，病死率可达 80%以上。

（二）羊链球菌病诊断要点

1. 流行特点 本病的流行具有明显的季节性，多在冬春流行，尤以 2～3 月份为最甚。病的发生和死亡与天气有很大关系。当天气严寒，变化剧烈或大风雪以后，发病和死亡数显著增加。另外，在冬季天气干燥，草质不良，羊群拥挤以及体内外寄生虫的侵袭等可使机体抵抗力下降，从而也促进本病的发生和死亡。本病在新疫区危害最严重，常呈流行性，而在常发地区则多为散发性。本病主要发生于绵羊，山羊次之。绵羊除口服不感染外，其他各种方法皆可感染致病。

2. 临床症状和病理变化 最急性者 24 小时内死亡，一般为

2～3天。病初体温升高，全身症状明显，起卧频繁，精神不好，食欲减退以至废绝，反刍停止。眼结膜充血、流泪，以后流出脓性分泌物。鼻流清液，以后成粘脓性分泌物。流涎，并混有泡沫。咽喉肿胀，颌下淋巴结肿大，呼吸急促，心跳加快，粪便变软，有时带粘液或血液。怀孕母羊多发生流产。最后卧地不起。此外，也有整个头部、乳房发生肿胀者，临死时有磨齿、抽搐、惊厥等神经症状。

剖检可见各脏器的广泛出血，淋巴结肿大、出血。鼻、咽喉、气管粘膜出血。肺水肿或气肿，出血，出现肝变区。胸、腹腔及心包积液。心脏冠状沟及心内外包膜有小点状出血。肝脏肿大呈泥土色，质地松脆，边缘钝圆，包膜下有出血点；胆囊肿大2～4倍，胆汁外渗。肾脏质脆、变软，出血梗死，包膜不易剥离。各个器官浆膜面附有粘稠的纤维素性渗出液。

（三）羊链球菌病防制措施

首先，平时应加强饲养管理，严格执行检疫、消毒和隔离等防疫措施。不要从疫区调进羊只或输入羊肉、皮、毛等产品。在发生本病时，要做好封锁、隔离、消毒、检疫、药物防治及尸体处理。未发病羊只注射青霉素或抗羊链球菌血清，有良好的预防效果。

其次，要制定合理的免疫程序。发生疾病时，可用羊败血性链球菌病灭活疫苗给未发病羊进行紧急预防接种。在每年发病季节到来之前，用羊败血性链球菌病灭活疫苗进行普遍的预防注射，3月龄以下的羔羊，在第一次注射后2～3周再加强免疫1次。用羊败血性链球菌病活疫苗接种时，羊首免应在6月龄以上。

（四）防制用疫苗

目前疫苗接种仍然是防制本病的主要措施。商品化疫苗主要有羊败血性链球菌病活疫苗和灭活疫苗。我国自行研制的羊败血性链球菌病活疫苗和灭活疫苗，免疫注射绵羊或山羊后，防制效果良好。进行免疫接种时，要特别注意疫苗的使用方法和注意事项，并根据当地羊链球菌病的流行情况和羊群的组成情况选用适宜的疫苗。

1. 羊败血性链球菌病活疫苗

【简　介】 本品采用羊源兽疫链球菌弱毒株接种于适宜培养基培养，收获培养物，加适当稳定剂，经冷冻真空干燥制成。

【特　点】 免疫期为1年。

【适用范围】 可用于6月龄以上的羊只。

【使用方法】 尾根皮下（不得在其他部位）注射。按瓶签注明的头份，用生理盐水稀释，每只羊注射1毫升。

【保存、运输条件】 2℃～8℃保存，有效期为2年。

【注意事项】 ①应在当地兽医指导下使用。②首次使用本疫苗的地区，应选择一定数量的羊只（约30只），进行小范围试验，无不良反应后，方可扩大接种面。③特别瘦弱的羊和病羊不能使用。④注射部位应严格消毒，注射后如有严重反应，可用抗生素治疗。⑤不宜肌内注射。⑥疫苗避免高温和阳光直射，稀释时应充分溶解、混匀，稀释后的疫苗限6小时内用完。

2. 羊败血性链球菌病灭活疫苗

【简　介】 本品采用羊源兽疫链球菌接种于适宜培养基培养，将培养物经甲醛溶液灭活后，加氢氧化铝胶制成。

【特　点】 免疫期为6个月。

【适用范围】 可用于不同年龄的羊只。

【使用方法】 不论年龄大小，每只羊一律皮下注射5毫升。

【保存、运输条件】 2℃～8℃保存，有效期为18个月。

【注意事项】 ①应在当地兽医指导下使用。②疫苗使用前要充分摇匀，注射时应注意消毒和更换针头。③首次使用本疫苗的地区，应选择一定数量的羊只（约30只），进行小范围试验，无不良反应后，方可扩大接种面。④注射疫苗后，一般无不良反应。个别羊只可能于注射部位形成硬结，但以后会逐渐消失。⑤给怀孕母羊接种时，应注意保定，以免引起流产。⑥疫苗不能冻结，以免影响效力。特别是在寒冷季节使用时,应注意防冻。

十一、羊炭疽疫苗

炭疽(Anthrax)是一种人畜共患的细菌性败血性传染病。由炭疽杆菌引起,潜伏期一般为1～14天。传染源主要是被感染的动物,特别是被炭疽杆菌的芽胞污染的土壤、饲料、水源等可引起传播。常引起最急性型脑卒中症状,急性及亚急性型呈败血症症状,偶尔可于体表出现局限性炎性肿胀、血尿及血便。

(一)羊炭疽的危害

感染炭疽的羊多呈急性和亚急性经过,并以死亡而告终;感染羊的排泄物会污染周围的环境,对人、畜健康构成严重的威胁。

(二)羊炭疽诊断要点

1. 流行特点 本病的发生没有严格的季节性,但多发于雨水多、潮湿或洪水泛滥的6～8月份。绵羊、山羊最易感染发病。主要是通过污染的饲料和饮水经消化道而感染,经呼吸道和吸血昆虫叮咬而感染的可能性也存在。

2. 临床症状和病理变化 绵羊及山羊多为最急性经过,患羊突然倒地,全身战栗、昏迷、磨牙、天然孔流出带有泡沫的暗色血液,常于数分钟内死亡。急性型的患羊表现兴奋不安,行走摇摆不稳,心悸亢进,脉搏增数,呼吸促迫,可视粘膜发绀。随后表现精神沉郁,倒地不起,天然孔有血液流出,常于数小时内死亡。

剖检时可见尸体迅速腐败,尸僵不全,天然孔有暗红色血液流出,凝固不良,粘稠如煤焦油样。可视粘膜发绀,直肠常脱出,粘膜有出血。皮下和浆膜下有出血性胶样浸润。淋巴结呈黑红色,有出血点。脾脏除最急性型外都有急性肿胀,脾髓呈暗红色,变为泥状或糊状,脾小梁和脾小体模糊不清。肝脏和肾脏均充血肿胀,松软易碎。心肌呈灰红色和松软状态。呼吸道粘膜呈炎性肿胀，有小出血点，肺脏充血水肿。消化道有出血性坏死性炎症变化，在集合淋巴结和孤立淋巴滤泡处高度肿胀，形成球状突起和长形厚突起（肠痈）。

（三）羊炭疽防制措施

首先，应加强饲养管理，严格执行检疫、消毒和隔离等防疫措施。在发现炭疽病羊时，应立即进行隔离和治疗。尽快查明疫情，划定疫区。将畜舍及其有关的地方彻底消毒，病羊的粪便、垫草要焚烧。对发病羊群做全群测温，发现体温升高的可疑患畜，先注射抗炭疽血清，1～2 周后，再注射炭疽芽胞苗。对其他假定健康羊全面进行炭疽芽胞苗预防接种，并逐日观察至 2 周。

其次，要制定合理的免疫程序。每年应定期进行炭疽疫苗预防接种，尤其是对炭疽常发地区的羊群要坚持连续应用。国内生产的无荚膜炭疽芽胞苗可预防绵羊的炭疽，但不能用于山羊。而Ⅱ号炭疽芽胞苗可用于绵羊和山羊，但山羊使用时要慎重，因此，山羊应使用专用的山羊炭疽疫苗，每年接种 2 次。我国通过数十年的大面积使用，证明疫苗接种对炭疽具有良好的防制效果。国外对炭疽的防制经验也证实了炭疽疫苗的防制效果。

（四）免疫失败的原因

在防制羊炭疽过程中可能会遇到免疫失败的问题，主要有以下几个方面的原因。

一是免疫程序不合理。免疫时机不当或免疫期已过，机体会再感染发病。

二是接种剂量不足。由于技术方面的原因，接种疫苗的剂量不足，导致产生的免疫力很弱。

三是免疫接种前后使用抗生素时，会对机体免疫力的产生起抑制作用。

四是多雨季节及洪水泛滥均可诱发本病。此外，过劳、饥饿、闷热及受凉等诱因，常可促进本病的发生。

（五）防制用疫苗

目前疫苗接种仍然是防制本病的主要措施。商品化疫苗主要有无荚膜炭疽芽胞苗、Ⅱ号炭疽芽胞苗和山羊炭疽疫苗。在进行免疫接种时，应注意疫苗的使用方法和注意事项，特别是换用不同厂家生产的疫苗时，更应注意这类问题。对山羊来说，应使用专用的山羊炭疽疫苗。

1. 无荚膜炭疽芽胞苗

【简　介】 本品是用无荚膜炭疽杆菌弱毒株，在适宜的培养基上培养，形成芽胞后，悬浮于灭菌铝胶蒸馏水或甘油蒸馏水中制成。

【特　点】 注射后14天可产生免疫力，免疫期为1年。

【适用范围】 适合于绵羊使用。

【使用方法】 绵羊皮下注射0.5毫升。

【保存、运输条件】 2℃～8℃保存，有效期为2年。

【注意事项】 ①应在当地兽医指导下使用。②疫苗使用前应充分摇匀。③山羊忌用。④本品宜秋季使用，在羊群春乏或气候骤变时不应使用。⑤应注意注射器具及注射部位的消毒，每注射1只羊后应更换1次注射针头。⑥注射本品后，部分羊可能有1～3天的体温反应，注射部位可能出现局部肿胀，经3～10天即可消失。⑦用过的器具及疫苗瓶应彻底消毒。⑧疫苗要防止冻结，以免影响效力。

2. Ⅱ号炭疽芽胞苗

【简　介】 本品采用炭疽杆菌Ⅱ号弱毒菌株，接种于适宜培养基培养，将培养物悬浮于灭菌的甘油蒸馏水或铝胶蒸馏水中制成。

【特　点】 免疫期，山羊为6个月，绵羊为1年。

【适用范围】 适合于绵羊使用，山羊要慎用。

【使用方法】 绵羊每只皮内注射0.2毫升或皮下注射1毫升。

【保存、运输条件】 2℃～8℃保存，有效期为2年。

【注意事项】 ①山羊慎用。②其他注意事项同无荚膜炭疽芽胞苗。

3. 山羊炭疽疫苗

【简　介】 本品采用无荚膜炭疽杆菌弱毒株，接种于适宜培养基培养，过滤除菌，加油佐剂混合乳化制成。用于预防山羊炭疽。

【特　点】 免疫期为6个月。

【适用范围】 可用于6月龄以上的山羊。

【使用方法】 颈部皮下注射2毫升。

【保存、运输条件】 2℃～8℃保存，有效期为1年。

【注意事项】 同无荚膜炭疽芽胞苗。

十二、羊布氏杆菌病疫苗

羊布氏杆菌病(Ovine brucellosis)是一种人畜共患的细菌性传染病。由布氏杆菌引起。传染源主要是病畜和病人。病畜从乳汁、粪便和尿液中排出病原菌，污染草场、畜舍、饮水、饲料及排水沟等而使病原菌扩散。当患病母畜流产时，病菌随着流产胎儿、胎衣和子宫分泌物一起大量排出，成为最危险的传染源。经口感染是本病的主要传播途径。可引起流产、不孕和关节炎、睾丸炎等。

(一)羊布氏杆菌病的危害

感染布氏杆菌的羊只长期带菌，怀孕母羊主要发生流产，给畜牧业和人类健康带来严重危害。

（二）羊布氏杆菌病诊断要点

1. 流行特点 本病的流行缺乏明显的季节性。绵羊和山羊通常在秋季配种，于翌年1～2月份病羊发生流产。不过有的羊场，不严格执行定期配种，母羊产羔时间不一致，其发病时期也不一致。在羊布氏杆菌病存在较久的地区，本地羊已具有一定抗病力，所以较少发生大批流行或流产。但当羊只流动比较频繁时，由于环境的改变及健畜和病畜的混群，便会突然发生急性病例，并使病原菌的毒力增强，造成羊群的暴发式流行，多见于新组成的羊群。

2. 临床症状和病理变化 绵羊和山羊均患本病，主要症状是流产。一般是隐性经过，在大批发生流产时可见到症状。在自然条件下，流产多发生在怀孕的后期，约在妊娠第四个月。在流产前的2～3天，体温升高，精神不振，食欲减退，有的长卧不起。由阴道排出粘液或粘液带血样分泌物。流产的胎儿多死亡，成活的则极度衰弱、发育不良。产后其阴道持续排出粘液或脓液，发生慢性子宫炎，往往使病羊不孕。有的病羊发生慢性关节炎及滑液囊炎，病羊跛行，行动困难，常因采食不足，饥饿而死。公羊除发生关节炎外，有时发生睾丸炎、附睾炎，睾丸肿大，触诊局部发热，有痛感。经过一次流产后，病羊能够较快自愈，但自愈过程较慢，山羊较绵羊还慢。

剖检变化主要是子宫内部的变化。在子宫绒毛膜的间隙中有灰色或黄色无气味的胶样渗出物，绒毛膜的绒毛有坏死病灶，表面覆有黄色的坏死物。胎膜水肿肥厚，表面有纤维蛋白和脓液。胎儿的病变多呈败血症变化，浆膜和粘膜有出血点和出血斑，脾和淋巴结肿大。淋巴结、脾和肝脏肿大，有时发生大量的结节性肉芽肿，结节中心常出现坏死灶。

（三）羊布氏杆菌病防制措施

首先，应加强饲养管理，严格执行检疫、消毒和隔离等防疫措施。对一般病畜不做治疗，采取淘汰屠宰。对贵重种畜，在隔离条件下进行治疗。在未发生布氏杆菌病的牧场或农区养羊地区,一定要保护健康畜群。防止畜群移动,杜绝本病的传入。在发病的疫区,应采取有效措施消灭或清除本病。有的畜群或部分畜群移动时应进行检疫,防止本病的扩散。

其次,要制定合理的免疫程序。对牧区没有隔离条件的羊群,应每年接种1次,连用4～5年。对羊群在3～6个月之间可进行两次检疫,如果两次都为阴性,即可认为达到控制水平。如果羊群经过检疫挑出病羊后,仍不断有阳性羊出现,可应用菌苗进行预防注射。对于未妊娠的母羊,应于配种前1～2个月进行免疫。

(四)免疫失败的原因

在免疫预防羊布氏杆菌病时,可能会遇到免疫失败的问题,主要原因有:

一是免疫程序不合理。免疫时机不当或免疫期已过,机体会再感染发病。

二是接种剂量不足。由于技术方面的原因,接种疫苗的剂量不足,导致产生的免疫力很弱。

三是免疫接种前后使用抗生素时,会对机体免疫力的产生起抑制作用。

四是饲养管理不当及羊群的频繁流动均可诱发本病。

(五)防制用疫苗

目前疫苗接种仍然是防制本病的主要措施。国内的商品化疫苗主要有羊种布氏杆菌病活疫苗、牛种布氏杆菌病活疫苗和猪种布氏杆菌病活疫苗。国际上多采用活疫苗,有牛种19号菌苗和羊种RevI菌苗。牛种19号菌苗对绵羊的效果比山羊好。羊种RevI菌苗又称返祖1号变种,对绵羊、山羊效果较好,但其毒力稍强。羊种布氏杆菌病活疫苗是我国自行研制的,具有剩余毒力低、安全、稳定等优点,对绵羊、山羊、牛、鹿都有良好的免疫力。被免疫动物的血清凝集素消失比较快，为鉴别人工免疫和自然免疫提供了鉴定依据。猪种布氏杆菌病活疫苗也是我国自行研制的，具有安全、毒力稳定等优点，对牛、羊、猪都具有良好的免疫力。给羊群接种疫苗时应首选羊种布氏杆菌病活疫苗，其次为猪种布氏杆菌病活疫苗，绵羊还可选用牛种布氏杆菌病活疫苗。羊种布氏杆菌病活疫苗除常用于皮下接种外，对大畜群免疫时，多采用气雾、饮水和喂服等方法，效果也很好。其中猪种布氏杆菌病活疫苗的详细情况参见猪布氏杆菌病，现介绍羊种布氏杆菌病活疫苗和牛种布氏杆菌病活疫苗。

1. 羊种布氏杆菌病活疫苗

【简　介】 本品采用羊种布氏杆菌弱毒 M5 或 M5-90 菌株，接种适宜培养基培养，取培养物加适当稳定剂，经冷冻真空干燥制成。

【特　点】 免疫期为 3 年。

【适用范围】 可用于非种公羊及未妊娠母羊。

【使用方法】 可采用皮下注射、滴鼻免疫，也可口服免疫。稀释液为灭菌生理盐水或缓冲生理盐水，绵羊和山羊的使用剂量为皮下注射和滴鼻 10 亿个活菌，口服为 250 亿个活菌。

【保存、运输条件】 2℃～8℃保存，有效期为 1 年。

【注意事项】 ①应在当地兽医指导下使用。②经检疫呈阴性反应的羊只可进行接种，阳性反应者不接种，并采取隔离措施。③母畜宜在配种前 1～2 个月进行免疫。④妊娠期的羊只及种公羊不接种疫苗。⑤利用不同途径进行免疫接种时，应注意使用剂量。⑥本疫苗具有一定的残余毒力，制苗及预防接种人员应事先做好防护工作，避免感染或引起过敏反应。接种免疫后，所有用过的器具及疫苗瓶必须彻底消毒。⑦疫苗应避免高温和阳光直射，稀释后的菌苗须当天用完。

2. 牛种布氏杆菌病活疫苗

【简　介】 本品采用牛种布氏杆菌弱毒 A19 菌株，接种适宜培养基培养，取培养物加适当稳定剂，经冷冻真空干燥制成。

【特　点】 绵羊免疫期为9～12个月。

【适用范围】 本品适用于绵羊和牛。

【使用方法】 皮下注射，稀释液为灭菌生理盐水或缓冲生理盐水，绵羊在每年配种前1～2个月，用300～400亿个活菌的剂量注射1次。

【保存、运输条件】 2℃～8℃保存，有效期为1年。

【注意事项】 ①不能用于孕畜和山羊。②其他注意事项同羊种布氏杆菌病活疫苗。

十三、羊衣原体病活疫苗

羊衣原体病(Ovine chlamydiosis)是一种人畜共患的衣原体性传染病。由鹦鹉热衣原体引起，潜伏期一般为50～90天。传染源主要是病畜和隐性感染或带菌者。可引起流产、肺炎、结膜炎、多发性关节炎、脑炎症状等。

(一)羊衣原体病的危害

感染羊衣原体的羊只发育不良并长期带菌；感染羊群的第一次流产率可达20%～30%，并可引起羊只的死亡，给养羊业发展带来严重的损失，同时也给公共卫生带来许多不良影响。

(二)羊衣原体病诊断要点

1. 流行特点 本病发生的季节性并不明显。本病的病原与动物中多种疾病综合征有关。病原体对宿主或组织的要求虽然不是特异的，但有些病菌因株别的关系可以在几种宿主内引起全身性感染；而另一些菌株则在一种特异宿主的一个或多个组织或器官内定位并引起明显病损。另外，某些动物感染后，有的病情严重甚至死亡。但有的在动物体内是隐性感染，可带菌或排菌，形成传染源。衣原体可经消化道、呼吸道或眼结膜传染，病畜和健畜交配或病公畜的精液经人工授精也能感染，子宫内感染也有可能。鹦鹉热衣原体的宿主特异性比较小，所以，同一菌株，往往可以引起多种动物的不同疾病。

2. 临床症状和病理变化 感染羊只的临床表现各不相同，其病理变化也有所不同，主要有以下几种类型。

(1)流产型 在流产前几天，母羊常有胎盘炎症状，体温升高，食欲不振、不安、躺卧、观腹，阴道排出少量粘液或脓性分泌物。但有的无任何症状，突然发生流产。同一羊只不会再次流产，在下次产羔时发现弱羔较多，而且新生羔常有多发性关节炎、结膜炎等症状。剖检变化以胎盘炎症和胎儿病变为主，流产母羊胎膜水肿，血染，胎盘绒毛膜含有颗粒状和污秽不洁的血样斑块，胎膜周围渗出物呈棕色，流产胎儿水肿，腹水，气管粘膜有淤血。

(2)肺炎型 在集中饲养的羔羊群中呈流行性，患肺炎的羔羊常并发肠道衣原体感染。主要症状为精神不振，衰弱无力，食欲减退或拒食。体温升高，往往离群、喜卧、腹泻。出现浆液性或粘液性鼻漏，流泪、咳嗽、呼吸急促、可听到啰音。严重的呈进行性昏睡而死亡。剖检变化主要为呼吸道粘膜为卡他性炎症，粘膜潮红，气管内充满浓稠性粘液，肺的尖叶、心叶、整个或部分膈叶有紫红色至灰红色的实质病变灶，病损不规则，稍有隆起，界限清楚。肺间质水肿、膨胀不全，支气管增厚，切面多汁呈红色，有粘稠分泌物流出。

(3)多发性关节炎 主要发生于羔羊，以1～8月龄多见，3～5月龄断奶的羔羊、育肥4～8周的羊发病率较高。病羊初期体温升高，食欲废绝，离群，肌肉疼痛，活动僵硬，单肢乃至四肢跛行。手触患肢关节有痛感。随着病情的发展跛行加重，但死亡率较低。剖检变化多发生在关节、腱鞘及其附近组织，大的关节如枕骨关节，常有淡黄色液体增多而扩张，滑液膜粗糙、水肿，并有不同程度的点状出血，附有疏松或致密的纤维素性碎屑和斑块，腱鞘也可见有类似变化，但纤维素较少。

(4)结膜炎　又称滤泡性结膜炎，主要发生于绵羊，以羔羊为重。衣原体侵入羊的眼睛后，引起羊单侧或双侧眼睛发炎。结膜充血、水肿、流泪，发病的第二至第三天角膜发生不同程度混浊、溃疡或穿孔。经2～4天开始愈合，发生角膜溃疡的可达数周。剖检变化为结膜充血、水肿，角膜水肿、糜烂和溃疡。

(三)羊衣原体病防制措施

首先，应加强饲养管理，严格执行检疫、消毒和隔离等防疫措施。本病是一种广泛传播的自然疫源性疾病。平时应实行科学饲养管理，消除一切可能降低动物机体抵抗力的应激因素。饲养密度适中，畜舍通风良好，防止新老动物群接触。引进种畜或精液时，必须严格检疫。在隔离期间还应进行检疫，彻底消灭饲养场的鼠类，杜绝野鸟栖息场所。对感染的动物群，应定期检疫和消毒，及时清除有临床症状及血检阳性的动物。加强对饲养场的有关工作人员的卫生管理，定期检疫，必要时应服抗生素类药物。

其次，要制定合理的免疫程序。在本病的常发地区，应每年定期接种羊衣原体灭活疫苗。对于妊娠和未妊娠母羊，在配种前或配种后1个月均可注射，能有效地防止母羊的流产。

(四)防制用疫苗

目前疫苗接种仍然是防制本病的主要措施。国内的商品化疫苗主要是羊衣原体病灭活疫苗。母羊在配种前、后1个月接种羊衣原体病灭活疫苗能收到良好效果，可有效地防止母羊的流产。免疫接种时，应注意疫苗的使用方法和注意事项，在换用不同厂家生产的疫苗时，更要注意这类问题。

羊衣原体病灭活疫苗

【简　介】　本品采用羊衣原体强毒株接种鸡胚培养，将鸡胚培养物经甲醛溶液灭活后，加油佐剂混合乳化制成。

【特　点】　免疫期绵羊为2年，山羊为7个月。

【适用范围】 可用于妊娠和未妊娠母羊，在配种前或配种后1个月均可注射。

【使用方法】 皮下注射，每只3毫升。

【保存、运输条件】 2℃～8℃保存，有效期为2年。

【注意事项】 ①应在当地兽医指导下使用。②疫苗使用前要充分摇匀，注射时应注意消毒和更换针头。③首次使用本疫苗的地区，应选择一定数量的羊只（约30只），进行小范围试验，无不良反应后，方可扩大接种面。④注射疫苗后，一般无不良反应。个别羊只可能于注射部位形成硬结，但以后会逐渐消失。⑤疫苗在母羊配种前或配种后1个月均可注射。给怀孕母羊接种时，应注意保定，以免引起流产。⑥疫苗不能冻结，以免影响效力。

十四、羊传染性脓疱性皮炎活疫苗

羊传染性脓疱性皮炎（Contagious pustular dermatitis），又称羊传染性脓疱（Contagious ecthyma）或羊口疮（orf），是羊的一种病毒性传染病，也可以感染人。由传染性脓疱病毒引起，潜伏期为4～7天。传染源主要是被感染的羊只，特别是病羊的痂皮带毒时间较长，常为新感染暴发的来源。可在患羊口唇等处粘膜和皮肤形成丘疹、脓疮、溃疡和结成疣状厚痂。

（一）羊传染性脓疱性皮炎的危害

感染传染性脓疱的羊生产性能下降，采食困难、消瘦并长期带毒，给养羊业及饲养人员的健康带来严重的危害。

（二）羊传染性脓疱性皮炎诊断要点

1. 流行特点 本病有一定的季节性，以春夏季发病最多，这可能与羊的繁殖季节有关。本病只危害绵羊和山羊，以3～6月龄的羔羊最易感，常呈群发性流行；成年羊发病较少，呈散发性感染。

人和猫也可感染。经口腔粘膜接种，可使犊牛、兔和幼犬发病。无性别和品种差异。病毒的传播主要是接触传染，病羊与健康羊同居一个羊舍，同群放牧或将健康羊置于病羊用过的羊舍和污染的牧场，以及经皮肤和粘膜的擦伤均可感染发病。由于病毒的抵抗力强，本病在羊群中可持续多年，羊群一旦被污染则不易清除。

2. 临床症状和病理变化 在临床上根据发生部位分为3型，即唇型、蹄型和外阴型，也有混合型，但比较少见。

(1)唇型 为常见病型，先在口角、上唇或鼻镜上发生小而散在的红斑，很快形成麻籽大的小结节，继而成为水疱或脓疱。脓疱破溃后，成黄色或棕色的疣状硬痂。若为良性经过时，这种痂垢逐渐扩大、增厚、干燥，1～2周内脱落而恢复正常。严重病例，患部继续发生丘疹、水疱、脓疱、痂垢，并相互融合，可波及整个口唇周围及颜面、眼睑和耳郭等部位，形成大面积具有龟裂、易出血的污秽痂垢，下面伴有肉芽组织增生，使整个口唇肿大外翻呈桑葚状突起，严重影响采食，病羊日趋衰弱而死亡，病程2～3周。同时常有化脓菌和坏死杆菌等继发感染，引起深部组织的化脓和坏死。口腔粘膜也常受害，有时仅见粘膜病变。粘膜潮红增温，在唇内面、齿龈、颊部、舌及软腭粘膜上发生被红晕所围绕的灰白色水疱，继而形成脓疱和烂斑，或愈合而康复，或恶化形成大面积溃疡，且常有坏死杆菌等继发感然，发生伴有恶臭的深部组织坏死，有时甚至可见部分舌的坏死脱落。少数严重病例可因继发性肺炎而死亡。

(2)蹄型 一般只侵害绵羊，多单独发生，混合型少见。多为单肢患病，同时或相继侵害多数或全部蹄端。先在蹄叉、蹄冠或系部皮肤上形成水疱或脓疱，破裂后形成由脓液覆盖的溃疡。如有继发感染，化脓坏死性变化可波及皮下及蹄骨，病羊跛行，长期卧地，病期缠绵，有时可在肺脏、肝脏和乳房中发生转移性病灶，严重病例因衰弱或败血症而死亡。

(3)外阴型 此型少见。有粘性和脓性阴道分泌物，在疼痛肿胀的阴唇和附近的皮肤上有溃疡；乳房和乳头的皮肤上发生脓疱、烂斑和痂垢(多因病羔吃奶而传染)。公羊的阴鞘肿胀,阴鞘口和阴茎上发生小脓疱和溃疡。单纯的外阴型很少死亡。

对人工感染动物,在无继发症的条件下,本病的病理变化大致分为3期,即丘疹水疱期、水疱脓疱期和痂皮期。

(三)羊传染性脓疱性皮炎防制措施

首先,应加强饲养管理,严格执行检疫、消毒和隔离等防疫措施。本病主要经创伤感染,所以应注意保护粘膜和皮肤,防止发生损伤。由于幼羔口腔粘膜娇嫩,应尽量拣出饲料和垫草中的芒刺;加喂适量的食盐,以减少啃土啃墙等。禁止从疫区引进羊只和购买畜产品。凡购入种羊或新羊时,必须检疫隔离1个月以上,同时对其蹄部彻底清洗和多次消毒,再混群。发病疫区则应对发病羊进行隔离,重症的应淘汰,同时对畜舍、工具、垫草、环境彻底消毒。

其次,要制定合理的免疫程序。在本病流行地区,应定期用羊传染性脓疱性皮炎活疫苗进行免疫接种。当羊群发病时,可用该疫苗进行紧急预防接种。羔羊在15日龄以上时进行第一次免疫,1～2个月后加强免疫1次。

(四)免疫失败的原因

在免疫预防羊传染性脓疱性皮炎时,常遇到免疫失败的问题,其主要原因有:

一是免疫程序不合理。初生羔羊因免疫机能不健全,疫苗接种后不能产生有效的保护作用,当病毒再次侵袭时发生感染,因此,羔羊初免时间不宜过早。

二是接种方法不当。肌内、静脉和皮下注射都不能产生免疫力。只有口唇粘膜内注射或划痕接种,才能诱导羊体产生有效的免疫力。

三是接种剂量不足。由于技术方面的原因,接种疫苗的剂量不足,或划痕面积太小,导致产生的免疫力很弱。

四是气候寒冷、拥挤、通风不良及母羊营养不良等均可诱发本病。

（五）防制用疫苗

目前疫苗接种仍然是防制本病的主要措施。国内的商品化疫苗主要是羊传染性脓疱性皮炎活疫苗。国外的商品化疫苗也是减毒活疫苗，可减轻羊只的临床症状。在配种前接种羊传染性脓疱性皮炎活疫苗的母羊，在分娩后可通过乳汁使羔羊获得被动免疫。该疫苗可引起诸如跛行等轻度反应，因此，仅限于本病流行地区使用。在免疫接种时，应注意疫苗的使用方法和注意事项，特别是换用不同厂家生产的疫苗时，更要注意。

羊传染性脓疱性皮炎活疫苗

【简　介】 本品采用羊传染性脓疱性皮炎 HCE 或 GO-BT 弱毒株接种牛睾丸细胞，收获细胞培养物，加入适当稳定剂，经冷冻真空干燥制成。

【特　点】 HCE 冻干苗的免疫期为 3 个月，GO-BT 冻干苗的免疫期为 5 个月。

【适用范围】 适用于 15 日龄以上的绵羊和山羊。

【使用方法】 HCE 冻干苗在下唇粘膜划痕接种，GO-BT 冻干苗在口唇粘膜内注射。两种疫苗的使用剂量均为 0.2 毫升。

【保存、运输条件】 －10℃以下保存，有效期为 10 个月；2℃～8℃保存，有效期为 5 个月。

【注意事项】 ①应在当地兽医指导下使用。②仅限于本病流行地区使用。③首次使用本疫苗的地区，应选择一定数量的羊只，进行小范围接种试验，无不良反应后，方可扩大接种面。④在疾病发生时，免疫接种应先从安全区到受威胁区，最后到疫区。⑤患病或瘦弱的羊只及临产母羊和初生羔羊不宜注射。⑥给怀孕母羊接种时，应注意保定，以免引起流产。⑦疫苗稀释时应充分溶解、混匀，稀释后的疫苗须当天用完。⑧本疫苗为活毒苗，在使用时应注意防止病毒的散布，用过的器具、疫苗瓶等均应消毒处理。

十五、羊大肠杆菌病疫苗

羊大肠杆菌病(Ovine colibacillosis)是羊的一种细菌性肠道传染病。由致病性大肠杆菌的某些血清型引起。传染源主要是带菌的羊只，其粪便以及所有被粪便污染的圈舍、笼具、垫草、饲料、饮水、管理人员的靴鞋、服装等均能传播本病。各种动物均可发生，病型复杂多样，临床表现以腹泻、败血症、赤痢样症候群以及肠毒血症为特征。

(一)羊大肠杆菌病的危害

感染大肠杆菌的羊，下痢、消瘦，饲料利用率下降，对养羊业危害极大。

(二)羊大肠杆菌病诊断要点

1. 流行特点 本病一年四季均可发生，许多流行病学因素在本病的发生上起着某种重要的作用。大肠杆菌病的分布极为广泛，凡是有饲养家畜、家禽以及经济动物的国家和地区均时常发生。本病最常感染10～30日龄动物，也使生后12～18小时的新生动物发病。绵羊在2～6周龄和3～8月龄多发。本病最常见的感染途径为消化道，经口食入最可能是大肠杆菌侵入羔羊的感染门户。某些血清型菌株可经鼻咽部粘膜侵入动物体，并导致脑膜炎。也可经子宫和产道造成感染。

2. 临床症状和病理变化 在临床上分为肠型及败血型两种。

(1)肠型 又称大肠杆菌性羔羊痢疾，多发生于7日龄以内的羔羊。病初体温升高，稍后开始腹泻，粪便呈黄色或灰色，水样，带有气泡，有时混有血液和粘液，肛周、尾部和臀部皮肤沾污粪便。病羔腹痛、虚弱，不能起立。常在病后24～36小时死亡。病死率

15%～75%。有些病羔伴发化脓性纤维素性关节炎。剖检时可见尸体消瘦，被毛粗乱，可视粘膜苍白，体表沾污稀便，特别是后躯，少数病例颈、腹部皮下水肿。

(2)败血型　多发生于14～42日龄羔羊。病初体温升高，精神不振，结膜潮红，四肢僵硬，共济失调，角弓反张或侧弯。单肢或数肢划动，很少或不出现腹泻。多于发病后4～12小时死亡。近年有3～8月龄羔羊发生败血型大肠杆菌病的报道。发病急、死亡快。剖检时，急性死亡病例无明显的肉眼可见病变，病程稍长的病例，可见胸腔、腹腔和心包积液，并混有纤维蛋白。有的病例腕关节、肘关节肿大，滑液混浊，含有纤维素性、脓性絮片。发生脑膜炎时脑膜充血，有小点出血。内脏多以肠、胃变化最为明显。肠道变化以小肠急性粘膜炎为主，可见浆膜充血、水肿，有的出血，肠管膨胀，充满不同色调的水样或糊样内容物，并含有凝乳块、血块、血丝或气泡。十二指肠粘膜充血、出血，肠壁薄、松弛、缺乏弹力。空肠扩张，肠内充满半透明水样液体。回肠内容物呈粘液胶样半固体状。盲肠、结肠浆膜充血，或有小点状出血，肠管扩张，内有透明胶冻样粘液。直肠内容物呈水样、胶冻样，并有少量气泡。真胃内容物呈黄灰色半液态状，粘膜充血，轻度肿胀。

(三)羊大肠杆菌病防制措施

首先，加强饲养管理，严格执行检疫、消毒和隔离等防疫措施。搞好畜舍环境卫生，及时清除厩舍、笼具及运动场等处粪便及垃圾，定期消毒，保持清洁、干燥。在分娩前，对产房及接产用具要进行彻底清洗和消毒，干燥后使用。保证饲料、饮水清洁卫生，防止污染。禁止其他动物和无关人员随意进出。实行自繁自养，不从外场、外地引进动物。需引进种畜时，应先查清产地疫情，不从有疫情处引进。对引进的羊，要进行隔离检疫。当发生疫情时，应迅速确认，隔离病畜，及时用抗菌药物治疗，以减少损失。对病死动物焚烧、深埋，防止扩大蔓延。

其次，要制定合理的免疫程序。羊群发生本病后，可用羊大肠杆菌病灭活苗进行紧急预防接种。使用羊大肠杆菌灭活苗时，羊只应在1月龄以上时进行首免。羊大肠杆菌病活疫苗只能用于绵羊，应在3月龄以上时进行首免。

（四）免疫失败的原因

一是免疫程序不合理。母羊的免疫时间不当，羔羊因得不到母源抗体的有效保护而发生感染。

二是接种剂量不足。由于技术方面的原因，接种疫苗的剂量不足，导致产生的免疫力很弱。

三是饲养管理不当、营养失调均可诱发本病。此外，冬季寒冷、暴风雪和夏季气候炎热、干燥，常引起大肠杆菌病的暴发流行。

（五）防制用疫苗

目前疫苗接种仍然是防制本病的主要措施。国内的商品化疫苗主要有羊大肠杆菌病活疫苗和灭活疫苗。羊大肠杆菌病疫苗可有效地防止羊大肠杆菌病的发生，羔羊可经吸食免疫母羊的乳汁获得被动保护。其中羊大肠杆菌病活疫苗只能用于绵羊。免疫接种时，要特别注意疫苗的使用方法和注意事项，并根据当地羊大肠杆菌病的流行情况和羊群的组成情况选用适宜的疫苗。

1. 绵羊大肠杆菌病活疫苗

【简　介】 本品系用大肠杆菌弱毒菌株，接种适宜培养基培养，收获培养物，加适当稳定剂，经冷冻真空干燥制成。

【特　点】 免疫期为6个月。

【适用范围】 可用于3月龄以上的绵羊。

【使用方法】 应按说明书要求，用灭菌生理盐水稀释后，以皮下注射或气雾法接种。采用皮下注射时，每只羊注射1头份（含10万个活菌）；室内气雾免疫时，每只羊用10个注射剂量（含100万个活菌）；露天气雾免疫时，每只羊用3000个注射剂量（含3亿个活菌）。

【保存、运输条件】 2℃～8℃保存，有效期为1年。

【注意事项】 ①应在当地兽医指导下使用。②本品只供3月龄以上绵羊使用。3月龄以下羔羊、体弱的绵羊或已发生本病的绵羊不能使用。③稀释后的疫苗，限6小时内用完。④气雾免疫时应特别注意对人体防护，用过的疫苗瓶及器具应煮沸消毒。

2. 羊大肠杆菌病灭活苗

【简　介】 本品系用免疫原性良好的大肠杆菌，接种于适宜培养基培养，将培养物经甲醛溶液灭活后制成或灭活后加氢氧化铝胶制成。

【特　点】 免疫期为5个月。

【适用范围】 可用于1月龄以上的羊只。

【使用方法】 皮下注射，3月龄以上的绵羊或山羊2毫升；3月龄以下，如需注射，每只0.5～1毫升。

【保存、运输条件】 2℃～8℃保存，有效期为18个月。

【注意事项】 ①应在当地兽医指导下使用。②怀孕母羊禁用。③疫苗使用前应充分摇匀。④疫苗不能冻结，以免影响效力。

十六、羊支原体肺炎灭活苗

羊支原体肺炎（Ovine mycoplasma pneumonia）是羊的一种支原体性呼吸道传染病。由羊肺炎支原体引起，呈慢性经过。传染源主要是被感染的羊只，由病羊呼出的飞沫经呼吸道吸入而感染。可引起间质性肺炎。

（一）羊支原体肺炎的危害

病羊消瘦、贫血、生长发育迟缓，羊的出栏率、毛质和产毛量下降。

（二）羊支原体肺炎诊断要点

1. 流行特点 本病主要感染绵羊，也可感染山羊。主要危害8～10周龄的羔羊和部分成年羊，病羊常出现继发感染，如继发溶血性巴氏杆菌感染等而死亡。

2. 临床症状和病理变化 病羊出现咳嗽、流鼻涕和呼吸急促等症状，呈慢性经过。病羊逐渐消瘦，陆续发生死亡。剖检时可见肺脏表现为增生性间质性肺炎的变化，肺小叶呈肉样变或虾肉样变。

（三）羊支原体肺炎防制措施

首先，加强羊只的饲养管理，严格执行检疫、消毒和隔离等防疫措施。由于本病是接触性传染病，因此，在发病时应严格遵守防疫制度，防止病羊移动，进行隔离消毒。从外地移入的山羊，应隔离检疫1个月后方可混群。对发病山羊群中还未出现症状的山羊，应封锁在一定地区饲养。

其次，要制定合理的免疫程序。在羊群发病时，可用羊支原体肺炎灭活苗给健康羊只进行紧急预防接种。一般在1月龄以上进行首免，每年定期接种1次。

（四）防制用疫苗

目前疫苗接种仍然是防制本病的主要措施。我国自行研制的羊支原体肺炎灭活苗，在免疫接种绵羊或山羊后，可有效地预防羊支原体肺炎。

羊支原体肺炎灭活苗

【简　介】 本品系用羊肺炎支原体菌种，接种于适宜培养基培养，将培养物浓缩，经甲醛溶液灭活后，加氢氧化铝胶制成。

【特　点】 免疫期为1年。

【适用范围】 可用于1月龄以上的羊只。

【使用方法】 颈部皮下注射。成年羊5毫升，6月龄以下羔羊3毫升。

【保存、运输条件】 2℃～8℃保存，有效期为1年。

【注意事项】 ①应在当地兽医指导下使用。②疫苗使用前要充分摇匀，注射时应注意消毒和更换针头。③首次使用本疫苗的地区，应选择一定数量的羊只(约30只)，进行小范围试验，无不良反应后，方可扩大接种面。④注射疫苗后，一般无不良反应。个别羊只可能于注射部位形成硬结，但以后会逐渐消失。⑤疫苗不能冻结，以免影响效力。疫苗运输和使用中应避免高温和阳光直射。

第六章　马用疫苗

一、马传染性贫血驴白细胞弱毒活疫苗

马传染性贫血(Equine infectious anemia)，简称马传贫，是马属动物的一种病毒性传染病。由马传染性贫血病毒引起，潜伏期一般为20～90天。传染源主要是被感染的马属动物，特别是发热期患畜的血液及脏器中都含有大量病毒，可因分泌物和排泄物排出体外或通过蚊、虻等吸血昆虫叮咬和诊疗器械传染。混有马传贫患畜的大量马匹的集中及其频繁移动，常可造成疫情的扩大蔓延，引起马匹的死亡和生产性能下降。

(一)马传染性贫血的危害

感染马传染性贫血的马属动物多表现为消瘦、生长缓慢和生产性能低下。急性型病死率可达70%～80%。慢性型病程较长，可达数月或数年。隐性型无任何可见临床症状，但体内长期带毒，成为本病的主要传染源。

(二)马传染性贫血诊断要点

1. 流行特点　本病多呈地方性流行或散发，极少见广泛性流行。没有严格的季节性，但在吸血昆虫活动期(7～9月份)较多发生。本病的易感动物只限于马属动物，其中以马的易感性最强，驴、骡次之，而且没有品种、年龄及性别的差异。

2. 临床症状和病理变化　临床上一般常将马传贫分为急性型、亚急性型、慢性型及隐性型4个类型。急性型或亚急性型主要表现为高热稽留或间歇热、出血、黄疸、心脏机能紊乱等症状。发热

期间症状明显，无热期间症状减轻。慢性型多呈现不规则热，发热时间短而无热期时间长，症状不明显。各种类型马传贫的共同症状有发热、贫血、黄疸、出血、心脏机能紊乱、浮肿等。亚急性型病程比急性型长，主要表现为反复发作的间歇热及逆温差现象。慢性型为最多见的一种，病程较长，可达数月或数年。隐性型无任何可见临床症状，但体内长期带毒。

剖检变化仅见于急性型、亚急性型及慢性型，而隐性型不见变化。急性型和亚急性型的脾脏肿大，使脾脏表面及切面呈颗粒状突出，切面色泽变淡。肝脏显著肿大，呈暗红色或铁锈色，切面有明显的槟榔样花纹。全身淋巴结肿大，淋巴小结增生并肿大。管状骨有明显的红色骨髓增生灶。慢性型尸体消瘦，严重贫血，可视粘膜呈灰白色，脾脏稍肿大，呈灰青色，质地坚实，小梁肿大，呈灰白色，切面呈颗粒状突起。长期无热的病例，通常脾脏不见肿大或稍有萎缩，肝脏稍肿大，质地坚实，呈浅红褐色，切面小叶相当明显，呈现花纹致密的槟榔肝，淋巴结呈髓样肿胀，淋巴小节增生呈颗粒状，管状骨的骨髓常呈胶胨样。

（三）马传染性贫血防制措施

首先，要加强饲养管理，提高马群的抵抗力。搞好厩舍及其周围的环境卫生和消毒，采取消灭吸血昆虫及防止其侵袭畜体的措施。对新购的马、骡及驴，必须隔离观察1个月以上，经过临床综合诊断和两次血液学检查（间隔20～30天），确认无传贫后方可混群。在发现马传贫后，应按封锁、检疫、隔离、消毒、处理、免疫接种等要点采取综合防制措施。

其次，要制定合理的免疫程序。首次用疫苗接种的马匹，应以琼脂凝胶免疫扩散试验等血清学方法及血液学和临床检验来检查马传贫。凡是马传贫检查阴性的健康马及6月龄以上的健康驹均可接种疫苗。以后，可每年接种1次。疫苗接种应在蚊、虻活动季节结束时进行。重复注射马匹仅做临床检查。在疫区应先进行检疫，清除患畜。然后对假定健康群接种马传贫驴白细胞弱毒疫苗。注苗后一般不再做定期检疫。如有临床症状的患畜出现，可按规定扑杀处理。

（四）免疫失败的原因

一是免疫程序不合理。初生幼驹因免疫机能不健全，疫苗接种后不能产生有效的保护作用，当病毒再次侵袭时发生感染，因此，幼驹初免时间不宜过早。

二是由于技术方面的原因，接种疫苗的剂量不足，导致产生的免疫力很弱。

三是接种时间不当。如在蚊、虻活动季节接种疫苗，因免疫力的产生比较慢，容易发生再感染。

四是饲养管理不当及过度使役均可诱发本病。

（五）防制用疫苗

目前国内防制本病主要是靠疫苗免疫接种。商品化疫苗主要是马传贫驴白细胞弱毒疫苗。国外很多研究机构进行了马传贫疫苗的研究工作，但都未获成功。国外目前尚未使用疫苗来控制马传贫。我国于 20 世纪 70 年代研制成功马传贫驴白细胞弱毒疫苗后，在国内马传贫流行地区进行了广泛应用，并取得了良好的防制效果。马属动物在接种马传贫驴白细胞弱毒疫苗后，免疫力的产生虽很缓慢，但免疫持续期较长。

马传染性贫血驴白细胞弱毒活疫苗

【简　介】 本品采用马传染性贫血弱毒接种驴白细胞培养，收获细胞培养物，经冷冻真空干燥制成。用于预防马传贫。

【特　点】 注苗后，马需 6 个月，驴、骡需 3 个月才能产生免疫力，免疫期为 2 年。

【适用范围】 一般适用于 6 月龄以上的马、骡、驴。

【使用方法】 按瓶签说明书，用磷酸盐缓冲液稀释，每匹皮下注射 2 毫升。

【保存、运输条件】 －20℃以下保存，有效期为 2 年；2℃～8℃为 6 个月。

【注意事项】 ①应在当地兽医指导下使用。②冻干不良和失空的疫苗不宜使用。③疫苗稀释后应充分溶解、混匀，并应立即用于接种。接种时要注意消毒和更换注射针头。④用前宜先做小区试验，证明安全后进行大面积接种。⑤体质极度瘦弱和患有严重疾病的家畜，不予注苗。⑥个别家畜注苗后可能出现变态反应，嘴肿、流涎、荨麻疹和短暂发热等反应，经数小时或 2 天则消失，不需治疗，个别反应较重者可注射肾上腺素。⑦应在蚊、虻出现前 3 个月或蚊、虻活动季节结束后（10～11 月份）进行注射。⑧疫苗开封稀释后，注意严防杂菌污染，并在 2 小时内用完。用过的器具及疫苗瓶应彻底消毒。

二、马沙门氏菌病疫苗

马沙门氏菌病（Equine salmonellosis），又称马副伤寒或马副伤寒性流产，是马属动物的一种细菌性传染病。主要由马流产沙门氏菌引起，潜伏期短则 10～15 天，长则可达 4～8 周。传染源主要是病畜的粪便、尿、乳汁及流产胎儿、胎衣和羊水排出的病菌污染的饲料和水源等，可经消化道感染。病畜和健畜交配或用病畜的精液人工授精也可感染。此外，胎儿在子宫内也可感染。

（一）马沙门氏菌病的危害

感染马流产沙门氏菌的母马多发生流产，流产率可达 20%～50%，严重时高达 83%。成年马偶尔发生急性败血性肠炎，幼驹发生败血症、关节炎和腹泻，有时出现支气管炎。公马、公驴则表现为睾丸炎和鬐甲肿胀等。本病对养马业的危害极大。

（二）马沙门氏菌病诊断要点

1. 流行特点 本病一年四季均可发生。各种年龄的马属动物均可感染，幼畜比成年畜易感，常发生于6月龄以内的幼驹。感染的孕马多数发生流产，并多见于头胎母马。

2. 临床症状和病理变化 母马的特征症状是发生流产，多见于怀孕的第七至第十个月。流产时通常是胎儿和胎衣一起排出，流产胎儿多为死胎。母马流产后，阴道流出红色至灰白色粘液，2～3个月可恢复。感染幼驹体温升高，呈稽留热或弛张热，精神不振，食欲减退。个别病驹发生肠炎、支气管炎和多发性关节炎。成年马病初有不明原因的发热，温差大，热型不定，继之四肢发生关节炎。有的病马鬐甲形成慢性顽固性的局部化脓灶，经过时间长，随脓汁排菌。公马与公驴以睾丸炎、附睾炎多见，全身发热、肿胀，本病治愈率很低。

剖检时，可见流产母马的胎衣上有浆液性胶冻样浸润、出血性化脓性和类白喉性炎症。流产胎儿皮肤、皮下组织粘膜和浆膜黄染，胸腔含有混浊或血样液体，心包及胸膜有出血点，肺充血，肝、脾、肾及淋巴结肿大，腹膜和脐带水肿。成年马或大马驹肝脏肿大变黄，小肠粘膜增厚发炎，肠系膜淋巴结肿大，心肌变性，有时发生脓肿性肺炎。

（三）马沙门氏菌病防制措施

首先，要加强妊娠母马的饲养管理，增加营养，冬季补给骨粉、食盐、胡萝卜、大麦芽等，保持钙、磷平衡，适当运动，防止和消除可诱发本病的不利因素。搞好厩舍及其周围的环境卫生和消毒工作，定期检疫，特别是公马配种前必须经血清学检查呈阴性时才可使用。对患病公马或血清学反应阳性的应淘汰当使役马用。马群中发现病马应及时隔离治疗，病马治愈后应单独组群，划区放牧。病愈母马可进行人工授精。流产胎儿、胎衣应深埋。

其次，要制定合理的免疫程序。在常发地区，应每年定期接种马流产沙门氏菌弱毒疫苗，可有效地防止本病的发生。

（四）防制用疫苗

疫苗接种仍然是防制本病的有效措施。国内商品化疫苗主要是马流产沙门氏菌C系弱毒冻干疫苗Ⅰ和Ⅱ。这两种弱毒冻干疫苗都是由我国自行研制的，可有效地防止由马流产沙门氏菌引发的马流产。

1．马流产沙门氏菌活疫苗Ⅰ

【简　介】 本品采用马流产沙门氏菌C355弱毒株，接种于适当培养基培养，将培养物加适当稳定剂，经冷冻真空干燥制成。

【特　点】 免疫期为6个月。

【适用范围】 一般适用于成年马，主要用于受胎1个月以上的怀孕母马，也可用于未受孕母马和公马。

【使用方法】 臀部肌内注射。按瓶签注明的头份，加入20%氢氧化铝胶生理盐水或生理盐水，稀释为每头份1毫升（含100亿个活菌），每匹马1毫升，每年注射2次，间隔约4个月，怀孕母马注射时间可安排在当年9～10月份和翌年1～2月份各注射1次。

【保存、运输条件】 2℃～8℃保存，有效期为1年。

【注意事项】 ①应在当地兽医指导下使用。②用前宜先做小区试验，证明安全后进行大面积接种。③疫苗稀释后应充分溶解、混匀，并应立即用于接种。接种时要注意消毒和更换注射针头。④母马宜在配种后1～2个月进行免疫。种公马不接种疫苗。⑤冻干不良和失空的疫苗不宜使用。⑥体质极度瘦弱和患有严重疾病的，不予注苗。⑦疫苗应避免高温和阳光直射，稀释后的菌苗限4小时内用完。接种免疫后，所有用过的器具及疫苗瓶必须彻底消毒。

2．马流产沙门氏菌活疫苗Ⅱ

【简　介】 本品采用马流产沙门氏菌C39弱毒株，接种于适宜培养基培养，将培养物加适当稳定剂，经冷冻真空干燥制成。

【特　点】 每年免疫注射1次，免疫期为1年。

【适用范围】 一般适用于1月龄以上的马。

【使用方法】 颈部皮下注射。按瓶签注明的头份用生理盐水稀释，成年马2毫升(1头份)，含50亿个活菌，于每年8～9月份母马配种结束后注射。幼驹于出生后1个月注射，剂量减半。幼驹离乳后，须再注射1次。

【保存、运输条件】 －20℃以下保存，有效期为2年；2℃～8℃为6个月。

【注意事项】 同马流产沙门氏菌活疫苗Ⅰ。

三、破伤风明矾沉降类毒素

破伤风(Tetanus)，又名强直症，是一种急性中毒性人畜共患传染病。由破伤风梭菌经伤口感染引起，潜伏期短则1天，长则数月，一般为1～2周。传染源是自然界普遍存在的破伤风梭菌，可通过创伤感染，特别是钉伤、刺伤、去势伤、断尾伤及脐带伤等，在伴有组织损伤较重、出血或渗出液聚集的情况下更易感染。可引起全身肌肉或个别肌群强直性痉挛和神经反射兴奋性增高等。

(一)马破伤风的危害

感染破伤风的马匹不能正常运动，采食困难，病死率可达45%～90%。

(二)马破伤风诊断要点

1. 流行特点 本病的发生没有季节性，多为散在性，在某些地区的一定时间里可出现流行。各种家畜均有易感性，幼龄动物的易感性更高。凡是能降低畜体自然抵抗力的因素都可促进本病的发生。

2. 临床症状和病理变化 患马最初表现对刺激的反射兴奋性增高，稍有刺激即高举起头，瞬膜外露，接着出现咀嚼缓慢，步态僵硬等症状。随病情发展，出现全身性强直痉挛症状，轻者口少许开张，采食缓慢，重者开口困难、牙关紧闭，无法采食和饮水。由于咽肌痉挛致使吞咽困难，唾液积于口腔而流涎，且口臭，头颈伸直，两耳竖立，鼻孔开张，四肢腰背僵硬，腹部卷缩，粪尿潴留，甚则便秘，尾根高举，行走困难，形如木马，各关节屈曲困难，易于跌倒，且不易自起。病畜此时神志清楚，有饮食欲，但应激性高，轻微刺激可使其惊恐不安，痉挛和大汗淋漓，末期患畜常因呼吸功能障碍或循环系统衰竭而死亡。体温一般正常，死前体温可升至42℃。

剖检上不见特殊变化，通常多见窒息死亡的病变——血液凝固不全，呈暗红色，粘膜及浆膜上有小出血点，肺脏充血及高度水肿。此外还常见脊髓及脊髓膜充血，灰质中有点状出血。感染部位的外周神经有小出血点及浆液性浸润。心肌呈脂肪变性，四肢及躯干的肌间结缔组织呈浆液性浸润并伴有小出血点。部分病例可见并发症（脑炎、骨折、全身败血性感染等）的变化。

（三）马破伤风防制措施

平时要加强饲养管理，注意环境卫生，防止马匹受伤。一旦发生外伤，要及时进行治疗，对较大较深的创伤，除做外科处理外，应肌内注射破伤风抗毒素1万～3万IU，或采用联合免疫法，即用破伤风抗毒素1万IU和破伤风类毒素1毫升，分别在不同部位皮下注射，4周后再注射1次破伤风类毒素。此外，在实施阉割手术时，应注意器械的消毒和无菌操作。

其次，要制定合理的免疫程序。在本病的常发地区，应对马匹定期接种破伤风类毒素。成年马在第一次免疫后，免疫持续期为1年，1年后再注射1次，免疫持续期可达4年。幼驹于首免后6个月时，再加强免疫1次。马匹在阉割手术前1个月进行免疫接种，可有效地防止本病的发生。

（四）防制用疫苗

疫苗接种是防制本病的有效措施。商品化疫苗是破伤风明矾沉降类毒素。由于破伤风类毒素免疫效果确实，已在世界范围内得到了广泛的应用，可有效地预防破伤风。

破伤风明矾沉降类毒素

【简　介】 本品采用产毒能力强的破伤风梭菌，接种于适宜培养基培养，产生外毒素，经甲醛溶液灭活脱毒、过滤除菌后，加钾明矾制成。

【特　点】 注射后1个月产生免疫力，免疫期为1年。第二年再注射1毫升，免疫期为4年。

【适用范围】 一般适用于4月龄以上的马、骡、驴。

【使用方法】 皮下注射。成年马、骡、驴1毫升；幼驹0.5毫升，6个月后再注射1次。

【保存、运输条件】 2℃～8℃保存，有效期为3年。期满后，经效力检验合格，可延长1年。

【注意事项】 ①应在当地兽医指导下使用。②应注意注射器具及注射部位的消毒，每注射1匹马后应更换1次注射针头。③注射的马匹必须健康，凡体质瘦弱、发病的马匹不宜注射疫苗。④疫苗使用前要充分摇匀，启封后的疫苗须当天用完。⑤疫苗要防止冻结，以免影响效力。

四、马流行性乙型脑炎疫苗

流行性乙型脑炎，又称日本脑炎，是一种人畜共患的病毒性传染病。由流行性乙型脑炎病毒引起，潜伏期为1～15天。传染源主要是被感染的动物和人，通过带毒的蚊虫的叮咬而传播。可引起马脑炎等病症。

（一）马流行性乙型脑炎的危害

感染流行性乙型脑炎的马病程长，多数预后不良，且成为一个重要的传染源，对人、畜健康构成严重的威胁。

（二）马流行性乙型脑炎诊断要点

1. 流行特点 本病的发生有明显的季节性，与气温有一定的关系。一般流行高峰在7、8、9三个月份，这一季节正是蚊虫孳生繁殖和活动频繁的季节，此时病例骤然增多，呈现流行高峰。本病主要通过带毒的节肢动物（主要是蚊虫）的叮咬而传播。感染病毒的蚊虫可终身带毒，病毒不仅在其体内繁殖，而且经卵传给后代，随越冬蚊越冬，成为翌年的传染源。蚊虫感染病毒10～12天后即能传播病毒。未成年马，尤其是当年幼驹发病多。一般为无症状感染，发病率低，呈散在性发生。

2. 临床症状和病理变化 病初体温短期升高，可视粘膜潮红或轻度黄染，精神不振，头下垂，驻立于暗处，常打呵欠，食欲减退，肠音稀少，粪球干小。部分病马经1～2天体温恢复正常，食欲增加并逐渐康复。有些病马由于病毒侵害脑和脊髓，出现明显的神经症状，表现沉郁、兴奋或麻痹。视力和听力减退或消失。针刺反应减弱，常有阵发性抽搐。有的病马以沉郁为主，表现呆立不动，低头垂耳，眼半开半闭，常出现异常姿势，后期卧地昏迷。有的病马以兴奋为主，表现狂暴不安，乱冲乱撞，攀越饲槽，后期因过度疲惫，倒地不起，麻痹衰竭而死。一般病马多为沉郁和兴奋症状交替出现。还有的病马主要表现后躯的不全麻痹症状，步态摇摆，容易跌倒，甚至不能站立。多数预后不良，治愈马常遗留弱视、舌唇麻痹、精神迟钝等后遗症。

剖检变化主要在脑，可见脑脊液增多，呈透明黄色，有时出现混浊。硬脑膜及软脑膜轻度充血，有的可见有大小不等的出血点和出血斑。脑组织软化，脑沟变浅。切面可见血管明显充血，有散在的小点状出血。大脑皮层、纹状体、丘脑和中脑组织有时可见粟粒大小的液化灶。脑室稍扩张，室壁有时可见出血点。脊髓膜混浊、水肿。个别病例在脊髓腰段可见黄白色小软化灶。

（三）马流行性乙型脑炎防制措施

首先，应加强马匹的饲养管理，杜绝传播媒介。重点管理好没有经过夏秋季节的幼龄动物和从非疫区引进的动物。这类动物大多没有感染过乙脑，一旦感染则容易产生病毒血症，成为传染源。在杜绝传播媒介方面，应根据其生活规律和自然条件，采取有效措施，才能收到事半功倍的效果。可选用有效杀虫剂（如毒死蜱、双硫磷等）对蚊虫孳生地进行超低容量喷洒，对马厩应定期进行喷药灭蚊。对贵重种马匹的畜舍，必要时应加用防蚊设备。

其次，要制定合理的免疫程序。在本病的流行地区，每年应定期接种流行性乙型脑炎疫苗，不但可预防流行性乙型脑炎的流行，降低带毒率，还可控制本病的传染源，为控制人群中流行性乙型脑炎的流行发挥作用。

（四）防制用疫苗

疫苗接种仍然是防制本病的有效措施。国内推荐使用的商品化疫苗是流行性乙型脑炎活疫苗和灭活疫苗，而国外商品化的疫苗只有流行性乙型脑炎灭活疫苗。患流行性乙型脑炎恢复后的动物可获得较长时间的免疫力。为了提高马群的免疫力，可接种流行性乙型脑炎疫苗。我国自行研制选育的仓鼠肾细胞培养的流行性乙型脑炎活疫苗，对马属动物平均保护率可达86%以上。但目前只有我国使用流行性乙型脑炎活疫苗，其他亚洲国家仍在沿用流行性乙型脑炎灭活疫苗。流行性乙型脑炎灭活疫苗的价格相对较高，有时会引起变态反应和神经症状。目前正在进行用Vero细胞培养流行性乙脑脑炎病毒并制备新型灭活疫苗的临床前期试验，初步结果比较满意。鉴于使用减毒活疫苗有散毒的危险，应尽量选用流行性乙型脑炎灭活疫苗来防制马流行性乙型脑炎。

1. 马流行性乙型脑炎活疫苗

【简　介】 本品采用流行性乙型脑炎 SA14-14-2 弱毒株接种仓鼠肾细胞培养，收获细胞培养物，加入适当稳定剂，经冷冻真空干燥制成。

【特　点】 免疫期为 1 年。

【适用范围】 一般适用于 4 月龄至 1.5 岁的马、骡。

【使用方法】 皮下或肌内注射，每匹 2 毫升。

【保存、运输条件】 2℃～8℃保存，有效期为 1 年。

【注意事项】 ①应在当地兽医指导下使用。②冻干不良和失空的疫苗不宜使用。③本疫苗稀释后应充分溶解、混匀，并应立即用于接种。接种时要注意消毒和更换注射针头。④用前宜先做小区试验，证明安全后再进行大面积接种。⑤体质极度瘦弱和患有严重疾病的，不予注苗。⑥本疫苗仅限于疫区使用，也可用于从外地新购进的马、骡。⑦应在每年 4～5 月份进行注射。⑧疫苗开封稀释后，注意严防杂菌污染，并在当天用完。用过的器具及疫苗瓶应彻底消毒。

2. 马流行性乙型脑炎灭活疫苗

【简　介】 本品采用流行性乙型脑炎病毒接种鼠脑或细胞培养物，制备病毒悬浮液，经甲醛溶液灭活后，加适量佐剂制成。

【特　点】 免疫期为 1 年。

【适用范围】 一般适用于 4 月龄至 1.5 岁的马、骡。

【使用方法】 肌内注射，每匹 5 毫升，间隔 10 天后再注射 1 次。

【保存、运输条件】 在 2℃～8℃保存，有效期为 1 年。

【注意事项】 ①应在当地兽医指导下使用。②用注射器吸取疫苗前，应充分混匀疫苗，注射时注意消毒和更换针头。③个别马匹在注苗后会出现变态反应，可注射肾上腺素解救。④用前宜先做小区试验，证明安全后方可进行大面积接种。⑤本疫苗仅限于疫区使用,也可用于从外地新购进的马、骡。应在每年4～5月份进行注射。⑥启封后的疫苗须当天用完。⑦疫苗不能冻结,以免影响效力。

五、马炭疽芽胞苗

炭疽是一种人畜共患的急性、热性、败血性细菌性传染病,是由炭疽杆菌引起的,潜伏期一般为1～14天。传染源主要是被感染的动物,被感染动物的排泄物及天然孔的出血都有很强的感染性,特别是被炭疽杆菌芽胞污染的土壤、饲料、草原和水源等可造成本病的长期流行。可引起马匹的急性死亡。

(一)马炭疽的危害

感染炭疽的马匹多呈急性和亚急性经过,并以死亡而告终;感染马匹的排泄物会污染周围的环境,对人、畜健康构成严重的威胁。

(二)马炭疽诊断要点

1. 流行特点　本病的流行没有严格的季节性,但多发于雨水多、潮湿或洪水泛滥的6～8月份,冬季少发。没有年龄的限制。本病分布于世界各国,多散在发生。我国在连年应用炭疽芽胞苗预防接种以来,炭疽已基本得到控制,仅个别地区偶尔出现。

2. 临床症状和病理变化　除极少数最急性病例发生突然倒地、粘膜发绀、天然孔出血而迅速死亡外,多数患马为急性和亚急性经过,在出现体温升高和呼吸困难的同时,常表现剧烈腹痛和颈部、胸部、喉部、肩胛部及下腹部浮肿。浮肿初有热痛,后变为无热痛,有时发生坏死、溃烂而成黑色,形成炭疽痈。

剖检时可见尸体迅速腐败,尸僵不全,天然孔有暗红色血液流出,凝固不良,粘稠如煤焦油样。可视粘膜发绀,直肠常脱出,粘膜有出血。皮下和浆膜下出血，呈胶样浸润。淋巴结呈黑红色，有出血点。脾脏除最急性型外都有急性肿胀，脾髓呈暗红色，变为泥状或糊状，脾小梁和脾小体模糊不清。肝脏和肾脏均充血肿胀，松软易碎。心肌呈灰红色和松软状态。呼吸道粘膜呈炎性肿胀，有小出血点，肺脏充血水肿。消化道有出血性坏死性炎症变化，在集合淋巴结和孤立淋巴滤泡处高度肿胀，形成球状突起和长形厚突起（肠痈）。

（三）马炭疽防制措施

首先，应加强饲养管理，严格执行检疫、消毒和隔离等防疫措施。在发现炭疽病马时，应立即进行隔离和治疗。尽快查明疫情，划定疫区。将畜舍及其有关的地方彻底消毒，病马的粪便、垫草要焚烧。对发病马群做全群测温，发现体温升高的可疑患畜，先注射抗炭疽血清，1～2 周后，再注以炭疽芽胞苗。对其他假定健康马全面进行炭疽芽胞苗预防接种，并逐日观察至 2 周。

其次，要制定合理的免疫程序。每年应定期进行炭疽疫苗预防接种，尤其是对炭疽常发地区的马匹要坚持连续应用。国内生产的无荚膜炭疽芽胞苗和Ⅱ号炭疽芽胞苗都可预防马的炭疽，可用于不同年龄的马属动物，应每年接种 1 次。我国通过数十年的大面积使用，证明疫苗接种对炭疽的预防具有良好效果。国外对炭疽的防制经验也证实了炭疽疫苗的防制效果。

（四）防制用疫苗

目前疫苗接种仍然是防制本病的主要措施。马匹接种疫苗 21 天后可产生血清抗体。在进行疫苗接种时，应注意疫苗的使用方法和注意事项，特别是换用不同厂家生产的疫苗时，更要注意这类问题。个别地区偶尔出现较重的马、骡接种反应，使用时应当引起注意。

1. 无荚膜炭疽芽胞苗

【简　介】 本品是用无荚膜炭疽杆菌弱毒株，在适宜的培养基上培养，形成芽胞后，悬浮于灭菌铝胶蒸馏水或甘油蒸馏水中制成。

【特　点】 注射14天后可产生免疫力，免疫期为1年。

【适用范围】 适用于马属动物。

【使用方法】 1岁以上皮下注射1毫升，1岁以下皮下注射0.5毫升。

【保存、运输条件】 2℃～8℃保存，有效期为2年。

【注意事项】 ①应在当地兽医指导下使用。②疫苗使用前应充分摇匀。③本品宜秋季使用，在马匹春乏或气候骤变时不应使用。④应注意注射器具及注射部位的消毒，每注射1匹马属动物后应更换1次注射针头。⑤注射本品后，部分马可能有1～3天的体温反应，注射部位可能出现局部肿胀，经3～10天即可消失。⑥用过的器具及疫苗瓶应彻底消毒。⑦疫苗要防止冻结，以免影响效力。

2. Ⅱ号炭疽芽胞苗

【简　介】 本品采用炭疽杆菌Ⅱ号弱毒菌株，接种于适宜培养基培养，将培养物悬浮于灭菌的甘油蒸馏水或铝胶蒸馏水中制成。

【特　点】 注射后14天可产生免疫力，免疫期为1年。

【适用范围】 可用于马属动物。

【使用方法】 皮内注射0.2毫升或皮下注射1毫升。

【保存、运输条件】 2℃～8℃保存，有效期为2年。

【注意事项】 同无荚膜炭疽芽胞苗。

六、马流行性感冒灭活疫苗

马流行性感冒(Equine influenza)，简称马流感，是马属动物的一种病毒性呼吸道传染病。由甲型流感病毒的两个不同亚型马甲$_1$型(H_7N_7亚型)和马甲$_2$型(H_3N_8亚型)引起，潜伏期为1～15天。传染源主要是被感染的马匹，通过吸入患畜鼻液及咳嗽喷出含病毒的气溶胶样悬滴而感染，也可通过患畜的分泌物或排泄物污染的饲料及饮水等经消化道感染。本交配种也可能是一种传播方式，因为康复马的精液可带毒1～6年。可引起发热、咳嗽及流浆液性鼻汁等呼吸道病症。

(一)马流行性感冒的危害

感染马流行性感冒病毒的马匹多出现呼吸道病症，发病率高，影响马匹的正常使役，特别是赛马，会严重影响正常的训练和比赛。

(二)马流行性感冒诊断要点

1. 流行特点 在自然条件下，各种年龄、品种及性别的马属动物均有易感性，本病在马群中发病突然，传播迅速，发病率高，几乎于数天之内波及整个马群，病程短，预后良好。

2. 临床症状和病理变化 马流感在临床上都有比较一致的发热、咳嗽和流浆液性鼻汁等特征性症状。病势的轻重，常与病毒的毒力、个体的抵抗力及饲养管理条件等有密切的关系。轻症型马流感表现轻度咳嗽，流水样或浆液性鼻汁，体温稍升高或正常，眼结膜潮红，呼吸、脉搏、精神及食欲均无明显变化，经过1周即完全康复。重症型表现突然发病，体温39.5℃左右，稽留1～4天，同时或稍后出现阵发性咳嗽及浆液粘液性鼻汁，呼吸、脉搏、精神及食欲均出现显著变化，极少数病马出现心律不齐，四肢下端或腹下发生浮肿，一般多为良性经过，约在1周后恢复正常，病死率低。有些继发细菌性感染的病例，往往出现化脓性鼻炎、支气管炎和支气管肺炎等症状，并呈现多相性发热。由于马甲$_2$型流感病毒有较强的亲肺性，当其流行时，即使没有继发性感染，也常可引起支气管炎、支气管肺炎或肺水肿，并出现较严重的全身性反应。

一般病例的剖检变化，仅见上呼吸道粘膜的卡他性和充血性反应。致死性病例主要病变为化脓性支气管炎、间质性肺炎及胸膜炎，表现颈部及肺门淋巴结肿大或化脓，肺脏充血及水肿。

（三）马流行性感冒防制措施

首先，应加强马群的饲养管理，严格执行检疫、消毒和隔离等防疫措施，提高马体的抵抗力。对患有轻症型流感的病马，应防止一切应激因素的刺激，停止使役，不需治疗即可自然康复。对重症型病马，可投服中药。当有细菌继发感染时，可选用抗生素类药进行治疗。在出现马流感暴发流行时，应严格封锁，直至发病马群中最后病例康复 4 周后，才可解除封锁。

其次，在马流感常发地区，可试用马流感灭活疫苗来预防本病，并制定合理的免疫程序。在 20 世纪 70 年代，我国研制成功了马流感双价（马甲$_1$型和马甲$_2$型）油佐剂灭活疫苗，使用时第一年注射 2 次，间隔 3 个月，以后每年注射 1 次。但该疫苗在国内未能得到大面积推广应用，一旦发生马流感，主要采取一些对症治疗和综合性防制措施。目前只有北美和欧洲广泛采用了马流感灭活疫苗，每年对赛马都进行 1 次强制性免疫接种。据统计，在这些地区有 70％的马群需要进行免疫接种，以防止流感的发生，而相当多的证据已表明这种强制免疫有助于减少马流感的发生与流行。国外的免疫程序通常是初免后 3～6 周进行第二次免疫，此后间隔 6 个月进行加强免疫。在我国随着赛马业的兴起和发展，这种强制免疫的重要性也会日渐突出的。

（四）免疫失败的原因

在使用马流感灭活疫苗防制马流感时，针对由马甲$_1$型（H_7N_7亚型）引起的流感，疫苗免疫是非常成功的。而针对马甲$_2$型（H_3N_8亚型）引起的马流感，不时有疫苗免疫失败的报道，这可能是由不合理的免疫程序、疫苗效力不足及抗原漂移等原因造成的。

（五）防制用疫苗

目前在北美和欧洲地区，疫苗接种是一项防制马流感的有效措施。国外的商品化疫苗主要是马流行性感冒灭活疫苗。免疫接种时，对小马特别是赛马，应每 6 个月免疫 1 次，连续使用几年。而对那些年龄较大的马，每年只需免疫 1 次。在马流感暴发流行时，可进行紧急预防接种，需经 1～2 周产生免疫力。马流感的发生不像人流感那样呈现典型的季节性，而是往往发生于不同国家或地区间的马匹接触时，如赛马比赛或马匹交易，因而，在赛马或交易之前，进行 1 次免疫是十分必要的。但是训练者往往不愿在大赛前进行免疫，担心出现不良反应而影响比赛成绩。许多训练者建议比赛前 2 周进行免疫，而且免疫后马需要休息数天。对纯种马的实验研究表明，比赛前免疫不影响马的心脏和呼吸系统对剧烈运动的适应能力。对怀孕母马的免疫，应在妊娠晚期进行，但不迟于分娩前 2 周，以保证初乳中含有足够的抗体。在幼驹带有母源抗体的情况下，通常不进行免疫，只有当抗体滴度下降到可以忽略时才可进行免疫，一般约在幼驹出生后 4～6 个月时进行。

马流行性感冒灭活疫苗

【简　介】 本品采用马甲$_1$型和马甲$_2$型马流行性感冒病毒分别接种鸡胚培养后，分别收取鸡胚尿囊液，经甲醛溶液灭活并测定血凝价后，按一定比例混合，加适宜佐剂或不加佐剂制成。

【特　点】 注射后 1～2 周产生免疫力，免疫期为 6 个月。

【适用范围】 一般适用于 4 月龄以上的马。

【使用方法】 肌内注射，每匹马 2 毫升，间隔 3～6 周后进行第二次免疫，此后间隔 6 个月进行加强免疫。

【保存、运输条件】 2℃～8℃保存，有效期为 1 年。

【注意事项】 ①应在当地兽医指导下使用。②用注射器吸取疫苗前，应充分混匀疫苗，注射时注意消毒和更换针头。③用前宜先做小区试验，证明安全后进行大面积接种。④个别马匹在注苗后会出现变态反应，可注射肾上腺素解救。⑤本疫苗仅限于疫区使用，在马流感暴发流行时，可进行紧急预防接种。⑥启封后的疫苗须在1小时内用完。⑦疫苗不能冻结，以免影响效力。

附录1　蛋(肉)用种鸡免疫程序

日　龄	预防疾病	疫苗种类	免疫方法	备　注
1	马立克氏病	马立克氏病冷冻疫苗	出壳24小时内皮下注射	
7～10	新城疫	新城疫 Clone30、Ⅱ系、Ⅳ系或V4活疫苗	滴鼻与点眼	也可用新城疫-传染性支气管炎二联活疫苗，来航鸡首免不能用Ⅳ系
	传染性支气管炎	传染性支气管炎弱毒苗	饮　水	
15～18	传染性法氏囊病	传染性法氏囊病弱毒活苗	点眼、口服或饮水	也可用中等毒力株
25	鸡　痘	鸡痘弱毒苗	刺　种	应注意检查接种局部免疫反应
	病毒性关节炎	病毒性关节炎疫苗	颈背部皮下注射	蛋用种鸡可以不用
25～30	新城疫	Ⅳ系＋新城疫灭活苗	Ⅳ系滴鼻点眼、灭活苗颈背部皮下注射	也可用新城疫-传染性支气管炎活疫苗
30～35	传染性法氏囊病	传染性法氏囊病弱毒活苗	点眼、口服或饮水	也可用中等毒力株
35～40	传染性鼻炎	传染性鼻炎灭活苗	颈背部皮下注射	如25日龄未接种新城疫灭活苗，此次可用新城疫-传染性鼻炎二联苗
40～42	传染性喉气管炎	传染性喉气管炎弱毒苗	点眼或涂肛	周围有疫情或本场发生此病用此苗

续附录 1

日　龄	预防疾病	疫苗种类	免疫方法	备　注
70～75	传染性支气管炎	传染性支气管炎弱毒苗	饮　水	
90	传染性喉气管炎	传染性喉气管炎弱毒苗	点眼或涂肛	疫区用
110～120	新城疫	新城疫灭活苗	颈背部皮下注射或胸部肌内注射	也可用新城疫-产蛋下降综合征二联苗注射
	产蛋下降综合征	产蛋下降综合征灭活苗		
130～140	传染性法氏囊病	传染性法氏囊病油乳剂灭活苗	肌内注射	
300	新城疫	新城疫Ⅳ系活疫苗	每只鸡用 4 倍量气雾免疫	依据 HI 检测结果

附录 2　商品蛋鸡常用免疫程序

日　龄	预防疾病	疫苗种类	免疫方法	备　注
1	马立克氏病	马立克氏病冷冻疫苗	出壳 24 小时内皮下注射	
7～10	新城疫	新城疫 Clone30、Ⅱ系、Ⅳ系或 V4 活疫苗	滴鼻与点眼	也可用新城疫-传染性支气管炎二联活疫苗，来航鸡首免不能用Ⅳ系
	传染性支气管炎	传染性支气管炎弱毒苗	饮　水	
15～18	传染性法氏囊病	传染性法氏囊病弱毒活苗	点眼、口服或饮水	也可用中等毒力株

续附录 2

日　龄	预防疾病	疫苗种类	免疫方法	备　注
25	鸡　痘	鸡痘弱毒苗	刺　种	应注意检查接种局部免疫反应
30～35	传染性法氏囊病	传染性法氏囊病弱毒活苗	点眼、口服或饮水	也可用中等毒力株
40	传染性喉气管炎	传染性喉气管炎弱毒苗	点眼或涂肛	周围有疫情或本场发生此病用此苗
55～60	新城疫和传染性支气管炎	新城疫-传染性支气管炎二联活疫苗	饮　水	
90	传染性喉气管炎	传染性喉气管炎弱毒苗	点眼或涂肛	疫区用
110～120	新城疫	新城疫灭活苗	颈背部皮下注射或胸部肌内注射	也可用新城疫-产蛋下降综合征二联苗注射
	产蛋下降综合征	产蛋下降综合征灭活苗		
130～140	传染性法氏囊病	传染性法氏囊病油乳剂灭活苗	肌内注射	
280	新城疫	新城疫Ⅳ系活疫苗	每只鸡用 4 倍量气雾免疫	依据 HI 检测结果

附录3　商品肉鸡免疫程序

日　龄	预防疾病	疫苗种类	免疫方法	备　注
7～10	新城疫	新城疫 Clone30、Ⅱ系、Ⅳ系或 V4 活疫苗	滴鼻与点眼	也可用新城疫-传染性支气管炎二联活疫苗，来航鸡首免不能用Ⅳ系
	传染性支气管炎	传染性支气管炎弱毒苗	饮　水	
15～18	传染性法氏囊病	传染性法氏囊病弱毒活苗	点眼、口服或饮水	也可用中等毒力株
25	新城疫	新城疫Ⅳ系活疫苗	3 头份饮水	
30～35	传染性法氏囊病	传染性法氏囊病弱毒活苗	点眼、口服或饮水	也可用中等毒力株

附录4　常见鸭病免疫程序

日　龄	预防疾病	疫苗种类	免疫方法	备　注
28～35	鸭瘟、鸭病毒性肝炎	鸭瘟-鸭病毒性肝炎二联苗	肌内注射	也可使用单苗
45～50	鸭大肠杆菌病	鸭大肠杆菌病灭活苗	皮下注射	
70	禽霍乱	禽霍乱蜂胶灭活苗	肌内注射	
150～160	鸭瘟、鸭病毒性肝炎	鸭瘟-鸭病毒性肝炎二联苗	肌内注射	也可使用单苗
170	鸭大肠杆菌病	鸭大肠杆菌病灭活苗	皮下注射	
190	禽霍乱	禽霍乱蜂胶灭活苗	肌内注射	
320～330	鸭瘟、鸭病毒性肝炎	鸭瘟-鸭病毒性肝炎二联苗	肌内注射	也可使用单苗

附录5 规模化养猪场主要传染病免疫程序

类别	接种时间	疫苗种类	接种方法	预防疾病	备注
仔猪和商品猪	20～25日龄	猪瘟兔化弱毒苗	肌内或皮下注射1头份	猪瘟	
	30日龄	猪肺疫活菌苗 仔猪副伤寒活疫苗 猪丹毒弱毒菌苗	肌内或皮下注射1头份	猪肺疫 仔猪副伤寒 猪丹毒	
	断奶前	猪传染性萎缩性鼻炎油乳剂二联灭活菌苗	颈部皮下注射0.5毫升	猪传染性萎缩性鼻炎	对未经免疫母猪所产仔猪须在1、4、8周龄各接种0.2、0.5、0.5毫升
	断奶后	猪瘟兔化弱毒苗 猪气喘病活菌苗	肌内或皮下注射1头份	猪瘟、猪气喘病	
后备公母猪	母猪配种前2～3周，公猪8月龄	猪细小病毒病灭活苗	肌内注射2毫升	猪细小病毒病	
	配种前	猪瘟-猪丹毒-猪肺疫三联苗	肌内或皮下注射1头份	猪瘟、猪丹毒、猪肺疫	
	每年4月中旬	猪日本乙型脑炎疫苗	肌内或皮下注射1头份	猪日本乙型脑炎	

续附录 5

类别	接种时间	疫苗种类	接种方法	预防疾病	备　注
种母猪	产前 40～42 天	猪大肠杆菌病菌苗	肌内注射 2 毫升	仔猪大肠杆菌病	
	产前 30 天	仔猪红痢灭活菌苗 猪传染性萎缩性鼻炎油乳剂二联灭活菌苗	肌内注射 5～10 毫升	仔猪红痢	
	产前 15 天	猪大肠杆菌病菌苗 仔猪红痢灭活苗	肌内注射 2 毫升 肌内注射 5～10 毫升	猪大肠杆菌病 仔猪红痢	
	仔猪断奶后	猪瘟兔化弱毒苗	肌内或皮下注射 1 头份	猪　瘟	每年 1 次
	每年 3 月份、9 月份	猪丹毒弱毒菌苗 猪肺疫活菌苗	肌内或皮下注射 1 头份	猪丹毒 猪肺疫	
	每年 4 月中旬	猪日本乙型脑炎疫苗	肌内或皮下注射 1 头份	猪日本乙型脑炎	
种公猪	每年 3 月份、9 月份	猪丹毒弱毒菌苗 猪肺疫活菌苗	肌内或皮下注射 1 头份	猪丹毒 猪肺疫	
	每年 4 月中旬	猪日本乙型脑炎疫苗	肌内或皮下注射 1 头份	猪日本乙型脑炎	
	每年 1 次	猪细小病毒病灭活苗	肌内注射 2 毫升	猪细小病毒病	
	每年 1 次	猪瘟兔化弱毒苗	肌内或皮下注射 1 头份	猪　瘟	

附录6　犊牛主要传染病常用免疫程序

免疫时间	疫苗种类	使用方法	预防疾病	免疫期
1月龄内	牛副结核病疫苗	胸垂或颈部皮下	牛副结核病	2年
1～1.5月龄	牛沙门氏菌病弱毒疫苗	皮下或肌内注射	牛沙门氏菌病	1年
	牛沙门氏菌病灭活疫苗	皮下或肌内注射		6个月
1～2月龄	牛气肿疽灭活疫苗	皮下或肌内注射	牛气肿疽	1年
4月龄	牛巴氏杆菌病灭活疫苗	皮下或肌内注射	牛巴氏杆菌病	9个月
4～5月龄	牛口蹄疫疫苗	皮下或肌内注射	牛口蹄疫	6个月
4.5～5月龄	牛巴氏杆菌病灭活疫苗	皮下或肌内注射	牛巴氏杆菌病	9个月
5～6月龄	牛传染性鼻气管炎疫苗	皮下或肌内注射	牛传染性鼻气管炎	1年
6月龄	牛气肿疽灭活疫苗	皮下或肌内注射	牛气肿疽	1年

附录 7　成年牛主要传染病常用免疫程序

免疫时间	疫苗种类	使用方法	预防疾病	免疫期
每年免疫 1 次	牛巴氏杆菌病灭活疫苗	皮下或肌内注射	牛巴氏杆菌病	9 个月
间隔 6 个月，每年免疫 2 次，妊娠母牛在分娩前 2～3 个月免疫	牛口蹄疫疫苗	皮下或肌内注射	牛口蹄疫	6 个月
间隔 4 周进行 2 次免疫，免疫时间应于每年 7 月份以前	牛流行热疫苗	皮下或肌内注射	牛流行热	6 个月
春秋两季各免疫 1 次	牛气肿疽灭活疫苗	皮下或肌内注射	牛气肿疽	1 年
种用母牛应在配种前接种疫苗，其他牛每年免疫 1 次	牛传染性鼻气管炎疫苗	皮下或肌内注射	牛传染性鼻气管炎	1 年
按疫苗说明书免疫，或在产前免疫	牛乳房炎疫苗	皮下或肌内注射	牛乳房炎	1 年
成年牛每年免疫 1～2 次，孕牛产前 2 个月免疫	牛沙门氏菌病灭活疫苗	皮下或肌内注射	牛沙门氏菌病	6 个月

附录8　绵羊主要传染病常用免疫程序

季节	序号	疫　苗	接种时间	使用方法	预防疾病	免疫期
春季	1	绵羊痘活疫苗	2～3月份	尾内侧或股内侧皮内注射	绵羊痘	1年
	2	羊梭菌病多联灭活疫苗或羊梭菌病多联干粉灭活疫苗	2～3月份	肌内或皮下注射	羊肠毒血症、羊快疫、羊猝狙、羔羊痢疾、羊黑疫	1年
	3	羊败血性链球菌病灭活疫苗	3～4月份	皮下注射	羊链球菌病	6个月
	4	羊支原体肺炎灭活疫苗	3～4月份	颈部皮下注射	羊支原体肺炎	1年
	5	羊大肠杆菌病活疫苗或灭活疫苗	3～5月份	活疫苗皮下注射或气雾法免疫；灭活疫苗皮下注射	羊大肠杆菌病	活苗6个月；灭活苗5个月
	6	羊传染性脓疱性皮炎活疫苗	3～4月份	口唇粘膜内注射，仅限于疫区使用	羊传染性脓疱性皮炎	5个月

续附录 8

季节	序号	疫　苗	接种时间	使用方法	预防疾病	免疫期
秋季	1	羊梭菌病多联灭活疫苗或羊梭菌病多联干粉灭活疫苗	母羊配种前1个月，8～9月份	肌内或皮下注射	羊肠毒血症、羊快疫、羊猝狙、羔羊痢疾、羊黑疫	1年
	2	羊衣原体病灭活疫苗	母羊配种前1个月	皮下注射	羊衣原体病	2年
	3	羊传染性脓疱性皮炎活疫苗	母羊配种前1个月	口唇粘膜内注射，仅限于疫区使用	羊传染性脓疱性皮炎	5个月
	4	羊布氏杆菌病活疫苗	母羊配种前1～2个月	皮下注射、滴鼻或口服免疫，仅限于疫区使用	羊布氏杆菌病	3年
	5	羊大肠杆菌病灭活疫苗	母羊配种后1个月	皮下注射	羊大肠杆菌病	5个月
	6	羊败血性链球菌病灭活疫苗	母羊配种后1个月	皮下注射	羊链球菌病	6个月

注：引自丁勇等．羊场免疫程序．河北畜牧兽医，2002，18(6)：32

附录 9 山羊主要传染病常用免疫程序

季节	序号	疫苗	接种时间	使用方法	预防疾病	免疫期
春季	1	山羊痘活疫苗	2～3 月份	尾内侧或股内侧皮内注射	山羊痘	1 年
	2	羊梭菌病多联灭活疫苗或羊梭菌病多联干粉灭活疫苗	2～3 月份	肌内或皮下注射	山羊肠毒血症、羊快疫、羊猝狙、羔羊痢疾、羊黑疫	1 年
	3	羊败血性链球菌病灭活疫苗	3～4 月份	皮下注射	羊链球菌病	6 个月
	4	山羊传染性胸膜肺炎灭活苗	3～4 月份	皮下或肌内注射	羊传染性胸膜肺炎	1 年
	5	羊支原体肺炎灭活疫苗	3～4 月份	颈部皮下注射	羊支原体肺炎	1 年
	6	羊大肠杆菌病灭活疫苗	3～5 月份	皮下注射	羊大肠杆菌病	5 个月
	7	羊传染性脓疱性皮炎活疫苗	3～4 月份	口唇粘膜内注射，仅限于疫区使用	羊传染性脓疱性皮炎	5 个月

续附录 9

季节	序号	疫　苗	接种时间	使用方法	预防疾病	免疫期
秋季	1	羊梭菌病多联灭活疫苗或羊梭菌病多联干粉灭活疫苗	母羊配种前1个月，8～9月份	肌内或皮下注射	羊肠毒血症、羊快疫、羊猝狙、羔羊痢疾、羊黑疫	1年
	2	羊衣原体病灭活疫苗	母羊配种前1个月	皮下注射	羊衣原体病	7个月
	3	羊传染性脓疱性皮炎活疫苗	母羊配种前1个月	口唇粘膜内注射，仅限于疫区使用	羊传染性脓疱性皮炎	5个月
	4	羊布氏杆菌病活疫苗	母羊配种前1～2个月	皮下注射、滴鼻或口服免疫，仅限于疫区使用	羊布氏杆菌病	3年
	5	羊大肠杆菌病灭活疫苗	母羊配种后1个月	皮下注射	羊大肠杆菌病	5个月
	6	羊败血性链球菌病灭活疫苗	母羊配种后1个月	皮下注射	羊链球菌病	6个月

注：引自丁勇等．羊场免疫程序．河北畜牧兽医，2002，18(6)：32

主要参考文献

1 ［美］B.E. 斯特劳等主编．猪病学．中国农业大学出版社，2000

2 Blasco J.M. A review on the use of B. melitensis Rev 1 vaccine in adult sheep and goats. Prev Vet Med，1997，31：275～283

3 Bohl EH，Kohler EM，Saif LJ. Rotavirus as a cause of diarrhea in pigs. J Am Vet Med Assoc ，1978，172：458～463

4 Carn V.M. Control of capripoxvirus infections. Vaccine，1993，11：1275～1279

5 Dealwis M C L. Haemorrhagic septicaemia-a general review. Br. Vet. J. 1992，148：99～112

6 Deoki N，William M. Expression of avian influenza virus hemagglutinin by recombinant fowlpox virus. Avian Dis. 1991，35：186～191

7 Droual ，R.，A.A. B.R.Charlton，and D. R.Kuney. Investigation of problems associated with intramuscular breast injection of oil－adjuvanted killed vaccines in chickens. Avian Dis，1990，34：473～478

8 Fussell LW. Poultry industry strategies for control of immunosuppressive diseases. Poultry Sci. 1998，77(8)：1193～1196

9 Gorcyca D，Schlesinger K，Chladek D. RespPRRS：A new tool for the prevention and control of PRRS in pigs. In Proc 26th Annu Meeting Am Assoc Swine Pract，1995，1～22

10 Ide S，Yamagishi K，Yoshimura M. Reaction of pigs

to injection wissth a bivqalent vaccine of Japanese B encephalitis virus and porcine parvovirus. J. Jpn. Vet. Med. Assoc，1977，30：322～325

11　King D J. A comparison of the onset of protection induced by Newcastle disease virus strain B1 and a fowl poxvirus recombinant Newcastle disease vaccine to a viscerotropic velogenic Newcastle disease virus challenge. Avian Dis. 1999，43(4)：745～755

12　Larson A B，Moyle A I，Himes E M，Experimental vaccination of cattle against Paratuberculosis with killed bacterial vaccine. Am J Vet Res，1978，39：65～69

13　Plana Dura，Bastons M，Umiza M，Vaccine against Porcine Reproductive and Respiratory Syndrome (PRRSIn Proc 2d Int Symp on Porcine Reproductive and Respiratory Syndrome Copenhagen，Danmark，1995，37

14　Plowright W，Herniman K A J，Rampton C S，Studies onrinderpest cell culture vaccine

15　Rao TV，Bandyopadhyay SK. A comprehensive review of goat pox and sheep pox and their diagnosis. Anim Health Res Rev，2000，1(2)：127～136

16　Woode GN. Porcine rotavirus infection. In Diseases of Swine，Iowa State Univ Press ，1986，368～382

17　Wray C，Sojka WJ，Morris JA. Use of "E. coli" K99 vaccines in ewes to passively protect lambs against experimental colibacillosis. Dev Biol Stand，1983，53：177～181

18　白文彬，于康震主编．动物传染病诊断学．中国农业出版社，2002

19　蔡宝祥主编．家畜传染病学．中国农业出版社，2001

20　曹玉璞，叶元康主编．支原体与支原体病．人民卫生出

版社,2000

21　程安春等．规模化养鸭中对种鸭鸭瘟鸭病毒性肝炎免疫程序的研究．四川农业大学学报,1996,14(4):599～603

22　甘孟侯．中国禽病学．中国农业出版社,1999

23　甘孟侯．禽流感(第二版)．中国农业出版社,2002

24　郭宝清等．从疑似 PRRS 流产胎儿分离 PRRSV 的研究．中国畜禽传染病,1996,(2):1～4

25　郭玉璞主编．家禽传染病诊断与防治．北京农业大学出版社,1994

26　韩雪清等．猪瘟病毒及其猪瘟疫苗研究进展．动物医学进展,2000,(2):1～4

27　何存利等．规模化猪场猪传染性萎缩性鼻炎流行病学调查．甘肃畜牧兽医,2001,(1):14

28　何英俊．猪繁殖与呼吸综合征对猪瘟免疫效果的影响．养猪,2002,(3):37

29　卡尔尼克 BW(著),高福等译．禽病学．中国农业出版社．1999

30　李峰等．试述当前国内猪瘟流行特点、疫苗现状及防制对策．福建畜牧兽医,2000,(4):40～41

31　李洪彬等．小鹅瘟防制要点．畜禽业,2002,148(8):41

32　李有业．奶牛乳房炎治疗的新进展．畜牧兽医科技信息,1999,4(20):2～3

33　林世棠．一种新的雏番鸭细小病毒性传染病的诊断．中国畜禽传染病,1991,2:25～26

34　刘宝全主编．兽医生物制品学．中国农业出版社,1995

35　刘在新等．口蹄疫防制技术的研究和发展．中国兽医科技,2001,(4):18～20

36　罗金印等．乳牛乳腺炎多联苗免疫试验．中国兽医科技,2002,5:40～41

37　濮文政．畜禽免疫失败的原因分析．浙江畜牧兽医，2002，3：25

38　乔忠主编．畜禽传染病免疫手册．金盾出版社，2002，103～104

39　荣骏弓等．腺胃病变型鸡传染性支气管炎病毒(IBV-D971)致弱的研究．中国预防兽医学报，2001，23(6)：466～469

40　沈荣显等．马传染性贫血驴白细胞弱毒疫苗的研制与应用．国际马传染性贫血病免疫学术讨论会，1983，21～33

41　石宗舫等．布鲁氏菌羊型五号弱毒菌苗接种山羊免疫应答的研究．家畜传染病，1985，3：30～33

42　王明俊主编．兽医生物制品学．中国农业出版社，1997

43　文希喆等．多联干粉菌苗的研究．IX．梭菌多联干粉苗免疫期实验．家畜传染病，1986，5：5～7

44　谢三星主编．新发现的畜禽传染病．安徽科学技术出版社，1987，46～48

45　张宝发等．衣原体山羊流产灭活苗的研制．中国畜禽传染病，1987，1：18～19

46　张立昌．猪传染性胸膜肺炎研究进展．养猪，2001，(1)：40

47　张永光，李长友主编．口蹄疫防制简明手册．甘肃文化出版社，1999，1～36

48　张振兴，姜平主编．实用兽医生物制品技术．中国农业科技出版社，1996，88～90

49　赵德明，沈建忠主译．奶牛疾病学．中国农业科技出版社，1999

50　中国农业科学院哈尔滨兽医研究所．动物传染病学．中国农业出版社，2001

51　中国农业科学院哈尔滨兽医研究所．动物传染病学．中国农业出版社，1999

52　中国农业科学院哈尔滨兽医研究所主编．兽医微生物学．中国农业出版社，1998

53　中国兽用生物制品规程委员会编．中国兽用生物制品规程．化学工业出版社，2000，25～26

54　徐贵卿等主编．兽医生物制品学．河北科学技术出版社，1993，153～154

55　中华人民共和国农业部．中华人民共和国兽用生物制品质量标准（2001 年版）．中国农业出版社